植物学理论及植物生态功能研究

张彩艳　张　锐　秦永林　著

吉林科学技术出版社

图书在版编目（CIP）数据

植物学理论及植物生态功能研究 / 张彩艳，张锐，秦永林著 . -- 长春 : 吉林科学技术出版社，2021.5

ISBN 978-7-5578-8048-4

Ⅰ . ①植… Ⅱ . ①张… ②张… ③秦… Ⅲ . ①植物学—研究②植物生态学—研究 Ⅳ . ① Q94

中国版本图书馆 CIP 数据核字（2021）第 099158 号

ZHIWUXUE LILUN JI ZHIWU SHENGTAI GONGNENG YANJIU

植物学理论及植物生态功能研究

著　　　张彩艳　张　锐　秦永林
出 版 人　宛　霞
责任编辑　郑宏宇
封面设计　马静静
制　　版　北京亚吉飞数码科技有限公司
幅面尺寸　170 mm × 240 mm
开　　本　710 mm × 1000 mm　1/16
字　　数　354 千字
印　　张　19.75
印　　数　1—5 000 册
版　　次　2022 年 4 月第 1 版
印　　次　2022 年 4 月第 1 次印刷

出　　版　吉林科学技术出版社
发　　行　吉林科学技术出版社
地　　址　长春市南关区福祉大路 5788 号龙腾国际大厦
邮　　编　130118
发行部传真 / 电话　0431-85635176　85651759　85635177　85651628　85652585
储运部电话　0431-86059116
编辑部电话　0431-81629516
网　　址　www.jlsycbs.net
印　　刷　三河市德贤弘印务有限公司

书　　号　ISBN 978-7-5578-8048-4
定　　价　94.00 元

前　言

植物学是研究植物的生命现象及其本质的科学，随着科学的发展，植物学产生了许多分支，如植物遗传学、植物生理学、植物生态学等，经典的植物学则主要研究植物的形态、器官构造及其发育规律、植物的繁殖过程和植物的类群与分类。进入21世纪，植物学应当在原有基础上不断更新相关学科的新知识，特别是随着细胞生物学与分子生物学的发展，植物学已经进入一个崭新的发展阶段。

地球上除苔藓植物和真菌外，有30多万种植物。植物是构成地球上众多生态系统的最基本的成分，它们是生态系统的生产者，它们利用太阳能将无机物转化成其他生物能够利用的有机物，同时将太阳能转化成化学能，供其他生命形式或生命过程利用。因此，植物是构成生态系统的物质基础，同时也为其他各种有机体提供了赖以生存的资源。人类的衣、食、住、行等方面都离不开植物。在农、林业方面，包括粮食作物、糖类作物、油料作物、纤维作物、果品、蔬菜、饮料、药用植物和观赏植物等，都来源于植物资源；即使为动物提供的食品、原料，也是间接来源于植物的。

随着近代植物育种工作的迅速发展，栽培植物的优良品种不断涌现和推广，植物资源越来越丰富，进一步推动了农、林业生产的发展。但是植物的生命活动是复杂的，对于植物生长发育的机制以及植物在地球上产生和发展的历史，有很多方面我们还知之不多。因此，尽管植物学是一门经典的科学，其主要内容早已成型，但其相关理论仍然需要不断地发展和完善。本书遵循植物学科的发展规律，在介绍传统植物学知识的过程中引进植物生态的观念，增加了植物环境及植物生态分析的知识，有助于读者更全面、更系统地理解植物科学的全貌。将植物细胞、组织、植物营养与生殖器官、植物群落和植物生态等知识有机地融合在一起，更有利于读者在掌握植物学基础知识的基础上，了解植物科学的新进展，追踪植物科学的发展方向。

本书安排科学合理，图文并茂，体系完备，本着科学实用的原则，共分为八章，第一章概述，主要介绍植物学概述、植物在生态系统及生态平衡中的地位、植物与生态系统的功能、植物的生物多样性与生态平衡、植物与生态系统的生态服务；第二章植物细胞和植物组织；第三章植物的种子与幼苗；第四章被子植物营养与生殖器官的形态、结构和功能；第五章植物界的基本类群和分类；第六章植物环境及生态适应分析；第七章植物群落生态与种群生态分析；第八章植物生态功能分析。

全书由张彩艳、张锐、秦永林撰写，具体分工如下：

第四章、第六章，共13.26万字：张彩艳（吕梁学院汾阳师范分校）；

第三章、第五章、第八章，共10.41万字：张锐（吕梁学院汾阳师范分校）；

第一章、第二章、第七章，共12.19万字：秦永林（内蒙古农业大学）。

本书的撰写得益于相关书籍及作者的启发、帮助，同时感谢出版行业领导、项目编辑、责任编辑的热心支持、鼓励与不厌其烦地修改校对。由于编写时间紧加之部分网络作者来源不详，导致未能全部列出这些成果的所有出处，在此向各类文献的作者表示真挚敬意、歉意和由衷的感谢，书中存在不足之处在所难免，恳请读者批评指正。

作　者

2020年11月

目　录

第一章 概 述

生态系统是生物圈的组成单位,也是自然界运行的基本单元。生态系统中的植物是这个系统的初级生产者,其生产的速度和强度,决定了生态系统的结构复杂程度和功能强度。植物既是生态系统中的重要结构成分,更是改变生态系统结构和功能的核心力量。借助植物在生态系统中的重要地位,人类可以有意识地利用和保护这种作用,为经济社会的可持续发展提供生态服务。

第一节 植物学概述

一、植物学发展简史

植物学的形成和发展是与人类的生活、生产实践分不开的。早期的人类在采集植物充饥御寒、尝试百草医治疾病开始,就积累了有关植物的知识,逐渐了解了植物的形态、结构、习性和用途。我国春秋战国时期的《诗经》中就有植物的记载,秦汉时期的《尔雅》中记载植物 200 余种,并对其进行了简单的分类,东汉时期的《神农本草经》中收录了 365 种草药,是我国最为古老的一部本草。以后各代的志书,都有关于新植物的记述和栽培植物考证,并有历代相传的药用植物专书。明代李时珍的《本草纲目》,详细描述药物 1892 种,其中有植物 1195 种,分草、谷、菜、果、木等 5 部,内容十分丰富,是研究我国植物的一部经典性著作。清代吴其濬所著《植物名实图考》,记载了 1714 种植物,分谷类、蔬菜、草类、果部、木类等。清末的李善兰与英国人威廉臣合译出版《植物学》一书,是我国第一部介绍西方近代植物学的著作,书中介绍了植物学的基本理论知识,包括植物的地理分布植物体各器官的结构和功能、植物分类的方法等。1949 年以后,我国相继出版了《中国植物志》《中国植被》以及各地方植物志等。

西方植物学的发展，最早可追溯到古希腊的狄奥弗拉斯图（E.Theophrastus）所著的《植物志》和《论植物的本原》，书中记载了500多种植物。1665年，英国的胡克（R.Hook）自制复式显微镜观察软木薄片，发现并命名了植物细胞，使植物科学的发展进入植物的微观世界。1672年，英国植物学家格鲁（N.Grew）出版了第一本《植物解剖》，1677年，荷兰的列文虎克（Leeuwenhoek）用自制的显微镜进行了广泛的观察。1690年，英国人雷（Ray）首次给物种下定义，并依据花器官的形状对植物进行了分类。1753年，林奈出版了《植物种志》一书，在书中正式使用了双名法对植物进行命名。1838—1839年，德国的施莱登（M.J.Schleiden）和施旺（T.A.H.Schwann）创立了细胞学说，证明生物体结构和起源上的同一性。1859年，达尔文（C.R.Darwin）在出版的《物种起源》中提出了进化论的观点，对植物科学的发展起到了十分重要的推动作用。1892年，恩格勒（A.Engler）和柏兰特（K.Prantl）发表了《自然植物科志》，提出了试图反映植物类群亲缘进化关系的植物分类系统。

1902年，Haberlandt提出植物细胞全能性观点，1958年，Steward用胡萝卜的韧皮部细胞成功培养出完整植株，验证了植物细胞的全能性，克隆及组织培养技术由此诞生。

随着农业和经济的发展，人们对植物生命活动规律以及植物与环境的关系进行了多方面的研究，使植物科学逐渐形成了包括许多分支学科的科学体系。植物科学已经由描述植物学时期发展为以实验方法了解植物生命活动过程的实验植物学时期。

20世纪60年代以来，由于研究方法和实验技术的不断创新，植物科学得到迅速发展。在微观领域，由于DNA双螺旋结构的发现，人们开始从分子水平上认识植物。用分子生物学的手段对植物体结构与机能进行更深入的探索；在宏观领域，已由植物的个体生态进入种群、群落及生态系统的研究，甚至采用卫星遥感技术研究植物群落在地球表面的空间分布和演化规律，进行植物资源调查。

可以预见，随着模式植物拟南芥、水稻等植物基因的破译和基因功能的阐明，分子克隆、基因克隆、转基因和蛋白质组学等新领域和新技术的出现，人们对植物生长发育、遗传、进化以及植物与环境之间关系等问题将有更深入的了解。

二、植物学的基本概念和学科特点

植物学是关于植物的科学，主要从分子、细胞、组织、器官和整体水平上探讨植物的形态结构与功能、生长与发育、生理与代谢、遗传与进化、地理分布,以及与环境相互作用的规律。植物学是一门研究植物形态解剖、生长发育、生理生态、系统进化、分类以及与人类的关系的综合性科学。

(1)植物学的学科特点。按照国内现行的学科分类系统,植物学属于生物学一级学科范畴中的二级学科,其主要研究对象是植物。植物系统不同于动物系统,主要表现在:植物具有光合色素,具有执行光合作用功能的细胞器,是地球的初级“生产者”;植物具有细胞壁结构;植物具有开放的生长系统,生长点位于根与茎的先端,保持持久的开放式生长,因此,植物系统除了具有生物学的一般规律以外,具有明显不同于动物系统的特殊规律。

(2)植物学是一门经典学科。植物学的发展历史大致可以分为三个时期:18 世纪以前,为描述植物学阶段。第二阶段为实验植物学阶段,时间在 18 世纪至 20 世纪初,由于显微镜的发明,人们可以对植物进行深入观察和实验,第三阶段为现代植物学阶段,由于分子生物学的发展,对于植物的认识深度提升到分子水平。作为古老的学科,植物学已经形成了比较完整的体现,包括形态与解剖、系统与分类等内容。

(3)植物学是农学、林学等学科专业的一门重要的专业基础课。在所有农林院校中,植物学是植物生产、资源与环境类专业学生的必修课。植物学知识是学习树木学、植物生理学、植物病理学、植物生态学、植物遗传育种等课程的基础。

三、植物学的分支学科概况

现今植物学分成几个主要领域:形态学、生理学、生态学、植物分类学和系统学。此外,植物学还有些特别分支,如细菌学、真菌学、藻类学、苔藓植物学、蕨类植物学、古植物学、孢粉学、植物病理学、经济植物学、人种植物学等。

植物形态学是研究植物个体构造、发育及系统发育中形态建成的科学,它已发展为植物器官学、植物解剖学、植物胚胎学及植物细胞学。

植物生理学是研究植物生命活动及其规律性的科学。近代植物生理学中各分支学科,如细胞生理、种子生理、光合生理、呼吸生理、水分生理、营养生理、开花或生殖生理及生态生理等已有很大发展。有的已形成专门学科如植物分子生理学、植物代谢生理学、植物发育生理学等。与植物生理学密切相关的学科有植物生物化学。

植物生态学是研究植物与环境间相互关系的科学。又可分成植物个体生态学、植物种群生态学、植物群落生态学及生态系统生态学。

植物分类学和植物系统学是根据植物的特征,植物间的亲缘关系、演化的顺序,对植物进行分类的科学,并在研究的基础上建立和逐步完善植物各级类群的进化系统,两者常混用,但植物系统学更强调植物间的系统关系,即谱系。随着其他学科的发展,已产生出植物化学分类学、植物细胞分类学、植物超微结构外类学和植物数值分类学等进一步的分支学科。另外,对具体某一类群植物分类的研究也产生相应的分支学科,如细菌学、真菌学、藻类植物学、苔藓植物学。

四、植物学研究的对象和意义

植物学与许多学科密切相关,医学和有机化学常取材于植物,而农、林、药等应用学科直接建基于植物学,园林艺术一直为各种文明所重视,其主要构成要素是植物。农业产品是人民生活所不可缺少的,至少有300种植物曾用作食物,约有200种植物进行商品化生产,并进入国际商业市场。稻、麦、玉米、甘蔗、甜菜、马铃薯、甘薯、大豆、蚕豆、椰子和香蕉是世界上最主要的11种食物。茶、咖啡以及酒也都是历史悠久的饮料,来源于植物,植物纤维不仅提供服装原料,还可用于制绳、造纸等等。林业树木一直是建材、燃料、纤维、化工原料等的重要来源。植物在水土保持、野生动物保护、狩猎动物及鱼类生息、提供游憩场所等方面也具有重要的作用。重要植物产品还有药材、芳香油等。

第二节　植物在生态系统及生态平衡中的地位

一、植物在生物分界中的地位

植物是自然界中生物的一员,人们对生物及植物世界的认识是随着科学技术的进步而发展的。

早在18世纪,现代生物分类学的奠基人,瑞典博物学家林奈(C.Linnaeus,1707—1778)首先把生物分为植物界(Plantae)和动物界(Animalia),即二界系统。在这个系统中,动物被认为是能运动、异养的生物,而植物则是营固着生活、具有细胞壁的自养生物。这是建立最早、沿用最广的生物分界系统,至今,许多教科书仍沿用两界系统。19世纪前后,随着显微镜的发明和广泛应用,人们发现有些生物兼有植物和动物两种属性，例如黏菌，在其生活史中，有一个阶段摄食和运动方式具有动物性特征，生物体裸露、没有细胞壁，但在生殖期或不良的环境条件下，其个体能产生具纤维素的细胞壁，并固着生活，或形成具纤维素壁的孢子。这就使人们重新思考生物界的划分问题，德国著名生物学家海克尔（E.Haeckel，1834—1919）在1866年提出了三界系统，即在动物界和植物界之间建立原生生物界（Protista）的意见，把原核生物、原生动物、硅藻、黏菌、海绵等归入原生生物界。1938年，美国学者科帕兰（Copeland，1902—1968）提出了一个四界系统，他将蓝藻和细菌独立为原核生物界（Prokaryotes），同时，另立原始有核界（Protoctista），其中包括低等的真核藻类、原生动物和真核菌类：1959年，魏泰克（R.H.Whittaker，1924—1980）提出了另一个四界系统，他将不含叶绿素的真核菌类从植物界分出，建立了真菌界（Fungi），而且和植物界一起并列于原生生物界之上，1969年，他又根据细胞结构和营养方式的不同将细菌和蓝藻分出，建立了原核生物界，放在原生生物界之下，形成了原核生物界、原生生物界、真菌界、植物界和动物界的五界系统。目前，魏泰克的五界分界系统为多数学者赞同，其优点是在纵向显示了生物进化的三大阶段，即原核生物、单细胞真核生物和真核多细胞生物，同时又从横向显示了生物演化的三大方向，即光合自养植物、吸收方式的真菌和摄食方式的动物。1979年，我国学者陈世骧（1905—1988）根据病毒（Virus）与类病毒不具有任何细胞形态、不能自我繁殖、在游离状况下无生命等特点，把病毒和类病毒独立为病毒界（Viri）（非胞生物界），从而建立六界系统。迄今为止，对于病毒是否属于生物以及病毒是否比原核生物更原始，国内外尚无定论。

尽管不同学者对生物界的划分有不同的观点，但目前对植物的普遍认识是：大多数植物含有叶绿素，是能够进行光合作用的自养生物；与动物具有运动能力不同，多数植物营固定生活，仅有少数低等植物可以运动；在结构上，植物细胞一般具有纤维素或其他物质构成的坚硬的细胞壁，使植物体得以挺立；植物的生长方式与动物也有明显的差异，它在生中生长几乎是无限的，而且生长只局限于称为分生组织的特定区域。

二、植物在生态系统中的地位

植物是地球上物质循环和能量流动的枢纽。植物通过光合作用将自然环境中的无机物质合成为有机物质，同时把所吸收的太阳能储存起来，为其他生物直接或间接提供物质和能量来源；同时，在食物链和食物网的作用下把植物和其他生物联系起来，使有机界和无机界连接成一个整体,推动着地球生态系统的进化和发展。

（一）生态系统中的生产者

生态系统中的生物成分,通常按照它们获得营养与能量的方式和在能量流动和物质循环过程中所担负的作用,分为三大类:生产者、消费者和分解者。生产者(Producer)是指能进行光合作用的绿色植物和化能合成细菌。由于它们自身制造营养以满足自己的需求,也称为自养生物(Autroph),同时,植物直接或间接地又是其他生物能量和物质的根本来源,从而是生态系统中最重要、最积极的成分。没有植物,就没有生态系统。

消费者(Consumer)是指生态系统中各类动物、某些腐生和寄生的菌类。它们只能依靠生产者生产出来的有机质为营养获得能量,维持自身的生命活动,所以又称为异养生物(Heteroroph)。消费者又可分为初级消费者,即食草动物(Herbivore);次级消费者,即食肉动物(Camivore);三级消费者,即以次级消费者为食物来源的动物;有的生态系统中还有四级消费者,即以三级消费者为食物来源的动物。

分解者(Decomposer)指微生物和土壤动物,它们主要营腐生生活。这些生物将生产者和消费者的残体进行分解、消化和吸收,在获得能量的同时,将有机体中的养分释放到无机环境中去,为植物的再生产创造了条件。

非生物成分是生态系统中的自然环境部分,它为所有生物的活动提供了空间场所,更重要的是贮存的无机成分为植物的生长发育提供了物质准备。生态系统以能量为中心,以食物关系为纽带,把生物及其周围的非生物环境紧密地联系在一起,通过生产者、分解者、消费者三大功能类群,使能量流动和物质循环在生态系统的生命成分之间及生物与自然环境之间有序进行。[①]生态系统这种依靠营养关系构筑起来的结构,称为营养结构(Tophic Srnctre)。

生态系统的营养结构中,植物是唯一能够从外界(太阳)获得能量,通过光合作用实现无机物质向有机物质的转化,并把这种能量贮存在体内的有机质中。植物这种生产是地球上所有生物再生产的基础,从而称为初级生产(Pimary Production)。

一个生态系统的复杂程度,往往取决于初级生产的水平。初级生产力越高,为其他生物提供物质和能量的能力就越强,食物链就可能延伸得

① 范婕妤.北京市林下经济及相关问题研究[D].北京:北京林业大学,2014.

越长，生态系统中的生物就可能越丰富；物质循环和能量流动的渠道就越多，生态系统就越复杂，生态系统也就越稳定。

（二）植物在生态系统中与其他功能成分之间的协同关系

植物在生态系统中的作用是巨大的，但是这种作用的发挥是在其他生物的共同作用下才能实现。在漫长的进化过程中，植物和其他生物以及环境之间建立了互动促进、协同发展的关系。

（1）分解者的作用是地球化学循环的重要环节，也是植物持续获得营养的基本前提。研究表明，如果没有分解者对植物、动物等生物残体的分解和还原作用，植物根本不可能获得生长发育必需的土壤环境，土壤中也没有无机营养可供植物利用。也正是如此，在冻原地带，由于长年温度太低，分解者的作用太弱，有机物分解还原的速度太慢，往往土壤中有机质含量很高，但植物生长却缺乏营养。

（2）植物对营养物质的有效吸收需要微生物的活动和参与。植物的根只能吸收土壤溶液中的物质，而土壤中绝大多数营养物质是以非溶解态存在的，只有微生物的活动才能使土壤中的营养变成植物可利用的溶解态。已知 50% 以上的微生物栖息在土壤中，每 1g 表土中估计至少有 25000 个细菌和 2000 多个真菌。不仅如此，已有的研究表明，60% 的植物都与细菌和真菌建立了相互依赖的关系，这些微生物利用根的分泌物作为自己的养分来源，甚至于植物的根与微生物共生形成菌根，扩大吸收面积。

（3）植物需要动物传播花粉和繁殖体。据统计，靠蚂蚁传播种子的植物达 300 种以上。在已知繁殖方式的 24 万种植物中，有 22 万种植物的传粉和传播种子需要动物的帮助，作物中有 70% 的物种需要动物授粉。参与授粉的动物有 10 万种以上，包括蝙蝠、鸟类和蜂、绳、蝶、蛾等大量的昆虫，而几乎所有以植物为食的动物都程度不同地在传播种子。传播的方式多为吞食果实，把种子有活力的部分或没有消化完全的种子随粪便排出，并借助动物的粪便成为埋葬种子、进行定植的基本方式。在热带雨林地区，某些植物只有通过鸟类和兽类吞食果实，经过消化道去掉果皮以后才能顺利发芽；还有很多植物的繁殖体挂在动物的皮毛上，随着动物的活动而传播、分布。[1]

随着植被的恢复和发展，动物的种类和数量也随之发生变化。生态系统中生物成分之间的协同关系是长期进化形成的。因此，生物多样性

① 庞云祥．淄博鸟类多样性与植被恢复研究 [D]. 济南：山东师范大学，2007.

的增大和生态环境的改善是并行的,有其一必有其二。

三、植物在生态平衡中的基础地位

生态系统的平衡是通过生态系统的功能状态所体现出来的。生态系统的功能主要体现在生态系统的能量流动和物质循环两个方面上,而生物种类成分和数量保持相对稳定时,就能反映出生态系统结构的相对稳定性。

植物是生态系统中占据主导作用的功能成分。它的数量动态及其生产力,决定了其他生物存在的规模,以及生态系统物质循环和能量流动的规模和速度,进而决定着生态平衡的层次和水平。

生态系统处于相对平衡的成熟阶段,其中最重要的时期是群落演替进入顶级阶段。这时,群落中植物的种类和数量比例相对稳定,以植物为基础的营养结构比较完整,食物链更趋典型,系统内物质和能量的输入与输出达到一种动态平衡。

生态系统的平衡水平,关键在于生态系统的自我调节能力,包括抗干扰的恢复能力和对污染的自净能力,而植物往往处于一种基础地位。尤其是在受损生态系统的恢复和重建中,恢复植物的生产能力是生态恢复的首要基础性工作,恢复植被是生态建设的中心环节。

第三节　植物与生态系统的功能

植物作为生态系统结构中的枢纽成分,在生态系统的物质生产、能量流动、物质循环以及环境改良等功能过程中发挥着重要的作用。

一、植物与生态系统的物质生产

生态系统的物质生产(Material Production)是指生物获取能量和物质后建造自身的过程。绿色植物通过光合作用,吸收和固定太阳能,把无机物合成转化成有机物,是生态系统能量储存的基础阶段,称为初级生产,或第一性生产(Primary Production)

一般地,植物只能吸收太阳入射光能的一半,其中又有90%被消耗在蒸腾作用上,只有10%被固定在有机质中。净初级生产量的最大估计值为太阳总入射光能的2.4%。如何提高植物对太阳光能的利用,就成为人类社会维持生态系统功能的重要方略。

初级生产以外的动物性生产称为次级生产，或称为第二性生产(Secondary Production)。没有初级生产，就没有次级生产。初级生产的规模和速度决定了次级生产的可能速度和规模。次级生产的总和小于初级生产。

植物初级生产的重要性集中体现在以下两个方面。

(1)植物的初级生产力决定了其他生物存在和发展的基本物质条件。热带雨林是地球上植物物种最丰富的区域，也是地球上初级生产力最大的区域，达到 $2200g \cdot m^{-2} \cdot a^{-1}$；而在温带干旱地区，只有为数不多的草本植物，这里的初级生产力只有 $500\ g \cdot m^{-2} \cdot a^{-1}$，热带雨林初级生产力是温带草原的4.4倍，而热带雨林地区高等动物的种类是温带草原地区的8倍多。初级生产力越大，能够为动物直接或间接提供食物来源就越多，能够维持动物生存所必需资源的潜力就越大。初级生产量越大，食物链就可能越长，食物网就可能越复杂，整个生态系统物种多样性水平就越高。

(2)植物初级生产的方式决定了其他动物获得资源的方式。地球上植物的生产条件主要有陆地环境和水生环境，在这两类不同生产环境中形成了两种不同的初级生产方式。对于水生生态系统，初级生产者大量以浮游植物的形式存在，相应地依赖浮游植物生存的动物主要就是滤食性的；在陆地，初级生产者具有完善的支持系统，在这种环境中直接依靠植物为食的动物主要是选择性取食，摄取幼嫩的茎叶。这样，导致水生动物和陆地动物在组织器官的配置、新陈代谢的方式等方面出现了根本性的差异。

二、植物与生态系统的能量流动

生态系统最初的能量来源于太阳，太阳光照到地球表面上，产生两种能量形式：一种是热能，它温暖大地，推动水分循环，产生大气和水的环流；另一种是光化学能，成为地球上一切活有机体进行生命活动的能量来源。

生态系统中太阳的光能经过植物固定后，转变为化学能储存在植物体内；通过食物链，自养生物被异养生物取食，能量也因此转移，较高营养级的生物从较低营养级的生物获得能量。在这一活动过程中，能量不断衰减，也是单向流动的。植物对太阳能固定的速度和规模，决定了能量流动的速度和规模。

生态系统中不同食物链之间相互交叉，形成一个网状结构的食物网

(Food Web)。每种生物都是网状结构的一个结点。食物网中生物之间的相互制约和调控,有两种途径。

(一)上行效应(Bottom-up Effect)

处于较低营养级的生物密度、生物量等决定了较高营养级生物的规模和发展,这种由较低营养级对较高营养级生物在资源上的控制现象,称为上行效应。

植物是生态系统中最基础的物质生产者,一个生态系统中植物生产能力的大小、同化光能的规模决定了整个生态系统中其他生物存在和发展的可能性。

(二)下行效应(Top-down Effect)

较低营养级生物的种群结构依赖于较高营养级捕食能力的大小,这种由较高营养级对较低营养级生物在捕食上的制约现象称为下行效应。

上行效应和下行效应在任何一个完整的生态系统中都存在。简单的或不成熟的生态系统主要受上行效应所控制。如北极圈地区,地衣、苔藓的数量决定了驯鹿种群的大小和发展速度;而复杂的或成熟的生态系统,下行效应表现得更为突出。如热带地区中,很多植物在动物的取食过程中依赖动物传粉和散布繁殖体,如果没有动物的这种活动,植物的发展就受到严重影响。

三、植物与生态系统的物质循环

自然界中任何一种元素要么存在于生物体内,要么存在于非生物的环境中。这些元素通过植物吸收到体内,通过生物之间的捕食作用进入到消费者体内,随着动植物的死亡和排泄,并在分解者的作用下,最终以无机元素形式回到环境当中,由植物再度吸收利用,如此循环不已,实现物质循环。

生态系统中的物质循环只有在生物作用和地球化学作用有机结合的条件下才能完成,从而又称为生物地球化学循环。

生态系统中的物质循环和能量流动是紧密结合在一起的。物质是能量的载体,能量是物质循环的动力,在能量的驱动下物质从一种形态变成另外一种形态,从一个物质载体中进入另外一个载体中。

水是生态系统中最重要的物质,它的循环是物质循环的核心。植物在水的循环中具有重要作用,植物群体能够大量地截留、涵养水分,在生态系统中进行再分配,被生物利用后再缓慢释放到环境中。由于植物群体的作用,在较大降雨条件下,缓冲了水分从陆地向海洋的快速转移,也延滞了河流洪水的形成。植物群体涵养的水分缓慢释放,调节了陆地环境的水分条件,为陆地生态系统生物的生存和发展提供了水分保障。因此,大力开展植树造林,提高植被涵养水源的能力,减少水土流失,就成为生态建设的重要内容。

二氧化碳和氧气是生命活动的原料,也是生命活动的产物,它们在大气中的含量状况影响着整个地球环境。植物是环境中二氧化碳和氧气的主要调节器。

植物吸收二氧化碳,放出氧气,维持着大气中二氧化碳和氧气的平衡。人类大面积砍伐森林、毁坏草原,引起植被大面积消失和退化,大大削弱了生物圈中植物调节二氧化碳和氧气平衡的能力;同时,大规模地燃烧化石能源,释放大量的二氧化碳。人类社会这两个方面的影响,提高了大气中二氧化碳的浓度,形成了温室效应(Greenhouse Effects)。温室效应引起全球温度的升高,使海洋中溶解和涵养的二氧化碳大量释放,又进一步抬升了全球温度,造成恶性循环。为此,对于温室效应的生物防治,主要手段是扩大植被的覆盖,提高植被的质量,充分发挥植物的作用。

四、植物对生态环境的改良与调节

植物的生命活动需要从环境中获得光照、热量、水分、无机盐等生存资源,与此同时,植物的生命活动也会影响环境。一般来说,个体植物对环境的影响是有限的,随着个体数量的增加,植物对环境影响的范围和强度也加大。不同的植物群体因组成和结构的区别而成为不同的群落,每一个群落创造着本身的"植物环境",并不同程度地影响周围的外界环境。这就是说,植物群落的组成和结构及其规模,对环境影响的程度都是成正比的。①

(一)植物群落对光照的改变

照射到植物群落的阳光,可以分为三个部分:一部分被植物所吸收,另一部分被反射,还有一部分则透过枝叶间隙而到达地面。例如较稀疏

① 卿华.云南桉树人工林群落结构特征及对生态环境的影响研究[D].昆明:昆明理工大学,2007.

的栎树林,上层林冠反射的光约占18%,吸收的光约占5%,射入群落下层的光约为77%;针阔叶混交林,上层树冠吸收的光约占79%,反射的光约占10%,射入下层的光约为11%。可见,照射在植物群落上的阳光,大部分被稠密的枝叶逐层吸收和重复反射,由叶透下来的光是很少的,仅为入射光的百分之几。还有少部分穿过枝叶间隙射入群落内部的直射光,则形成大小不等的光点和光斑,虽然成分改变很少,但强度却显著减弱。加上这些光点随太阳的移动而移动,随枝叶的摆动而摆动,因此在群落内的某一点上,直射光的照射时间是不连续的,十分短促。群落内以散射光占优势。

(二)植物群落对温度的影响

阳光照射的强度和持续时间,直接影响到群落内温度的变化。在森林群落内,白天和夏季的温度比空旷地要低,但是昼夜及全年的温度变化幅度要小得多。这是因为太阳辐射的"作用面"从地面抬高到树冠层,枝叶吸热蒸腾,不断消耗热量,而植物体吸热散热缓慢,导热效果差,所以使群落内部温度变化减缓;加上植物相互遮盖,阻止空气流通,热量不易消失;群落地面还有枯枝落叶层,能缓和土壤表面的温度变化速度,也保证了群落内较小的温度变化幅度。

(三)植物群落对水分的调节

群落能截留降水、保蓄水分,对降落在群落中的水分进行再分配。林冠截留降水的能力与上层树种的生态特性有关,耐荫性树种由于枝叶茂密,截留的降水要比阳性树种为多。群落所能够截留的降水量,取决于群落结构的复杂程度和降水的强度:群落的结构层次愈多,截留的降水量愈多;降水的强度愈小,则群落截留降水的百分比就愈高。例如云杉林能截留降雨量的30%,松林为18%,桦木林为9%。植物群落所截留的水分,一部分作为地下水(暴雨时有一部分成为地面径流),一部分则通过植物体的蒸腾和地面蒸发,保留在群落内。地面以上的湿度加大不仅促成水分小循环,并且可以调节温度的变幅;地面以下的水分保蓄,则能调节江河水流,防止暴涨暴落。

群落内的"植物气候"是在群落所在地的大气候控制下形成的,它在时间上随大气候的变化而变化,但是变化的幅度大大减缓;在空间上,植物气候在群落内由上而下逐渐加强,使得不同生态习性的植物各自得到适宜的生长环境,形成群落的环境特征。

不仅如此,因为植物群落对外界环境是开放的,各种群落内的植物气候势必会扩展到群落以外,影响一定范围的外界气候。实践证明,植被对气候的影响范围与其面积的大小成正比,而且只有质量较高且分布均匀的植被才能保证地方气候的良好状况,因此,培育和管理植被,就成了人类改造自然、提高环境质量的有效手段。

第四节 植物的生物多样性与生态平衡

一、植物的多样性

自然界中植物种质资源十分丰富,已定名和记载的植物种类多达50余万,它们是生物圈中的重要组成部分。这些植物在大小、形态、结构、生理功能、生活习性、繁殖方式及地理分布等方面各不相同,表现出多样性的特征。

植物体在体形大小上差异明显,最小的支原体直径仅0.14m,而北美的巨杉高达142m,在结构上,最简单的植物仅由1个细胞组成,如衣藻、小球藻,有的由定数细胞聚集成群体类型,如实球藻。在此基础上,出现了多细胞的低级类型,如紫菜、海带等,进一步演化形成多细胞的高级类型。其植物体具有高度的组织分化,产生了维管组织,形成了具有根、茎、叶分化的高等植物,如松、小麦、玉米等。植物的寿命也因不同植物差异很大,细菌的生活周期仅20 ~ 30min,即行分裂而产生新个体;短命菊经过一周就能完成其整个生活史。一年生和二年生的草本植物,分别在一年中或跨越2个年份、经历2个生长季而完成生命进程,如棉花、冬小麦等;多年生的草本植物可以生活多年,如芦苇、菊花等;木本植物的树龄较长,有的甚至长达百年、千年,如生活了3000多年的古银杏树。植物在营养方式上也呈现出多样化的特点,绝大多数植物具有叶绿素,可进行光合作用,称其为绿色植物或自养植物;也有部分植物不含叶绿素,不能自制养料,必须寄生或腐生在其他生物体上,吸收现成的营养物质或通过对有机物的分解作用而摄取生活所需的养料,它们被称为非绿色植物或异养植物,包括寄生和腐生两类;还有少数种类,如硫细菌、铁细菌可以借氧化无机物获得能量而自制养料。植物的分布广泛,无论是高山、平原,还是海洋、湖泊、陆地,甚至极端干旱的荒漠沙漠地带均分布着不同的植物类群,形成热带的雨林,亚热带的常绿、落叶阔叶林,温带的针阔叶混交林,寒带的草甸和荒漠等丰富多样的植被类型。植物的繁殖方式多样化,有的植物以孢子繁殖后代，而裸子植物和被子植物则以种子进行繁殖。植物在遗传和进化上也表现出多样性，植物在适应环境的过程中，形成了不同的基因和基因型，是形成多样性物种的基础。植物种类的多样化来自种的持续形成过程。

植物在长期的进化中，经历了由简单到复杂，由低等到高等，由水生到陆生的过程。首先形成较为低级的藻类、菌类、地衣植物，其生殖器官是单细胞的，植物体无根、茎、叶的分化，合子不形成胚，称为低等植物；进而演化出苔藓、蕨类、裸子和被子植物，其生殖器官是多细胞的，植物体具有根、茎、叶的分化，合子萌发形成胚，称为高等植物。

种子植物的多样性表现为不同植物种类的形态、结构、组成成分、生活习性以及对环境的适应性等方面千差万别，也包括同种植物的遗传差异性。人们的日常生活、生产实践与种子植物的多样性紧密相关。种子植物包括裸子植物约800种、被子植物近30万种。

（一）种子植物与衣食住行

1. 纺织及造纸

纺织用的纤维要求具有较好的长度、细度、弹性、强力、化学稳定性等特性。优质植物纤维是十分理想的纺织纤维，如：苎麻的茎皮纤维细长，有抗湿、耐热、绝缘、质轻等优点，经化学处理后可与细羊毛、涤纶等混纺，织成高级衣料；亚麻纤维拉力强，织物耐摩擦，吸水性低，可制作夏服、手帕、家具装饰品等。

棉花、剑麻、罗布麻、大麻等也是优良的纺织原料。至于纺织帆布、麻袋布，编织草帽、凉席、绳索等，则可利用的植物种类就数不胜数了，但以荨麻科、椴树科、锦葵科、亚麻科、龙舌兰科、桑科等科最为著名。

可用于造纸的植物种类则更为丰富，如云杉、冷杉、红松、落叶松、杨树、桦木、枫木、毛竹、稻草、麦秆、芦苇、甘蔗渣、麻类等，但不同的植物纤维生产出来的纸品性质和质量差别很大。

2. 餐饮主角

人们每日三餐所需的营养，大部分是由植物提供的。粮食作物包括禾本科的小麦、水稻、玉米、燕麦、黑麦、大麦、高粱，蓼科的荞麦，旋花科的甘薯，茄科的马铃薯，豆科的大豆等等，其中三种作物（小麦、水稻和玉米）产量占世界粮食总产量的一半以上。粮食作物主要为人们提供淀粉、蛋白质。

蔬菜作物如白菜、甘蓝、胡萝卜、瓜类、菜豆、西红柿、茄子、青椒、菠菜、洋葱、茭白、藕等,它们除了含有淀粉、蛋白质等主要成分外、还提供膳食纤维、维生素、微量元素等。苹果、梨子、桃、草莓、柑橘、西瓜、葡萄、荔枝、香蕉、椰子、凤梨等水果,板栗、核桃、枣等干果,悬钩子、野山楂、甜枸子等野果,适合生吃,营养价值很高。中华猕猴桃的果实富含维生素 C,甜酸可口,风味独特。

茶叶、咖啡和可可是世界著名的饮料,其中茶是最先由我国栽培利用的饮料植物。苦丁茶、菊花、金银花、越橘、沙棘、金樱子、刺梨等也已作为保健饮料植物开发利用。甜叶菊叶中含大量甜叶菊苷,甜度为蔗糖的数百倍,是一种优良的低热量天然甜味剂。甘草根中含甘草酸,甘草末和甘草提取物在食品中使用可代替部分蔗糖,并能赋予食品特有的风味和甜味。

3. 畜牧业的依托

食用植物都可以作为饲料用于畜牧业。除此之外,还有许多植物,含有丰富的营养成分,适合于饲养家禽家畜。我国新疆、内蒙古、东北等以羊草草原为主,主要饲草是羊草、羊茅、苇状羊茅和针茅属的优质牧草,饲养动物主要有牛、羊、马等。川西—藏东南—青海地区,以芨芨草、冰草和针茅属植物为饲料,饲养着牦牛、牛、马和绵羊等。长江中下游地区丘陵地带的草地,生长着荻、荩草、马唐、狼尾草等牧草,饲养黄牛、水牛和羊等牲口。栏养所用饲料有些是人工种植的,如豆科植物紫云英、红车轴草、白车轴草、草木樨以及大豆和豌豆的苗,这些植物富含蛋白质等营养成分。我国已出版的《中国饲用植物志》详细记载了上千种饲用植物。

4. 建筑及制造业用材

木材是优于钢铁的绿色材料,是建造房屋、桥梁、船舶,制作农具、家具及许多工农业及生活用品的基本原料。全球有乔、灌木树种近 2 万种。不同树种的木材具有不同的用途,如杉木、柳杉、红松等针叶树材,树干挺直,耐腐,适于作电杆、木桩、房屋柱子;枫香的木材干后没有气味,可用于制作茶叶等产品的包装箱,能避免包装材料的气味影响茶叶品质:山毛榉木木纹美观、鸭脚木色调均匀,可制成单板贴面家具,十分美观:豆科的紫檀木紫红色,材质坚硬,淡香宜人,是制作实木家具的高档材料。此外,黄杨木材质坚韧、结构细致,可雕刻印章、制木梳;乌木、苏木、红木等材质坚韧、硬重、结构细致、稳定性好,可用于制乐器;桦木、槭木、杨木,因为材色白、无味、纹理直,可制牙签等。

5. 医药保健的原材料

90% 以上的种子植物可以作为药材原料用于医疗保健,是人类生存和健康所需要的宝贵财富,如紫苏、麻黄可发汗散寒,金银花、栀子、生地黄应用于清热、解毒、泻火、除湿,红花、益母草为活血药,黄芪、枸杞子、百合、肉苁蓉为补益药,人参、红豆杉为抗癌植物,萝芙木作心血管药,常春藤有营养滋润作用等。

芳香植物中提取的芳香油是调香的原料,香料、香精被广泛用于饮料、食品、烟草、洗涤剂、化妆品、医药制品及其他日用品中。含芳香油的植物种类很多,主要有丁子香、檀香、玫瑰、安息香、依兰、薄荷、留兰香、罗勒、百里香、山苍子、珠兰、香茅、香草兰和树等,较集中在樟科、芸香科、唇形科、伞形科、牻牛儿苗科等科植物中。肉桂的树皮、枝叶的芳香油为著名食品调味香料,也用于调制化妆品和皂用香精。桉树油具有很强的杀菌效果,用于治疗呼吸道感染、顽疥、癣疾等,其中的香茅醛和香茅醇大量用于调制香水、香皂、牙膏等。香叶天竺葵的精油称香叶油,具有玫瑰香气,是配制高级化妆品香精、皂用香精、食品香精等的材料。

(二)种子植物与园林绿化

园林绿化中种子植物种类丰富多彩,是园林绿化的主体栽培对象。一些具有相同特质的种类往往被收集栽培在同一区域,形成专类园,有名的专类园包括山茶园、杜鹃花园、桂花园、梅花园、牡丹园、月季和蔷薇园、樱花园、丁香园、木兰园、竹园、棕榈园、苏铁园、鸢尾园、兰园、仙人掌科和多肉植物专类园以及水生植物专类园等。

1. 蔷薇园

蔷薇园中的月季花容秀美,千姿百色,芳香馥郁,四时常开,有“花中皇后”之名,深受人们喜爱。现代月季是若干种蔷薇属植物多年反复杂交的后代,除少数扦插苗之外,大部分都不是生长在自生根上,而是选择适应性强、亲和力好的蔷薇与相关品种嫁接而成的。现代月季大体上分为杂种香水月季、丰花月季、壮花月季、藤蔓月季、微型月季和灌木月季六大类,是品种最多的栽培花卉之一,有据可查的就有 2 万多个品种。灌木月季类有半栽培原种、老月季品种,也有新近育成的品种,大多能耐寒,生长特别繁茂,花朵有重瓣和半重瓣,花色有白、红、粉、黄、紫、绿等多种颜色,有些还具条纹及斑点或复色。香气的浓淡因品种而异,在适宜条件下全年都可开花,有的能结出发亮的蔷薇果。

值得一提的是,植物学上的玫瑰和月季是蔷薇科蔷薇属的不同种植物。但由于玫瑰刺多(刺上有毛区别月季)、花小、花色单一、花期短,因而花枝挺拔、花色丰富、四季都能开花的现代月季就取代了玫瑰,现在一些场合人们习用"玫瑰"之名称呼月季。

2. 多肉植物

多肉植物又称多浆植物,常指茎叶肉质、具肥厚贮水组织的观赏植物,是花卉产业中的一个重要领域,体型小、生长慢、形态奇特,十分适合现代都市居住和生活环境。常见的多肉植物分布在仙人掌科、景天科、龙舌兰科、百合科、番杏科、大戟科、菊科、夹竹桃科、萝藦科、马齿苋科,此外,在木棉科、凤梨科、鸭跖草科、葫芦科、龙树科、薯蓣科、牻牛儿苗科、苦苣苔科、桑科、辣木科、西番莲科、胡椒科、葡萄科、百岁兰科等也有多肉植物分布。由于多肉植物适合盆栽、管理简单、繁殖容易,成为花卉爱好者们的宠物。

(三)丰富的遗传多样性

1. 稻

稻,是多型性作物。几千年来,人们已培育出多种多样的类型和品种:按生长所需温度和品种的亲缘关系划分,有籼稻和粳稻;按米粒内淀粉的性质划分,有粘稻和糯稻;按成熟期划分,有早熟、中熟和迟熟品种;按水分生态条件划分,有水稻和陆稻(旱稻);按食用性质划分,有普通稻和特种稻。所谓特种稻是指特殊用途的稻,如香稻就是利用其香味;色稻是利用其果皮中的天然色素;专用稻是指专适于酿酒、制米糕、米面等用途的稻。

2. 枣

枣,是食、药、观赏兼用的果树。我国约有500多个品种,著名的有:产于河北、山东的金丝小枣,核小肉厚、糖多味浓、色鲜质细;产于河北的大枣,树冠高大产量高;朗家园枣,核小肉厚、皮薄色鲜、肉脆品甜,为鲜食脆枣品种;产于河南的庆枣,皮色好,肉丰满,核与肉易分离,为著名干果品种;产于山东、河北的无核枣,果小,核退化,肉厚味甜;产于山西的相枣,果大皮薄肉厚,富含糖分,适宜晒制干枣;此外还有枝上无刺的无刺枣、果形似葫芦的葫芦枣、枝叶卷曲弯生的龙爪枣等。

野生植物的遗传多样性也很丰富,但往往表现为肉眼不易察觉的、细微的、连续性变化特征,可通过现代生物技术检测它们的差异。在地球环境持续恶化的今天,人类亟须有效保护及合理利用植物的遗传多样性。

3. 蜡梅

蜡梅是我国特有的珍贵花木,可作园林配置、切花、药用、香料。

不要以为蜡梅就只有千篇一律的小黄花飘淡香一种类型,当你仔细观察比较了不同植株上花的大小、颜色、花被片形状后,你会发现蜡梅其实品种很多(文献记载有一百多个品种),通常可分为素心蜡梅、馨口蜡梅、红心蜡梅、小花蜡梅等品系。素心蜡梅花朵较大,内外轮花被纯黄色,香气很浓。馨口蜡梅叶及花均较大,外轮花被淡黄色,内轮花被边缘有浓红紫色条纹,花期长,香气浓,品质优良。

红心蜡梅叶形较狭尖,质地较薄,花较小,花被片狭长而尖,内轮中心的花被片有紫红色纹,香气淡,花后多结实。小花蜡梅花径特小,外轮花被片黄白色,内轮花被片有紫红色条纹,香气浓。

根据花期季节的不同,分为夏腊梅(花夏天开放,花大型、芳香,我国特产,原产西天目山)和腊梅二种。而蜡梅花期早晚,可分早花(11 月下旬至 1 月下旬)、中花(1 月上旬至 2 月下旬,盛花期 1 月)及晚花(2 月上旬至 4 月上旬,盛花期 2 月)。根据花径,大花者花径在 3cm 以上,中花者花径 1.5 ~ 3cm,小花者花径 1.5cm 以下。根据花朵开放时的形状,分张开(盛开时花被片开展并呈反卷状)及馨口(盛开时花被片不开展)。外轮花被片的颜色有杏黄、金黄、土黄、黄绿及黄白色之区别。花的香气、花被片数目也各有特征。如果按照这些区分依据去浏览植物园中的蜡梅,说不定你会流连忘返。

(四)适应环境,各显神通

1. 御敌

有一类植物,如马缨丹、碧冬茄、细杆沙蒿、夜来香、薄荷、藿香、薰衣草、碰碰香等,具有驱赶蚊虫的能力。这种能力是从何而来的?研究发现,这些植物能产生和释放一些特别的气体成分,令蚊虫避而远之。现已证实,碧冬茄的驱蚊成分是挥发油中的叶醇、苯甲醇、苯甲醛、苯乙醇、乙酸苯乙酯等;细杆沙蒿的驱蚊成分是挥发油中的邻苯二甲酸酯等。植物驱蚊,从生物进化的角度理解,是适应特定生存环境的一种防御机制,可以规避蚊虫对植物的某种危害。

植物在长期的演化过程中,对昆虫的侵害有三种应对方式。第一种是引起昆虫避开取食或抑制其取食,如上述的驱蚊植物;第二种是影响昆虫对食物的消化和利用,如兴安落叶松、獐子松、白桦等产生的单宁可使昆虫的消化酶失活;第三种是使昆虫中毒或抑制生长发育,如印楝树产生的印楝素能毒杀昆虫。植物的这些代谢产物，通过影响昆虫的神经系统、呼吸系统、肌肉系统、消化系统、生殖系统而达到杀虫、驱虫的御敌效果。

相反的情形是植物产生挥发性气体引诱昆虫采蜜、传粉等，植物与昆虫间形成互利合作的关系。

2. 食虫

食虫植物，本身也是绿色植物，能进行光合作用，但由于通常生长在潮湿而贫瘠的土壤或浅水中，环境中常常缺乏营养，因而产生了以捕食昆虫补充生长所需的营养的特殊生态适应方式。已知的食虫植物大体上属于猪笼草科、茅膏菜科、瓶子草科、狸藻科四个科。这类植物全世界共有600多种。

猪笼草生活在热带潮湿地区，其叶片分化成三部分：基部为绿色的叶片，可进行光合作用，中部为细长丝状体，可卷曲和攀缘，先端为具盖的囊状体，囊内盛有由特殊腺体分泌的蛋白酶。当蚂蚁等小型昆虫被引诱并滑入囊内，就会被囊内的蛋白酶分解，营养被囊壁吸收。

3. 变性

植物的性别，大致可分为雌雄同花、雌雄同株异花、雌雄异株等。但在许多植物中，由于遗传、生理、环境等因素的影响，性别可能会发生变化，由雄性变成雌性，或由雌性变成雄性。已知数以千计的植物存在这种现象。雌雄同株异花的黄瓜可因肥力和光照状况的变化而发生性别转变：如果在早期发育中施用较多的氮肥、缩短光照时间或增高二氧化碳浓度，性别就会向雌性转变，雌花比例会增高；反之，在发育早期施用极少的氨肥和延长光照时间，雄花比例会增高。南瓜的性别则会因夜间温度不同而有所改变，降低夜间温度可导致雌花数量增加。雌性的杨树在一定程度的修剪后可能会转变为雄株，研究认为这是由于修剪创伤引起植株内部发生一系列生理变化所致。印度天南星为多年生草本植物，其较矮小植株为雄性、超过一定高度后就转为雌性了，或许与营养供应有关，因为雌株结实需要消耗更多的营养。

变性是植物繁育系统普遍存在的一种现象，其表现形式多种多样。一方面，我们可以透过变性现象研究其中的奥秘，另一方面，我们也可以利用变性规律调节栽培植物的性别朝着人们期待的性别方向发展。

4. 绞杀

在热带雨林里，植物的密度是很大的，在争夺阳光、空间和养分的残酷生存斗争中，豆科、凤梨科、天南星科的一些附生植物附着在别的植物体表，吸取其养分和水分而生机勃勃，而省藤等藤本植物则会攀缘在大树之上，借助别的植物的帮助，使自已扶摇直上，争取到上层的阳光和空间。绞杀植物是热带森林中介于附着生长与独立地面生活习性之间的一类植物，它们以附着生长开始，以后生出气生根，气生根沿其附生的乔木主干向下伸展，气生根交汇的部分能互相愈合、交织成网，紧密地包围着乔木主干，使乔木主干失去形成新的输导组织的空间，阻断了进一步生长，最终将原先供它依附的乔木绞死，成为热带雨林的一大奇观。常见的绞杀植物有桑科的榕属、五加科的鹅掌柴属、漆树科的酸草属等。

5. 抗逆

植物的生存需要有水、阳光、空气和适宜的温度，不具备这些条件，植物就难以存活，然而自然界也存在一些能生活在“生命禁区”里的极端植物。在极地及高山地区，气候严寒，热量不足，风力大，昼夜温差大。在这严酷的生态环境下，植物在生理上通过降低冰点，使细胞免受冻害，而在形态上，表现为矮小、芽及叶片常有油脂类物质保护、芽有鳞片、植物器官的表面有腊粉、植物体常呈匍匐状、垫状或莲座状等以抵御严寒。棉毛凤毛菊、火线草叶缘常卷曲，叶片密被毛以减少蒸腾。藜科的小蓬小枝生长极度受抑制，形成了半球形的垫状体，对植物体周围“微环境”有增温、保温、减少蒸发、多储水分和抵御强风侵袭的作用。

荒漠出现在降水稀少、冷热剧变、风大沙多、日照强烈、强度蒸发的环境下，这里的植物根系深，肉质多浆或叶片退化，以适应干旱，如叶退化的沙拐枣、麻黄、白梭梭，肉质化的仙人掌、猪毛菜、短叶假木贼、盐地碱蓬、骆驼蓬、霸王等。

红树植物（如红树、秋茄、木榄、红海榄、角果木等）生长在海水里，环境的特点是盐浓度高、海浪的冲击力大、水底淤泥含氧量少等等。

它们有呼吸根适于在淤泥和海水中进行呼吸，有交织的支根或板根抵御海浪的冲击，有盐腺向体外泌盐，有胎生现象确保幼苗尽快扎根于淤泥等适应特征。

盐碱地上的盐角草是最耐盐的植物，它的细胞内有储存盐分的盐泡，由于盐分都被限制在盐泡中，不会毒害盐角草。柽柳、胡杨不怕盐碱，则是因为它们能不断地向体外排放盐分。

6. 寿命

种子植物的寿命有长有短，短的只有数十日或更短，长则可达数百年、数千年。通常木本植物比草本植物寿命要长得多。植物界的“老寿星”，都出在木本植物里。裸子植物寿命普遍较长，如松树、柳杉能活 1000 年以上,雪松能活2000年,柏树、银杏、红桧等能活3000年以上。被子植物中苹果、葡萄、柳树寿命不到200年,樟树能活800年以上,而龙血树能活60年以上,是已知最长寿的植物。

生长于温带荒漠的短命植物,在严酷、恶劣的环境中,经过长期艰苦的“锻炼”,练出了迅速生长和迅速开花结实的本领,从种子萌发到果实成熟一般只有60 ~ 70天。沙漠中的短命菊,种子在稍有雨水的时候,就赶紧萌芽生长,开花结果,赶在大旱来到之前,匆忙地完成它的生命周期,只能活几星期。现代分子生物学研究的模式植物拟南芥,在实验条件下只需一个月左右即可完成从种子萌发到下一代种子成熟的过程。

植物的寿命决定于植物本身的遗传特性,也与生活环境有密切关系。从进化的角度看,寿命短的植物比寿命长的植物具有更多的变异潜能及生存和发展机会。

7. 传播

花粉从雄蕊传给雌蕊的过程叫传粉。经历传粉之后才有可能结实。植物传粉的方式多种多样,依靠蜂、蝇、蝶,蚁、甲虫等昆虫为媒介而完成传粉的,如三色堇、裂叶地黄、向日葵,这类植物的花通常较大,花被发达,各花瓣形态、色彩和功能各异,有香气和蜜腺,花粉粒较大有黏性,易附着在昆虫身体上等。依靠风力传粉的,如雪松、稻、玉米、板栗、杨树,它们的花较小,无花被或花被退化;无香气和蜜腺,花粉干燥而轻,量多,便于花粉随风飘散。也有依靠水、鸟等其他媒介传粉的,各有独特的形态特征。

植物占领新的生境,需要依靠风力、水力、动物和人类活动等散布果实和种子。借助风力散布果实和种子的植物很多,它们一般细小质轻,能悬浮在空气中被风力吹送到远处。如兰科植物的种子小而轻,可随风吹送到数公里以外;其次是果实或种子的表面常生有毛、翅,或其他有助于承受风力飞翔的特殊构造。如柳的种子外面有细长的绒毛(柳絮),蒲公英果实上长有降落伞状的冠毛,铁线莲果实上带有羽状柱头,复叶槭、榆等的果实以及美国凌霄、松、云杉等的种子有翅,这些都是适于风力吹送的特有结构。

水生和沼泽地生长的植物,果实和种子往往借水力传送。莲的果实(莲蓬),呈倒圆锥形,疏松质轻,能漂浮水面,随水流到各处,同时把种子远布各地。海岸边的椰子,它的中果皮疏松,富有纤维,适应在水上漂浮,可依靠水力散布。

有些植物的果实和种子是靠动物或人类的携带散布开的,这类果实和种子的外面生有刺毛、倒钩或分泌黏液,能挂在或黏附于动物的毛、羽或人们的衣裤上,随着动物和人们的活动无意中把它们散布到较远的地方，如鬼针草、意大利苍耳、鹤虱、水杨梅、葵藜、窃衣、猪殃殃、丹参等。

壳斗科的果实，常是某些动物（如松鼠）的食料。它们常把这类果实搬运开去，埋藏地下或其他安全之处，除一部分被吃掉外，留存的就在原地自行萌发。又如蚂蚁对一些小型的植物种子，也有类似的传播方式。

杨梅、疏花蔷薇等具有肉质部分的果实，多半是鸟兽喜欢的食料，这些果实被吞食后，果肉被消化吸收，而果核或种子随鸟兽的粪便排出，散落各处。同样，多种植物的果实也是人类日常生活中的辅助食品，在取食时往往把种子随处抛弃，种子借此取得了广为散布的机会。

二、多样性与生态平衡

生态系统的自动调节能力的大小，取决于生态系统的生物多样性，即多样性导致稳定性。生态系统的功能成分越复杂，物质循环和能量流动的渠道越多，在外来干扰和破坏下，可替换的途径就越多，从而生态系统的平衡水平就越高。如一个林地生态系统，处于食物网中的鹰有三条食物链，如果某个食物链被中断后，还有其他两条可以弥补和替换，鹰依然可以维持生存和发展。生态系统越复杂，这种弥补和替换的方式就越多，系统就越稳定。

生态系统的平衡，是通过负反馈（Negative Feedback）方式进行自动调节的。负反馈是比较常见的一种反馈，它的作用是使生态系统达到和保持平衡或稳态，反馈的结果是抑制和减弱最初发生变化的那种成分所导致的变化。

在一个生态系统中，植物种类越多，固定和利用太阳能的能力就越强，可提供给不同动物的食物来源和环境支持的能力就越大，从而确保物质循环和能量流动的途径就越多，系统抵抗外来干扰的能力就越大，生态系统就更容易保持较好的平衡水平。

应该注意的是，一个正在向良性方向发展的生态系统，负反馈是一种具有建设意义的调节形式，而当人类的干扰超过了生态系统的恢复能力时，就将出现正反馈（Positive Feedback），其作用刚好与负反馈相反，不是抑制而是加速最初发生的变化，常常使生态系统远离平衡状态或稳态。例如，一个区域生态破坏后，植物的生长环境丧失，植被的数量规模和质量水平愈加降低，继而植物对环境的改良作用减小，环境质量将进一步恶化。

第五节 植物与生态系统的生态服务

一、什么是生态系统服务

生态系统服务最常见的定义来自联合国《千年生态系统评估》(MA):“人们从生态系统中获得的益处”(MA 2005)。生态系统服务也被称为“环境商品和服务”和“大自然的益处”。这些服务来自生态系统(包括构成生态系统的物种)的功能和过程(Daily 1997)。《千年生态系统评估》(MA 2005,57)识别出了四种生态系统服务:

(1)供应服务:提供商品(如食物、水、木材和纤维)。

(2)调节服务:稳定气候、减轻洪水和疾病的风险以及保护或改善水质。

(3)文化服务:提供休闲娱乐、美学、教育和精神方面的体验。

(4)支持服务:支撑其他服务,如光合作用和养分循环。

有人提出了针对具体场合的其他定义和分类,如景观管理、环境成本核算和政策制定(Boyd&Bhanzaf 2006; De Groot, Wilson&Roelof 2002; Fisher, Turner&Morling 2009; Wallace 2007),“生态系统和生物多样性经济学”(TEEB)是联合国环境规划署领导的一项国际计划,2010年,它提出了一个把生态系统提供的服务和人类从中获得的益处加以区分的定义:“生态系统对人类幸福做出的直接和间接贡献”(Kumar 2010,19),“生态系统和生物多样性经济学”为生态系统服务所做的分类把“支持服务”重新定义为“生态系统过程”,并包含了“生存环境服务”这个新的类别;生存环境服务为被猎和被钓物种提供繁育场并通过保护遗传多样性来保存未来的选择。

人们依靠大自然来追求他们的幸福,这一认知可以追溯到古代。有关这一话题的最早的一些已知文献,描述了生态系统服务的丧失和这种丧失对社会的影响。其中最主要的是希腊哲学家柏拉图一篇著名对话—《柯里西亚斯》(Critias)中的一段描述:“现在,先前肥沃的土地上留下的东西就像一个病人的骨架,所有肥沃、松软的土壤都被冲走了,只留下光秃秃的基础……土地曾经被每年的雨水滋润,雨水不像现在这样流失掉(从裸露的土地流向大海)。那时土壤深厚,吸收并保持水分……山丘吸收的水供应着泉水和各处的河流。现在,以前有泉水的神殿现在都已废弃,这证明我们对土地的描述是真实的”(Daily 1997)很多学者把对生态系统服务的现代关注归功于乔治·珀金斯·马什（George Perkins Marsh）——一位19世纪的律师、政治家和学者。马什于1864年出版的一本书——《人与自然》描述了各种服务和丧失这些服务所产生的后果。20世纪的前半叶，著名的环境作家[包括亨利·费尔费尔德·奥斯本（Henry Faifield osborn Lr）、威廉·沃格特（William Vogt）和奥尔多·利奥波德（Aldo Leopold）]介绍了生态系统和野生动物对人类福祉的价值。除了大自然对人类的价值，利奥波德还支持"土地伦理"——强调大自然本身存在的价值，而不用考虑人类如何利用它。

在20世纪60年代和70年代，环境健康成为一个重要的问题，激发了第一波的生态经济学研究。1968年，斯坦福大学生态学家保罗·埃利希（Paul Ehrlich）出版了《人口炸弹》，它描述了人类对生态系统的破坏、给社会带来的代价以及可能的解决方案。1970年，"关键环境问题研究"小组（一群科学家在马萨诸塞州的威廉姆斯学院开会）第一次提出了"环境服务"这个术语，并给出了像渔业、气候调节和洪水控制这样的例子。从那时起，"生态系统服务"就成为科学文献中表示从大自然获取的益处最常见的术语。

到20世纪80年代，研究和争论集中在两个问题上：生态系统功能和服务在多大程度上依赖生物多样性？如何度量和评估生态系统服务？1997年，两组生态学家和经济学家合成了有关生态系统服务及其价值的科学信息（Costanza et al，1997；Paily 1997）2001年开始的《千年生态系统评估》是一项涉及1360位研究人员、评估生态系统状态及其提供服务的四年全球计划。根据《千年生态系统评估》报告，在此前50年跟踪的24项生态系统服务中，有15项严重下降，四项略有改善，5项还算稳定，但在世界的某些地方受到威胁（MA，2005），该评估报告还透露，有些供应服务（如食物）在以调节、支持和文化服务为代价的情况下得到改善。作为《千年生态系统评估》的一部分或者后续工作，还进行了一些较小的针对生态系统服务的评估项目。一项研究发现，在英国8个广阔的水域和陆地生境类型和其构成的生物多样性所提供的生态系统服务中，大约30%正在下降，其他的已经减弱或退化（UK National Ecosystem Assessment，2011）。"生态系统和生物多样性经济学"一个单独的国际研究评估了生态系统和生物多样性的经济利益以及生态系统退化和生物多样性丧失的代价（Kumar，2010），到2011年为止，几个国家（包括巴西和印度）都已开始了国家级的生态系统和生物多样性经济学的研究。

二、植物与生态系统的生态服务的关系

所谓生态系统服务(Eosystem Service)是指自然生态环境、物种、生物学状态、性质和生态过程所产生的物质和能量,及其所维持的良好环境对人类的效用的总称。以前,人们对生态系统的服务比较强调生命支持系统,近年来也将生态系统提供的产品纳入生态系统服务的范畴。植物作为生态系统的核心成分,承担着资源保障和环境支持的作用。

(一)资源保障

植物在生态系统的服务中所承担的资源保障主要表现形式为有以下两种。

1. 生物产品生产

生态系统为各种生物提供了生存和发展所依托的食物条件。作为一个生物性的人,同样需要自然的供奉。据统计,已知约有 80000 种植物可食用,人类仅用了 7000 种,其中最重要的是小麦、玉米和水稻等 20 种栽培植物。海洋生态系统为人类提供了 20% 的动物蛋白,陆地生态系统则提供肉、蛋、禽、奶、皮革等畜牧产品。生物还是人类的重要药源,在发达国家有 40% 以上的药物来源于自然动植物,发展中国家有 80% 的人靠传统的草药治疗疾病。人类目前很多疾病的攻克都寄希望从自然界的生物中获得药源。

2. 生物多样性的产生和维持

地球上现存丰富的生物多样性是经历了 35 亿年进化发展的产物,在这个过程中植物为各种动物提供了生存所必需的资源支持,并不断推动生态系统形成更为完善的物种,推动着生态系统的结构更为完善、功能更为健全,而良好的生态系统又为新物种的形成提供了机会。

(二)环境支持

植物不仅是其他生物直接或间接的食物来源,而且也是其他生物生存环境的缔造者。

1. 土壤的形成和改良

土壤的形成和发育是生物与环境相互作用、共同发展的产物,并主要由生态系统中的生物作用维持更新。一方面,植物枯死、衰老以后都要回

到土壤中去，经过分解者的分解后，成为土壤有机物质的重要来源；另一方面，根系的分泌作用改善了根际的微环境，为土壤微生物的活动创造了条件，微生物的氧化、还原、分解等作用成为土壤物理、化学性质改变和土壤结构改良的重要生物条件。

2. 生态水文作用

陆地生态系统对水分的吸收、驻留、缓释等作用，是生物圈中水分循环的重要环节。植被在生态系统的水分循环中处于核心地位。在降雨时，植被的枝叶、树冠和地下根部截留了 60% 以上的雨水，另外的水分变为地下水。雨过天晴时，植物的蒸腾作用又将大量的水分变成水汽，既降低了气温，又为新的降雨产生了条件。在旱季，储藏在生态系统中的水分缓慢释放出来，形成地表径流补充到江河湖海中，使陆地生态系统中的水分在不同的时间范围中得到分配，减缓了干旱和洪涝灾害。生态水文过程是生态系统生态学研究的一个重要热点，是流域生态学的中心问题之一，也是探讨生态系统服务功能及其实现过程的关键科学领域。

3. 植物群落形成的微环境为更多动物生存和发展提供了生态条件

在植物物种极其丰富的热带雨林地区，从林冠上方到地面垂直起伏达到 50 多米，光照条件越来越弱，温度依次降低且变幅越来越小，湿度依次增大且更少变化，风力降低。在这个纵深的空间范围内，不同生活方式的动物都可能找到适合自己的生境。相反，在荒漠地区，能够生存下来的植物种类很少，稀疏的植被形成的群落环境也比较单一，能够为动物提供栖息的环境种类也很有限，从而也成为动物物种比较单一的重要原因。

4. 保护和改善环境质量

由于自然或人为的因素，不少区域发生了环境退化。经过人类的积极干预，通过先锋植物的进入不断改变环境条件，这些新的环境因素又为更多、功能更强大的生物的生存和发展奠定了基础。生态系统对投入其中的污染物具有分解、同化、解毒作用，可以有效地减少污染物的积累、富集和毒害作用。这就是生态系统不断改善环境质量的过程。

大面积的植被在温度、水分的时空调节上的作用更为突出，通过恢复和维持自然原始的植被，不仅是保护生态环境的需要，更是人类生存和发展的基础条件。

人们在生计、健康和福利上依赖大自然。人们从大自然中获得的益处包括饮用的清洁水、从钓鱼中得到的食物和休闲以及建造房屋和家具的木料。与此同时，人们以限制大自然提供这些益处的能力的方式影响着大自然。例如，森林通过捕获和存储碳的形式帮助调节气候，但是，土地拥有者每年通过砍伐数千公顷热带森林来减少森林提供这种服务的能力。清除这些土地上的森林所产生的二氧化碳(导致气候变化的一种温室气体)排放能达到人类所有排放量的20%。这只是我们改造大自然、改变大自然向我们提供的益处(即生态系统服务)的一种做法的例子。

三、中国生态系统服务的实践

继1997年和1998年的严重旱灾和水灾之后,中国制定了一系列保护计划,以减少极端天气的破坏。其中的一项计划——“坡地转变计划”(SLCP,也称为“退耕还林工程”)。在实施的时间长度和地理范围上都是不同寻常的。“退耕还林工程”自1999年开始实施,它通过向把陡坡上的农业用地转变为林地和草地的农民提供粮食和现金补贴,在25个省的范围内恢复水土流失控制和防洪减灾服务。初步研究表明,“退耕还林工程”提高了关键生态系统服务,同时对家庭收入也有正面影响(Li et al, 2011)“退耕还林工程”之后,中国开始实施“生态功能保护区”(EFCA)计划,它是新设立的保护区,用于保护其中的高等级生物多样性和生态系统服务,包括拦沙和碳存储和碳获取。这一计划完成后,这些生态功能保护区预计覆盖中国陆地面积的25%。省级和县级土地利用总体规划将引导各种开发活动远离这些地区,要求不在这些地区进行或少量进行基础设施建设。

第二章　植物细胞和植物组织

细胞是构成植物体形态结构和生命活动的基本单位。植物有机体，无论是高大的乔木、低矮的草本，还是微小的多细胞藻类植物都是由细胞组成的。植物的一切生命代谢活动都发生在细胞中。组织是植物进化过程中复杂化和完善化的产物。各种不同的组织组合在一起，形成执行特殊功能的根、茎、叶、花、果实、种子等器官。

第一节　植物细胞的特征及其结构

一、植物细胞的特征

植物体的细胞体积一般都比较小，形状也是多种多样的。植物细胞的形状和大小与它们行使的功能密切相关。

（一）植物细胞的形状

植物细胞的形状多种多样，有球状体、多面体、纺锤形和柱状体等（图2-1）。单细胞植物体或分离的单个细胞，因细胞处于游离状态，不受其他细胞的约束，形状常为球形或近于球形。在多细胞植物体内，细胞是紧密排列在一起的，由于相互挤压，往往形成不规则的多面体。多细胞植物体中细胞的形状常与细胞在植物体内的功能有关。例如，与水分和养分运输有关的细胞（导管分子和筛管分子）呈长管状，并连接成相通的“管道”，以利于物质运输；起支持作用的细胞（纤维）多呈长梭形，并聚集成束，加强支持功能；位于体表起保护作用的细胞呈扁平状，细胞之间彼此嵌合，接合紧密，不易被拉破；幼根表面吸收水、肥的根毛细胞，常向着土壤延伸出细管状突起（根毛），以扩大吸收表面积。细胞形状的多样性，除与其功能及遗传有关外，外界条件变化也会引起细胞形状的改变。

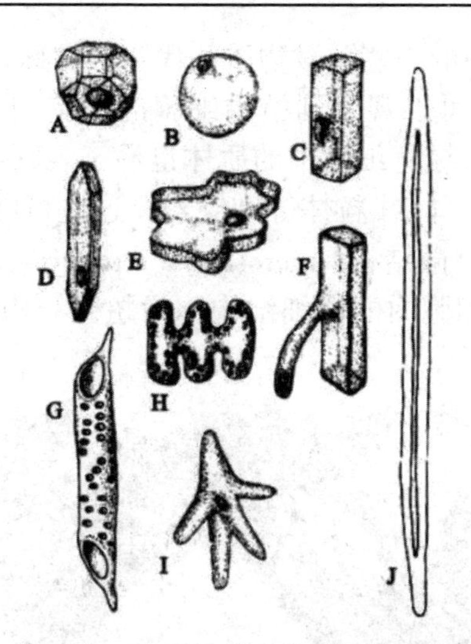

图 2–1 种子植物各种形状的细胞

A. 十四面体状的细胞；B. 球形果肉细胞；C. 长方形的木薄壁细胞；D. 纺锤形细胞；E. 扁平的表皮细胞；F. 根毛细胞；G. 管状的导管分子；H. 小麦叶肉细胞；I. 星状细胞；J. 细长的纤维

（二）植物细胞的大小

植物细胞的大小差异很大，在种子植物中，细胞直径一般介于 10 ~ 100μm 之间。但亦有特殊细胞超出这个范围，如棉花种子的表皮毛细胞有的长达 70mm，成熟的西瓜果实和番茄果实的果肉细胞，其直径约 1mm，兰麻属（*Boehmeria*）植物茎中的纤维细胞长达 550mm。

决定细胞形状和大小的主要因素是遗传性，同时，细胞的生理功能、在植物体中的位置以及环境条件，如水、肥、光照等因素也对细胞的形状和大小也有一定的影响。

细胞体积越小，它的相对表面积就越大。细胞与外界的物质交换通过表面进行，小体积大面积，这对物质的迅速交换和内部转运都是非常有利的。另外，细胞核对细胞质的代谢起着重要的调控作用，而一个细胞核所能控制的细胞质的量是有限的，所以细胞大小也受细胞核所能控制范围的制约。

二、植物细胞的结构

真核植物细胞由细胞壁（cell wall）和原生质体两大部分组成。原生质体包括细胞膜（cell membrane）、细胞质（cytoplasm）、细胞核（nucleus）

等结构。植物细胞中的一些贮藏物质和代谢产物称为后含物。

光学显微镜下，可以观察到植物细胞的细胞壁、细胞质、细胞核、液泡等基本结构，此外，绿色细胞中的质体也易于观察到；用特殊的染色方法还能观察到高尔基体、线粒体等细胞器。这些可在光学显微镜下观察到的细胞结构称为显微结构（microscopic structure），而只有在电子显微镜下才能观察到的细胞内的微细结构称为超微结构（ultrastructure）（图2-2）。

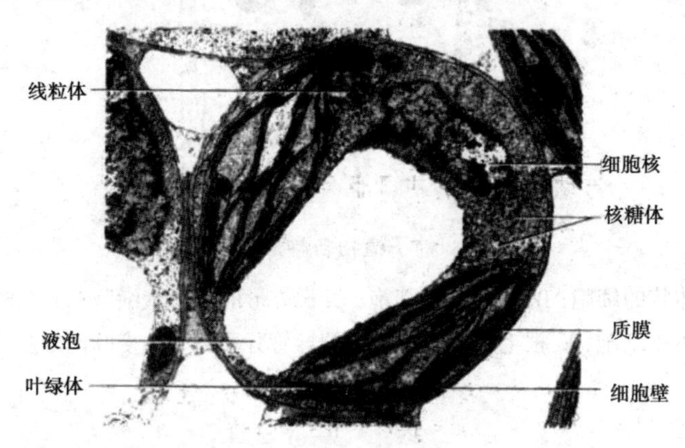

图 2-2　植物细胞超微结构

（一）细胞壁

细胞壁是原生质体生命活动过程中由向外分泌的多种物质复合而成的结构，为植物细胞所特有，是植物细胞区别于动物细胞的最显著的特征。细胞壁支撑和保护植物细胞，同时参与许多生命活动过程。

1. 细胞壁的结构

植物细胞壁的厚度变化很大，这与各类细胞在植物体中的作用和细胞年龄有关。根据形成的时间和化学成分不同，可将细胞壁分成胞间层、初生壁和次生壁（图 2-3）。

（1）胞间层（middle lamella）。

胞间层又称中层，位于细胞壁的最外面，是相邻两个细胞共有的壁层，主要由果胶类物质组成，有很强的亲水性和可塑性，多细胞植物依靠它使相邻细胞粘连在一起。果胶易被酸或酶分解，从而导致细胞分离。有些真菌能分泌果胶酶，溶解胞间层而侵入植物体内。胞间层与初生壁的界限往往难以辨明，当细胞形成次生壁后尤其如此。当细胞壁木质化时，胞间层首先木质化，然后是初生壁，次生壁的木质化最后发生。

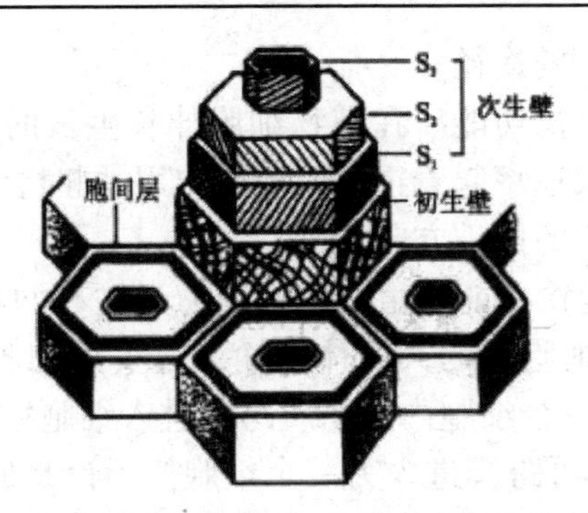

图 2-3　植物细胞胞间层、初生壁和次生壁的组成与结构

（2）初生壁（primary wall）。

初生壁是细胞生长过程中或细胞停止生长前形成的细胞壁层，位于胞间层的两侧。初生壁较薄，约 1 ~ 3μm。除纤维素、半纤维素和果胶外，初生壁中还有多种酶类和糖蛋白，这些非纤维素多糖和糖蛋白将纤维素的微纤丝交联在一起。微纤丝呈网状，分布在非纤维素多糖的基质中，果胶质使得细胞壁有延展性，使细胞壁能随细胞生长而扩大。[①]

（3）次生壁（secondary wall）。

次生壁是在细胞停止生长、初生壁不再增加表面积后，由原生质体代谢产生的壁。物质沉积在初生壁内侧而形成的壁层，与质膜相邻。次生壁较厚，约 5 ~ 10μm。[②]次生壁中纤维素含量高，微纤丝排列比初生壁致密，有一定的方向性。果胶质极少，基质主要是半纤维素，也不含有糖蛋白和各种酶。次生壁的微纤丝排列有一定的方向性，次生壁通常分 3 层，即内层（S_1）、中层（S_2）和外层（S_3），各层纤维素微纤丝的排列方向各不相同，这种成层叠加的结构使细胞壁的强度大大增加。

2. 细胞壁的功能

细胞壁是植物细胞特有的结构，几乎与植物细胞所有的生理活动有关。

（1）机械支持功能。细胞壁具有很高的硬度和机械强度，使细胞对外界的机械伤害有较强的抵抗能力。高等植物正是由于有了木质化的细胞壁，才能抵御重力狂风暴雨等的不良环境。

（2）防御保护功能。细胞壁在抵御病原物的侵染和昆虫的危害方面具有积极的作用。植物的细胞壁抵抗病原菌、阻碍昆虫取食的特性，可作

① 黄华坤．棉花黑斑病相关基因的克隆及其早期诊断的探究 [D]. 镇江：江苏大学，2008.

② 蒋明凤．日本梨成熟过程中细胞壁组分变化及石细胞的形态学观察 [D]. 哈尔滨：东北农业大学，2013.

为抗性育种的一个新的途径。

（3）调控细胞生长功能。在植物细胞伸长生长的过程中，细胞壁的弹性大小对细胞生长速率起着重要的调节作用，同时，细胞壁微纤丝的排列方向也控制着细胞的伸长方向。

（4）参与物质运输功能。植物体内物质运输有两种途径：质外体运输和共质体运输。细胞间的共质体运输通过贯穿细胞壁的胞间连丝进行；质外体运输中，一个细胞内的物质跨膜进入细胞壁，继而在细胞壁内运动，进入胞间隙或再跨膜进入另一个细胞。无论是质外体运输还是共质体运输，细胞壁都参与了物质的运输。

（5）参与细胞识别功能。植物细胞壁中的蛋白质参与细胞间的识别反应，如花粉与柱头之间的识别反应是花粉壁内的糖蛋白与柱头表面的糖蛋白间的识别反应。

（二）细胞膜

细胞膜又称质膜（plasma membrane），包围在原生质体表面。细胞内还有构成各种细胞器的膜，称为细胞内膜。相对于内膜，质膜也称外周膜。外周膜和细胞内膜统称为生物膜。[①] 质膜厚约 7.5 ~ 10nm，在普通光学显微镜下观察不到，在电子显微镜下，用锇酸固定的样品，可以看到质膜具有暗—明—暗三个层次，内层和外层为电子致密层，厚约 2nm，中间透明层厚约 2.5 ~ 3.5nm。

对膜分子结构的研究曾提出了许多模型理论。具有代表性的是 1959 年 Robertson 提出的单位膜模型，以及目前得到广泛支持的流动镶嵌模型。

（1）单位膜模型（unit membrane model）认为，膜的中央为脂双分子层，在电镜下显示为明线；膜两侧为展开的蛋白质分子层，在电镜下显示为暗线，展开的蛋白质分子层厚度恰为 2nm。

（2）流动镶嵌模型（fluid-mosaic model）是由 Jon Singer 和 Garth Nicolson 1972 年提出的。该模型认为，细胞膜结构是由液态的脂类双分子层镶嵌可移动的球形蛋白质而形成的。即膜中的脂类分子呈双分子层排列，构成了膜的网架，是膜的基质，一些蛋白质分子即镶嵌在网孔之中。脂类分子为双性分子，亲水头端朝向水相，疏水尾端埋藏在膜内部。疏水的脂肪酸链有屏障作用，使膜两侧的水溶性物质（包括离子与

① 孙怡然. 小学科学课程“生命科学”领域概念及教学研究[D]. 北京：首都师范大学，2014.

亲水的小分子）一般不能自由通过，这对维持细胞正常结构和细胞内环境的稳定非常重要。脂质双分子层的内外两层是不对称的。膜的另一种主要成分是蛋白质，蛋白质分子有的嵌插在脂质双分子层网架中，有的则附着在脂质双分子层的表面上。根据在膜上存在部位的不同，膜蛋白可分为两类：以不同深度嵌入或横跨膜的，称为内在蛋白或整合蛋白（intrinsic protein），内在蛋白分子均为双性分子，非极性区插在脂双层分子之间，极性区则朝向膜表面，它们通过很强的疏水或亲水作用力与膜脂牢固结合，一般不易分离开来；另一类蛋白质附着于膜表层，称为外在蛋白（extrinsic protein），与膜的结合比较疏松，易于将其分离下来。无论是整合蛋白还是外在蛋白，至少有一端露出膜表面，没有完全埋在膜内部的蛋白质分子，它们在膜中的分布是不对称的。

流动镶嵌模型除了强调脂类分子与蛋白质分子的镶嵌关系外，还强调了膜的流动性。主张膜总是处于流动变化之中，脂类分子和蛋白质分子均可做侧向流动（图 2-4）。

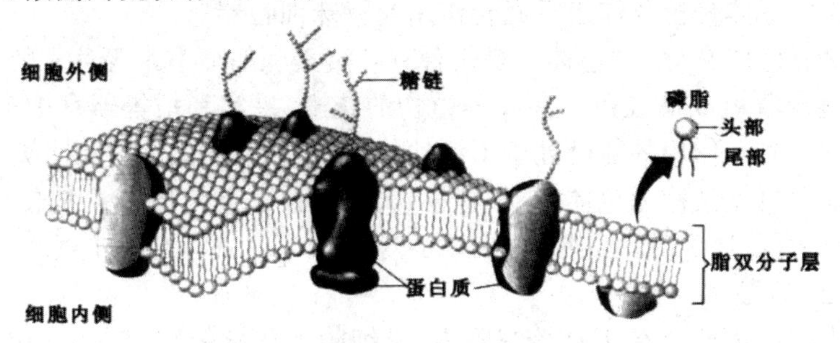

图 2-4 质膜结构模型（引自 Nabors）

（三）细胞质

真核细胞质膜以内、细胞核以外的原生质称为细胞质。细胞质可进一步分为胞基质和细胞器。

1. 胞基质

胞基质是细胞质中除细胞器以外呈均质、半透明的液态胶状物。胞基质的化学组成非常复杂，包括水、无机离子等一些小分子物质，各种代谢的中间产物如脂类、糖类、氨基酸、核苷酸和核苷酸衍生物等中分子类物质，以及蛋白质、多糖、RNA 等大分子物质。另外，构成细胞骨架的各种蛋白质成分和核糖体等均存在于胞基质中。胞基质是细胞重要的结构成分，其体积约占细胞质的一半。胞基质在细胞的物质代谢、维持细胞内环境的稳定性等方面具有重要的作用。

2. 细胞器

细胞器是细胞质内具有一定形态、结构和功能的微结构或微器官，包括具有双层膜结构的质体、线粒体，具有单层膜结构的内质网、高尔基体、液泡、溶酶体、圆球体和微体，无膜结构的核糖体、微管和微丝等。

（1）质体。

质体是与碳水化合物的合成与储藏密切相关的细胞器，是植物细胞特有的结构。在高等植物中，质体常呈圆盘形、卵圆形或不规则形，直径5 ~ 8μm，厚约1μm。质体外被双层单位膜，内为液体基质，基质中分布着发达程度不一的膜系统，称为片层。尚未分化完善的质体，称为前质体。其形状不规则，内部仅有少量片层和基质。前质体常存在于分生组织细胞中（根尖、茎尖幼嫩细胞），随着细胞的生长和分化，成为成熟质体。

根据所含色素和功能的不同，质体可分为3种类型：叶绿体、有色体、白色体。

①叶绿体是植物体进行光合作用的特殊细胞器。

②有色体又称“杂色体”，是仅含有叶黄素和胡萝卜素等色素的质体，颜色呈现黄色或橘红色。在高等植物的花瓣、果实和根等器官中表现出来。它的光合作用的能已处于不活动的状态，但能积累淀粉和脂类。

③白色体又称无色体，是不含色素、普遍存在于植物储藏细胞中的一类质体，有制造和储藏淀粉、蛋白质的功能。

（2）线粒体。

线粒体普遍存在于真核细胞内，是细胞内化学能转变成生物能的主要场所。线粒体形状多样，呈粒状、棒状、丝状或分枝状。线粒体较小，直径一般为0.5 ~ 1.0μm。一个细胞中线粒体的数量形状、大小等可随细胞种类而变化。如某种海藻中只有一个线粒体，而玉米根冠的一个细胞中可有100 ~ 300个线粒体。

线粒体是细胞进行呼吸作用的场所，是细胞内能量代谢的中心。细胞内糖、脂肪和氨基酸的最终氧化分解在线粒体内进行，最后释放出能量，供细胞生活需要，所以线粒体被喻为细胞中的“动力工厂”。

（3）核糖体。

核糖体又称核糖核蛋白体、核蛋白体，是没有膜结构的细胞器，是合成蛋白质的场所。核蛋白体含有大约40%的蛋白质和60%的RNA。核糖体主要存在于胞基质中，在细胞核、内质网外表面及质体和线粒体的基质中也有分布，生长旺盛、代谢活跃的细胞内核糖体较多。

几个到几十个核糖体与信使 RNA 分子结合成念珠状的复合体，称为多聚核糖体。在真核细胞中，很多核糖体附着在内质网膜表面，形成糙面内质网，还有不少核糖体在细胞质里呈游离状态存在。核糖体是合成蛋白质的细胞器，按照 mRNA 的指令合成多肽链。

（4）内质网。

内质网是由单层膜围成的扁平的囊、槽或管，形成相互沟通的网状系统。内质网膜与细胞核外膜相连接，也可通过胞间连丝与相邻的细胞内质网相连。内质网主要有两种类型：膜的外表面附着核糖体的糙面内质网和膜上无核糖体的光面内质网。内质网是动态易变的结构，不同细胞，甚至同一细胞不同区域的内质网往往不同，同一细胞在不同生育时期，内质网也不一样。内质网具有制造、包装和运输代谢产物的作用。此外，内质网还有“分室”的作用，将许多细胞器相对分隔开，便于各自的代谢顺利进行。

（5）高尔基体。

高尔基体是由单层膜围成的扁平内凹的囊泡或槽库所组成的结构。直径 1 ~ 3μm，边缘出现一些大小不等的穿孔，所有的囊泡重叠在一起。通常一个高尔基体有 5 ~ 8 个囊泡，从囊的边缘可以分离出许多小泡。

高尔基体整体常呈弧形，凸面称为形成面，凹面称为成熟面或分泌面，常位于近细胞表面处。在高尔基体附近的内质网不断形成一些直径为 400 ~ 800A 的小泡，散布于高尔基体的形成面，内含粗糙内质网所含的蛋白质成分。小泡不断进入高尔基体，在形成面上形成新的扁囊；而高尔基体的分泌面不断由囊缘膨大形成直径为 0.1 ~ 0.5μm 的分泌泡，分泌泡形成后，带着生成的分泌物离开高尔基体。小泡的并入和大泡的分离，使高尔基体始终处于新陈代谢的动态变化之中。

（6）液泡。

液泡是植物细胞区别于动物细胞的显著特征之一。幼年的植物细胞中液泡较小，随着细胞的长大逐渐扩大合并，成熟的植物细胞中液泡往往存在一个大液泡，它几乎占据了细胞整个体积的 90% 以上的空间，细胞质和细胞核被挤压到细胞周边，从而使细胞质与环境间有了较大的接触面积，有利于细胞的新陈代谢。

液泡是由单层膜包被的细胞器。它外面的膜称为液泡膜，也具有选择透性，一般高于质膜。液胞内的液汁称为细胞液，其主要成分是水，并含有糖、有机酸、脂类、蛋白质、酶、氨基酸、单宁、黏液、植物碱、花青素和无机盐等物质。

（7）溶酶体。

溶酶体是细胞质内的一种球形细胞器。直径约0.5μm，外有一层膜与细胞质分隔，是具有单层膜的细胞器，内部没有特殊结构，包含有多种水解酶，如酸性磷酸酶、核糖核酸酶、组织蛋白酶等。溶酶体是内质网分离出来的小泡形成的。

溶酶体在细胞内起消化作用，能降解生物大分子。进行异体吞噬（分解和消化从外界进入细胞内的物质）、自体吞噬（破坏和消化细胞自身的局部细胞质或某些细胞器）甚至发生自溶（分解和消化整个细胞）。

（8）圆球体。

圆球体为半单位膜包被，内部有细微的颗粒的球状小体，圆球体含有脂肪酶，是积累脂肪的场所，因而是一种储藏细胞器储藏油滴、脂肪等。圆球体也具有溶酶体的性质。

（9）微体。

微体是具有单层膜的细胞器，通常呈球形或哑铃形，直径为0.5～1.0μm，有稠密的基质，主要成分是蛋白质。微体可能来自内质网，由分离出来的小泡形成。

植物体内的微体分为以下两种类型：

①过氧化物酶体。存在于高等植物的叶肉细胞中，位置在叶绿体和线粒体附近，执行光呼吸的功能。

②乙醛酸循环体。存在于含油量高的种子中，如油料种子、大麦、小麦种子的糊粉层以及玉米的盾片细胞中。与脂肪代谢有关，能将脂肪分解成糖。

（10）微管和微丝。

植物细胞质中存在着骨架结构，称为细胞骨架。构成细胞骨架的3种结构是微管、微丝和中等纤维。它们和细胞质基质中更细微的纤维状蛋白系统，共同构成细胞的微梁系统。

①微管通常分布于细胞质中靠近质膜的部位，呈中空管状或纤丝状结构，直径约25nm，微管在细胞质中的排列是平行的，彼此从不交叉或扭曲。

②微丝是比微管更细的纤丝，是一种实心的管状结构，直径只有6～8nm，它在细胞质中交织成网状。

③中等纤维比微管细，比微丝稍粗，直径为10nm。

微梁系统的功能是：在细胞中起支架作用，使细胞保持一定的形状；参与构成纺锤丝；参与细胞壁的形成和生长；与胞质运动和物质运输有关。

（四）细胞核

细胞核由核被膜、染色质、核仁和核基质组成(图 2-5)。细胞核是真核细胞遗传与代谢的控制中心。一般一个细胞具有 1 个核,极个别的细胞中具有双核和多核,如绒毡层细胞常具双核,乳汁管具多核。细胞核是存在于细胞质中的折光能力较强的球形小体,细胞核的大小、形状以及在细胞中的存在位置,一般与细胞的年龄、功能以及生理状况有关。在幼期细胞中,细胞核位于细胞中央,一般呈球形,体积较大,为整个细胞体积的 1/3 ~ 1/2。随着细胞的生长,由于中央液泡的形成,细胞核同细胞质一起被挤向靠近细胞壁的部位,其相对体积比年幼细胞小,形状可变为椭圆形。

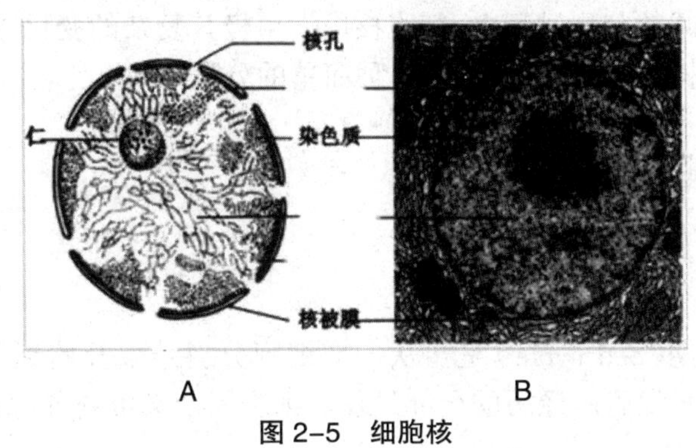

图 2-5　细胞核

A. 模式图；B. 细胞核的超微结构

（1）核膜。

核膜是双层单位膜,内膜光滑,外膜外侧附有核糖体的颗粒,并与内质网相连。在电子显微镜下可观察到,核膜是细胞核与细胞质的界膜。核膜上具有许多孔,称为核孔,沟通细胞核和细胞质间的物质运输。

（2）核仁。

一般细胞核中有 1 个核仁,但也有不少细胞有两个或两个以上的核仁。核仁是没有被膜的致密的匀质的小球体。核仁中的成分有蛋白质、RNA 和 DNA。核仁的结构也十分复杂,是合成和储藏核糖核蛋白体亚单位的场所。

（3）核质。

核质是细胞核内,核仁和核膜之间均匀透明的胶状物质,分为染色质和核液两部分。

①染色质。染色质是细胞核中重要的结构成分,易被碱性染料着色,成分是 DNA 和蛋白质。染色体的基本单位是核小体或核粒。核粒的串

珠螺旋化形成染色质纤维,在分裂期进一步螺旋化和盘曲浓缩成为染色体。

②核液。核液呈透明状,染色质和核仁悬浮在其中。核液中含有水、蛋白质、RNA 聚合酶核糖体小亚基和一些小分子 RNA 等。

第二节　植物细胞分裂、生长、分化和死亡

细胞分裂的方式分为有丝分裂、减数分裂、无丝分裂三种。前两者是属同一类型的,可以说减数分裂只不过是有丝分裂的一种独特形式。在有丝分裂和减数分裂过程中,细胞核内发生极其复杂的变化,形成染色体等一系列结构,而无丝分裂则是一种简单的分裂形式。

一、细胞分裂

(一)细胞周期

细胞周期(cell cycle)是指从一次细胞分裂结束开始到下一次细胞分裂结束之间细胞所经历的全部过程。细胞周期又可划分为分裂间期和分裂期。

1. 分裂间期

分裂间期(interphase)是从前一次分裂结束到下一次分裂开始的一段时间。间期细胞核结构完整,细胞进行着一系列复杂的生理代谢活动,特别是 DNA 的复制,同时积累能量,为细胞分裂做准备。根据在不同时期合成的物质不同,可以把分裂间期进一步分成复制前期(G_1, gap_1)、复制期(S, synthesis)和复制后期(G_2, gap_2)3 个时期(图 2-6)。

(1)G_1 期出现在细胞分裂结束后,在此期,细胞要发生一系列生物化学变化,为进入 S 期创造了基本条件。

(2)S 期是细胞核 DNA 的复制期,这个时期的主要特征是遗传物质的复制。S 期 DNA 的复制过程受细胞质信号控制,只有当 S 期激活因子出现后,DNA 合成开关才会打开,S 期除合成 DNA 和各种组蛋白外,还合成一些其他的蛋白,如专一的细胞周期蛋白。

(3)G_2 期是 DNA 复制完成到细胞开始分裂的时期。在 G_2 期末还合成了一种可溶性蛋白质,这种可溶性蛋白质为一种蛋白质激酶,此种激酶

可使核质蛋白质磷酸化，导致核膜在前期末破裂。在 G_2 期进入 M 期前也存在着细胞周期监控点。

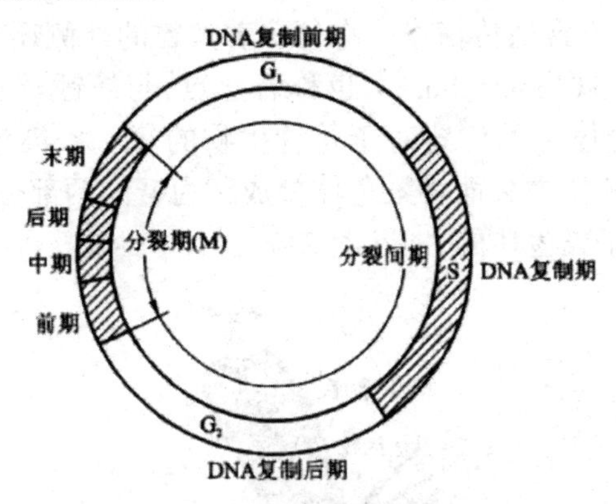

图 2-6 植物细胞周期示意图

2. 分裂期

细胞经过间期后进入分裂期，细胞中已复制的 DNA 将以染色体形式平均分配到 2 个子细胞中去，每一个子细胞将得到与母细胞同样的一组遗传物质。细胞分裂期（M 期）由核分裂（karyokinesis）和胞质分裂（cytokinesis）两个阶段构成。

（二）有丝分裂

有丝分裂（mitosis）也称间接分裂（indirect division），是一种最普通的分裂方式，植物器官的生长一般都是以这种方式进行的。在有丝分裂过程中，因细胞核中出现染色体（chromosome）与纺锤丝（spindle fiber），故称为有丝分裂。主要发生在植物根尖、茎尖及生长快的幼嫩部位的细胞中。植物生长主要靠有丝分裂增加细胞的数量。有丝分裂包括两个过程，即核分裂和细胞质分裂，核分裂又根据染色体的变化过程，人为地将其分为前期、中期、后期和末期。

1. 染色体和纺锤体

（1）染色体的结构。

染色体是真核细胞有丝分裂或减数分裂过程中，由染色质聚缩而成的棒状结构，是细胞有丝分裂时遗传物质存在的特定形式，由染色质经多级盘绕、折叠、压缩、包装形成的。

在 S 期，由于每个 DNA 分子复制成为两条，每个染色体实际上含有两条并列的染色单体（chromatid），每一染色单体含 1 条 DNA 双链分子。

两条染色单体在着丝粒(centromere)部位结合。着丝粒位于染色体的一个缢缩部位,即主缢痕(primary constriction)中。着丝粒是异染色质(主要为重复序列),不含遗传信息。在每一着丝粒的外侧还有一蛋白质复合体结构,称为动粒(kinetochore),也称着丝点,与纺锤丝相连。着丝粒或主缢痕在各染色体上的位置对于每种生物的每一条染色体来说是确定的,或是位于染色体中央而将染色体分成称为臂的两部分,或是偏于染色体一侧,甚至近于染色体的一端(图 2-7)。

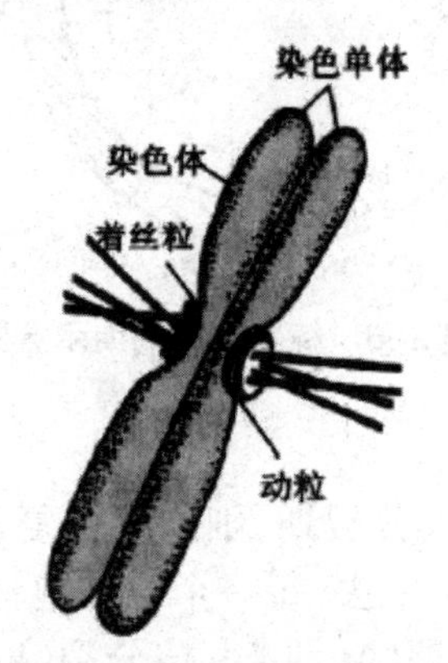

图 2-7 染色体结构模式图

染色质中的 DNA 长链经四级螺旋、盘绕最终形成染色体,其长度被压缩了上万倍,这有利于细胞分裂中染色体的平均分配。

(2)纺锤体。

有丝分裂时,细胞中出现了大量由微管聚集成束组成的细丝,称为纺锤丝。由纺锤丝在细胞两极间形成形态为纺锤状的结构,称纺锤体(spindle)。组成纺锤体中的纺锤丝有些是从纺锤体一极伸向另一极的,称连续纺锤丝(continuous fibers)或极间微管(polar microtubules)。它们不与着丝点相连(图 2-8);还有一些纺锤丝一端和纺锤体的极(pole)连接,另一端与染色体着丝点相连,称为染色体牵丝(chromosomal fibers),也称动粒微管(kinetochore microtubules)。

2. 有丝分裂的过程

(1)细胞核分裂。

①前期(prophase):前期是有丝分裂开始时期,其主要特征是染色质逐渐凝聚成染色体。最初,染色质呈细长的丝状结构,以后逐渐缩短、变粗,成为形态上可辨认的棒状结构,即染色体。每一个染色体由两条染色单体组成,它们通过着丝粒连接在一起。染色体在核中凝缩的同时,核膜周围的细胞质中出现大量微管,最初的纺锤体开始形成。到前期的最后

阶段，核仁变得模糊以至最终消失，与此同时，染色体移向靠近核膜的边缘，核中央变空，核膜也开始破碎成零散的小泡，最后全面瓦解。

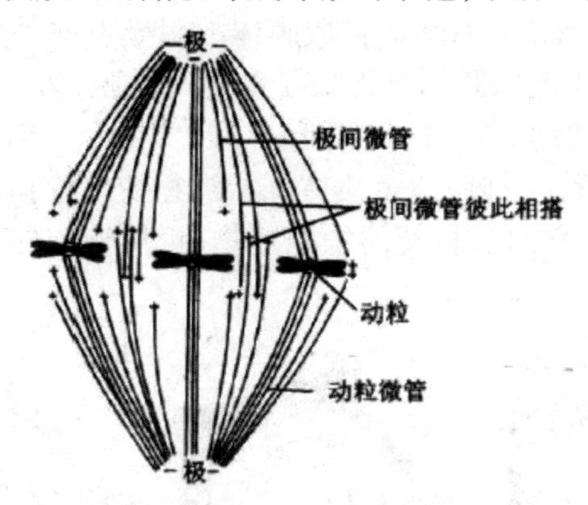

图 2-8　纺锤体

②中期（metaphase）：中期细胞特征是染色体排列到细胞中央的赤道板（equatorial plate）上，纺锤体形成。当核膜破裂后，由纺锤丝构成的纺锤体结构清晰可见。染色体继续浓缩变短，在动粒微管的牵引下，向着细胞中央移动，最后都以各染色体的着丝点排列在处于两极当中的垂直于纺锤体纵轴的平面即赤道板上，而染色体的其余部分在两侧任意浮动。中期的染色体缩短到最粗短的程度，是观察研究染色体的最佳时期。

③后期（anaphase）：当所有染色体排列在赤道板上后，构成每条染色体的两个染色单体从着丝粒处裂开，分成两条独立的子染色体（daughter chromosome）；紧接着子染色体分成两组，分别在染色体牵丝的牵引下，向相反的两极运动。这种染色体运动是动粒微管末端解聚和极间微管延长的结果。子染色体在向两极运动时，一般是着丝点在前，两臂在后。

④末期（telophase）：末期的主要特征是到达两极的染色体弥散成染色质，核被膜、核仁重新出现。染色体到达两极后，动粒微管消失，极间微管增长，两组子染色体周围的小囊泡相互融合形成双层核膜，核纤层蛋白组装成核纤层位于核膜内侧；与此同时，染色体开始解螺旋，逐渐变成细长分散的染色质丝，成为密集的一团。最后核仁重新出现，形成子细胞核。至此，细胞核分裂结束（图 2-9）。

（2）细胞质分裂。

胞质分裂是在两个新的子核之间形成新细胞壁，把母细胞分隔成两个子细胞的过程。一般情况下，胞质分裂通常在核分裂后期之末、染色体接近两极时开始，这时在分裂面两侧，由密集的、短的微管平行排列，构成一桶状结构，称为成膜体（phragmoplast）。此后一些高尔基体小泡和内质网小泡在成膜体上聚集破裂释放果胶类物质，小泡膜融合于成膜体两侧形成细胞板（cellplate），细胞板在成膜体的引导下向外生长直至与母细胞的侧壁相连。小泡的膜用来形成子细胞的质膜；小泡融合时，其间往往有一些管状内质网穿过，这样便形成了贯穿两个子细胞之间的胞间连丝；胞间层形成后，子细胞原生质体开始沉积初生壁物质到胞间层的内侧，同时也沿各个方向沉积新的细胞壁物质，使整个外部的细胞壁连成一体。

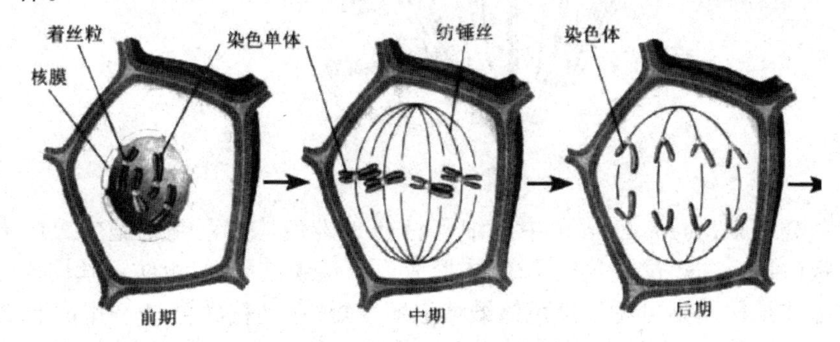

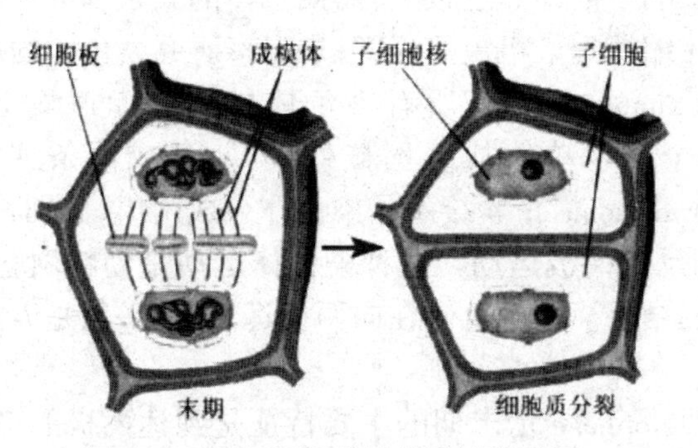

图 2-9　植物细胞有丝分裂过程图解

（三）减数分裂

减数分裂（meiosis）是发生在植物有性生殖过程中的一种特殊的细胞分裂方式。在种子植物中，它发生在花粉母细胞形成单核花粉粒（小孢子）和胚囊母细胞形成单核胚囊（大孢子）时期。整个分裂包括两次连续的分裂，DNA 的复制只有一次，染色体也仅分裂一次。因此，一个花粉母细胞或胚囊母细胞经过减数分裂后形成 4 个子细胞，每个子细胞的染色体数目为母细胞的一半，减数分裂因此得名。

1. 减数分裂Ⅰ

减数分裂第一次分裂（减数分裂Ⅰ）可分为前期Ⅰ、中期Ⅰ、后期Ⅰ和末期Ⅰ（图 2-10）。

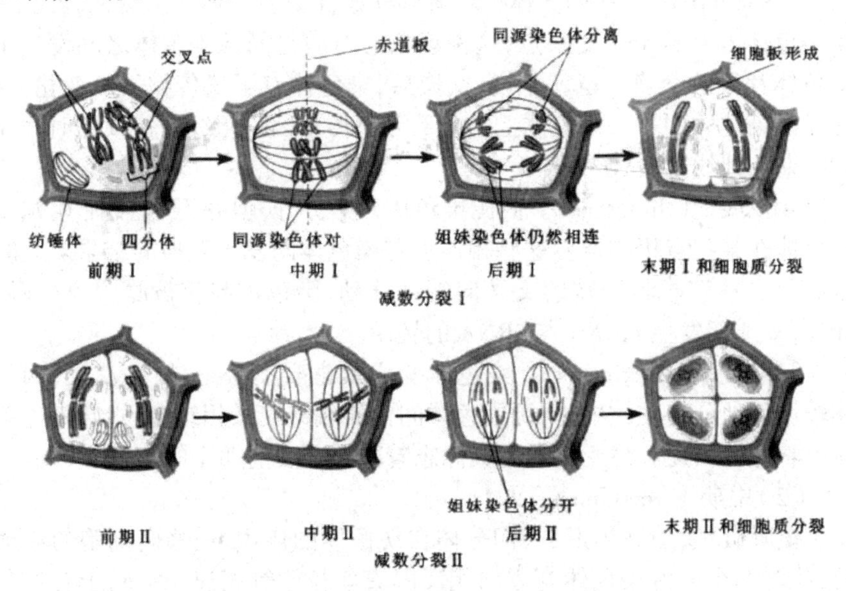

图 2-10　植物细胞减数分裂过程示意图

（1）前期Ⅰ（prophase Ⅰ）。

细胞核进入减数分裂的前期Ⅰ时，已经发生了染色体的复制。与有丝分裂相比，第一次减数分裂的前期中染色体的变化要复杂得多。根据染色体的形态变化，前期Ⅰ被人为地划分为 5 个时期。①

①细线期（leptotene）。第一次分裂开始时，染色质浓缩为几条细而长的细线，但相互间往往难以区分。虽然染色体已经被复制，但在细线期的染色体上还看不到双重性。细线的两端通过接触斑与核膜相连，核的体积逐渐增大。

②偶线期（zygotene）。在这个时期中，同源染色体（homologous chromosome）开始配对，它们一条来自父方，一条来自母方。在光镜下可见到成双存在的染色体。在偶线期之前，一对同源染色体在核中随机分布。进入偶线期后，同源染色体与核膜相连的端部通过移位相互靠拢，并侧面相连开始配对，这种现象称为联会（synapsis）。此种配对是专一性的，所形成的特殊结构称为联会复合体（synaptonemal complex）。在偶线期

① 张永胜．大花铁线莲（Clematis patens）开花生物学研究［D］．哈尔滨：东北林业大学，2019.

中,还能发生DNA合成现象。

③粗线期(pachytene)。两条同源染色体此时配对完毕。染色体明显变粗变短,结合紧密,此时每对配对的染色体中含有四条染色单体,称为四分体(tetrad)。在四分体上可看到非姐妹染色单体发生交叉,可在一条染色体上有若干个交叉点,这种现象的本质是同源染色体之间发生了染色体片段的交换。也就是说,交换后,染色体有了遗传物质的变化,含有同源染色体中另一染色体上的一部分遗传基因。粗线期持续的时间比细线期和偶线期要长得多。

④双线期(diplotene)。同源染色体开始分开,但并不完全,非姐妹染色单体在某些点仍相连。这些相连点是染色体间发生互换的结果。此时联会复合体着丝粒两端的交叉向端部移动,染色体与核被膜脱离接触。此外,双线期发生mRNA与rRNA的转录。

⑤终变期(diakinesis)。染色体变成紧密凝集状态,核仁消失,四分体较均匀地分布在核中,同源染色体间依靠端部交叉相结合,姐妹染色单体由着丝粒相连。终变期的完成标志着减数分裂前期Ⅰ的结束。

(2)中期Ⅰ(metaphase Ⅰ)。

核膜破裂,纺锤体形成,四分体在纺锤体的作用下,移向细胞的赤道面,此时两个同源染色体与方向相反的着丝粒微管相连。不同于有丝分裂中期的是,配对的同源染色体各有两个动粒,并向着同一侧的方向。同源染色体对靠端部交叉结合在一起。

(3)后期Ⅰ(anaphase Ⅰ)。

进入后期,同源染色体分开,每对同源染色体分开后分别向两极移动。在每极中,染色体的数目只有原来的一半。不同的同源染色体对向两极的分离过程是独立进行的,因而来自父母双方的染色体被随机组合。

(4)末期Ⅰ(telophase Ⅰ)。

染色体完全到达两极,核膜重建,核仁重新形成。此时,染色体没有明显地去凝集,仍为二分体(bivalent),其数目是母细胞的一半。某些植物可以进行胞质分裂,在两个子细胞核间形成细胞板,如玉米。也有些植物要等到第二次分裂完毕后才进行胞质分裂。

2. 减数分裂Ⅱ

减数分裂的第二次分裂(减数分裂Ⅱ)实际上是一次普通的有丝分裂,也分为4个时期:前期Ⅱ、中期Ⅱ、后期Ⅱ和末期Ⅱ。从减数分裂Ⅰ到减数分裂Ⅱ,细胞中没有进行DNA复制,很快进入第二次分裂。这时减数分裂Ⅰ二分体中每一染色体的两条姐妹染色单体分裂成两条子染色体,分别进入细胞两极,最终形成了4个单倍体的子细胞核。

在减数分裂Ⅰ后,有些植物随即形成细胞板,有的则不形成。在高等植物中,花粉母细胞减数分裂的胞质分裂有两种类型:一种是在减数分裂Ⅰ后,即进行胞质分裂形成两个子细胞(二分体)。之后,在减数分裂Ⅱ末,二分体再各自胞质分裂形成四个子细胞(四分体),两次形成的新壁相互垂直,四个子细胞排在一个平面上,其壁的发育是离心式的,称为连续型(successive type),多数单子叶植物属于此类型;另一种是减数分裂Ⅰ后不形成细胞壁,待减数分裂Ⅱ末期,同时进行胞质分裂,形成的4个子细胞(四分体)排列呈四面体,其壁的发育是向心式的,称为同时型(simultaneous type),多数双子叶植物属于此类型。

减数分裂是一个活跃的生理过程,对外界环境条件的反应很敏感,如低温、干旱、光照不良等都能影响减数分裂的正常进行。

(四)无丝分裂

无丝分裂(amitosis)也称直接分裂(direct division),相对于有丝分裂和减数分裂,无丝分裂的过程比较简单。细胞分裂开始时,核仁先分裂成两部分,同时细胞核伸长,中部凹陷,最后中间分开,形成两个细胞核,在两核中间产生新壁形成两个细胞。无丝分裂有各种方式,如横溢、纵溢、出芽等,最常见的是横溢。无丝分裂没有纺锤丝和染色体的形成,其消耗能量少,分裂速度快,但遗传物质一般不能平均分配到子细胞中,所以其遗传不稳定。

无丝分裂多见于低等植物中,在高等植物中也比较普遍,例如在胚乳发育过程中和愈伤组织形成时均有无丝分裂发生。

二、植物细胞的生长和分化

(一)细胞生长

细胞生长是指在细胞分裂后形成的子细胞体积和重量的增加过程,植物细胞的生长包括原生质体生长和细胞壁生长两个方面。原生质体生长过程中最为显著的变化是液泡化程度的增加,最后形成中央大液泡,细胞质的其余部分则变成一薄层紧贴于细胞壁,细胞核也移至侧面;此外,原生质体中的其他细胞器在数量和分布上也发生着各种复杂的变化。细胞壁的生长包括表面积增加和厚度增加,原生质体在细胞生长过程中不断分泌壁物质,使细胞壁随原生质体长大而延伸,同时壁的厚度和化学组成也发生相应变化。

（二）细胞分化

细胞分化（cell differentiation）是指同一来源的细胞逐渐产生出形态结构、功能特征各不相同的细胞类群的过程。植物的进化程度愈高，植物体结构愈复杂，细胞分工就愈细，细胞的分化程度也愈高。

细胞分化是一个非常复杂的过程，它涉及许多调节和控制因素，因为组成同一植物体的所有细胞均来自受精卵，它们具有相同的遗传组成，但它们为什么会分化成不同的形态与结构，是哪些因素导致了细胞分化，这是生物学研究领域中的热点问题之一。目前对植物个体发育过程中某些特殊类型细胞的分化和发育机制已经有了一定程度的了解，一般认为细胞分化可能有下列原因：①细胞分化是遗传基因选择性表达的结果，植物体中细胞所含的全部遗传基因，在细胞的生长发育过程中有些被表达，有些不被表达。②外界环境条件的诱导，如光照、温度和湿度等。③细胞在植物体中存在的位置，以及细胞间相互作用。④细胞的极性化是细胞分化的首要条件，极性是指细胞（或器官或植株）的一端与另一端在结构与生理上的差异，常表现为细胞内两端细胞质浓度不均等。极性的建立常引起细胞不均等分裂，即两个大小不同的细胞产生，这为它们今后的分化提供了前提。⑤激素或化学物质，已知生长素和细胞分裂素是启动细胞分化的关键激素。

目前我们对植物细胞分化的机制和规律，对各种影响因素的作用机理和效应还了解甚少，现有的资料大部分是很零散的实验结果，或是只适用于某些特殊的植物类群，这在很大程度上限制了我们对自然界植物生命现象更深层次的了解，也制约了我们更加充分、合理、有效地利用自然植物资源。

生活的成熟细胞是有寿命的，也会衰老、死亡。死亡的细胞常被植物排出体外或留在体内，而这些细胞原来担负的功能将会由植物体产生新的细胞去承担。

（三）脱分化

成熟的植物细胞一般不再具有细胞分裂的能力，但在一定因素的作用下，某些已经分化的细胞可恢复分裂机能，重新具有分生组织细胞的特性，这个过程称为脱分化（dedifferentiation）。脱分化的细胞经再分化（redifferentiation）形成不同的组织。例如，在植物器官发育过程中，周皮、侧根、不定芽和不定根等都是通过成熟细胞的脱分化和再分化形成的。

植物体内的表皮、皮层、髓射线、厚角组织和韧皮部的薄壁细胞等都可以在一定条件发生脱分化。可见,植物细胞具有很大的可塑性。

（四）细胞全能性

植物细胞全能性的概念是1902年由德国著名植物学家Haberlandt首先提出的。他认为高等植物的器官和组织可以不断分割直至单个细胞,每个细胞都具有进一步分裂和发育的能力。

植物细胞全能性是指体细胞可以像胚性细胞那样,经过诱导能分化发育成一株植物,并且具有母体植物的全部遗传信息。植物体的所有细胞都来源于受精卵的分裂,当受精卵分裂时,染色体进行复制,这样分裂形成两个子细胞里均含有与受精卵同样的遗传物质——染色体。因此,经过不断的细胞分裂所形成的成千上万个子细胞,尽管它们在分化过程中会形成不同器官或组织,但它们具有相同的基因组成,都携带着亲本的全套遗传信息,即在遗传上具有“全能性”。因此,只要培养条件适合,离体培养的细胞就有发育成一株植物的潜在能力。①

细胞和组织培养技术的发展和应用,从实验基础上有力地验证了植物细胞“全能性”的理论。

三、细胞死亡

多细胞生物体中,细胞在不断进行着细胞分裂、生长和分化的同时,也不断发生着细胞的死亡。

细胞的死亡可分为程序性死亡和坏死性死亡两种形式。程序性死亡(programmed cell death),或称细胞凋亡(apoptosis),是指体内健康细胞在特定细胞外信号的诱导下,进入死亡途径,于是在有关基因的调控下发生死亡的过程,这是一个正常的生理性死亡,是基因程序性表达的结果。细胞坏死(necrosis)是指细胞受到某些外界因素的激烈刺激,如机械损伤、毒性物质的毒害,导致细胞的死亡。

细胞死亡程序启动后,细胞内发生了一系列结构变化,如细胞质凝缩、细胞萎缩,细胞骨架解体、核纤层分解、核被膜破裂、内质网膨胀成泡状,细胞质和细胞器自溶作用表现的强烈。除了这些形态特征外,在进行DNA电泳分析时发现,核DNA分解成片段,出现梯形电泳图。大量实验表明,核DNA断解成片段,是细胞凋亡的主要特征之一。

① 孙忠青．植物细胞的全能性及应用[J]. 安徽农业科学，2013(21):27-28.

细胞坏死与细胞编程性死亡有明显不同的特征。细胞坏死时质膜和核膜破裂,膜通透性增高,细胞器肿胀,线粒体、溶酶体破裂,细胞内含物外泄。细胞坏死极少为单个细胞死亡,往往是某一区域内一群细胞或组织受损;细胞坏死过程中不出现 DNA 梯状条带等特征。

细胞程序性死亡是植物有机体自我调节的主动的自然死亡过程,是一种主动调节细胞群体相对平衡的方式。植物根冠是通过边缘细胞的不断死亡来保持细胞群体数量的恒定,植物胚胎发育过程中胚柄的消失也是通过细胞程序性死亡来清除已经完成功能的无用细胞,超敏性反应是植物体通过局部细胞的死亡来保证整个机体安全的保护性机制。由此可见,细胞程序性死亡是生物体内普遍发生的一种积极的生物学过程,对有机体的正常发育有着重要意义。

第三节　植物组织的形成及其类型

一、植物组织及其形成

细胞分化的结果是植物体中形成多种类型的细胞,即导致植物组织的形成。我们把植物个体发育中来源相同(即由同一个或同一群分生细胞生长、分化而来)、形态结构相似,执行特定生理功能的一种或数种类型细胞组成的结构和功能单位,称为组织(tissue)。

由低等单细胞植物演化至高等多细胞植物的过程中,由于长期对复杂环境的适应,植物体内分化出生理功能不同、形态结构相应发生变化的多种类型的细胞,植物的进化程度越高,其体内细胞分工越细。在个体发育中,组织的形成是植物体内细胞分裂、生长、分化的结果,其形成过程贯穿由受精卵开始,经胚胎阶段,直至植株成熟的整个过程。

二、植物组织的类型

构成植物体的组织种类很多,按其发育程度和主要生理功能的不同,以及形态结构的特点,把组织分为分生组织、保护组织、基本组织、机械组织、输导组织和分泌结构。后 5 种组织由分生组织衍生的细胞发育而成,总称为成熟组织(mature tissue)。它们具有一定的稳定性,故也称为永久组织(permanent tissue)。

（一）分生组织的类型

在植物胚胎发育早期，所有胚细胞均能分裂，而发育成植物体后，只有在特定部位的细胞保持这种胚性特点，继续进行分裂活动。这种位于植物体特定部位、能持续或周期性保持细胞分裂的细胞群，称为分生组织（meristem）。

根据分生组织的发育来源和在植物体内的分布部位，可将分生组织分为不同类型。

1. 按照在植物体中的分布部位分类

根据在植物体内分布位置的不同，可以把分生组织分为顶端分生组织、侧生分生组织和居间分生组织（图2-11）。

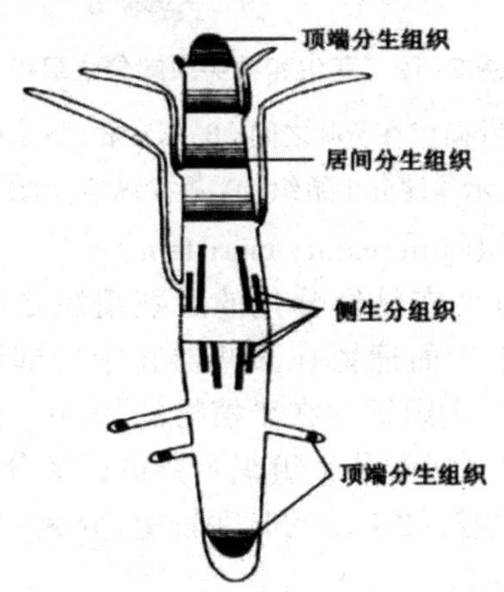

图2-11　分生组织在植物体内的分布（引自李扬汉）

（1）顶端分生组织。

顶端分生组织（apical meristem）存在于根、茎的主轴及其分支顶端部分（图2-12）。它们一般能长期保持分生能力，虽然也有休眠时期，但环境条件比较适宜时，又能继续进行分裂。顶端分生组织细胞的特征是：细胞体积小，近于等径，细胞壁薄，细胞核位于中央并占有较大的体积，液泡小而分散，细胞质丰富，细胞内通常缺少后含物。

（2）侧生分生组织（lateral meristem）。

侧生分生组织位于根和茎侧方的周围，靠近器官的边缘，与所在器官的长轴平行排列（图2-11）。它包括维管形成层（vascular cambium）和木栓形成层（cork cambium），为裸子植物和双子叶植物所具有。其细胞体积较大，核相对较小，液泡化程度高，细胞质浓度低，且成一薄层贴近细胞壁。维管形成层的细胞多为长纺锤形，少数是近等径的。

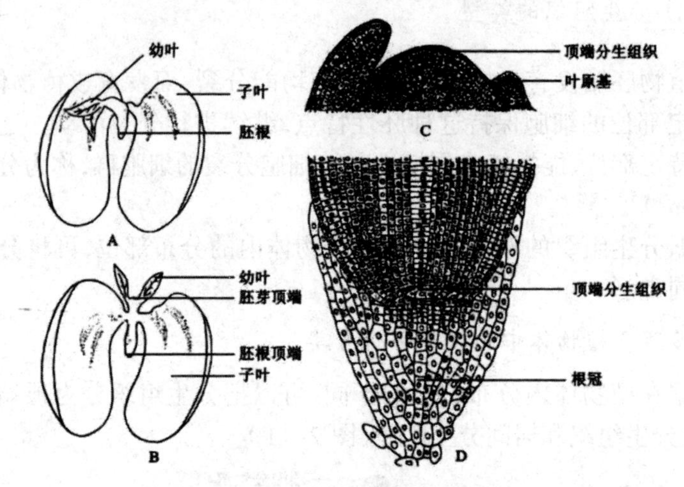

图 2-12　茎尖和根尖顶端分生组织

A. 休眠胚，胚芽尚包在子叶之间；B. 萌动胚，胚芽和胚根露出；

C. 茎尖纵切，示顶端分生组织；D. 根尖纵切，示顶端分生组织

（3）居间分生组织（intercalary meristem）。

居间分生组织是夹在已经分化的成熟组织之间的一类分生组织，它是顶端分生组织衍生而遗留在某些器官中局部区域的分生组织（图 2-11）。典型的居间分生组织存在于植物的茎、叶、子房柄、花梗、花序等器官的成熟组织之中。居间分生组织主要进行横分裂，使器官沿纵轴方向细胞数目增加；细胞持续活动的时间较短，分裂一段时间后，所有的细胞完全分化为成熟组织。

2. 按照分生组织来源和性质分类

分生组织按来源和性质可分为原分生组织、初生分生组织、次生分生组织。

（1）原分生组织。

原分生组织（promeristem）是由来源于胚胎的胚性细胞所构成，位于根尖和茎尖生长点的最先端，通常具有持久而强烈的分生能力。细胞体积小，近于等径，排列紧密，无间隙，细胞壁薄，细胞核相对较大，细胞质丰富，富含线粒体和内质网等细胞器，无明显液泡，是形成其他组织的来源。

（2）初生分生组织。

初生分生组织（primary meristem）由原分生组织细胞分裂衍生而来，位于原分生组织的后部，二者无明显的界线。初生分生组织的特点是：一方面细胞保持继续分裂的能力，另一方面已经有了形态上的初步分化。

（3）次生分生组织。

次生分生组织（secondary meristem）是由已经分化成熟的薄壁细胞经过脱分化，重新恢复分裂能力转变而成的分生组织。次生分生组织在草本双子叶植物中仅有微弱的活动或不存在，在单子叶植物中一般没有。

（二）成熟组织的类型

分生组织衍生的大部分细胞，逐渐丧失分裂的能力，进一步生长分化形成的其他各种组织，称为成熟组织。成熟组织在形态结构和生理功能上具有一定的稳定性，通常不再进行分裂，所以也称为永久组织。

成熟组织按照生理功能的不同，可分为以下5种类型。

1. 保护组织

保护组织（protective tissue）位于植物体表面，由一层或数层细胞组成，其功能是保护作用，可以防止水分的过度蒸腾，控制植物与环境的气体交换，防止机械损伤和其他生物的侵害。保护组织按其来源可分为表皮和周皮。

（1）表皮（epidermis）。

表皮为初生保护组织，分布于幼茎、叶、花和果实的表面。表皮由表皮细胞、组成气孔器的保卫细胞和副卫细胞、表皮毛或腺毛等附属物组成（图2-13），其中表皮细胞是最基本的成分。

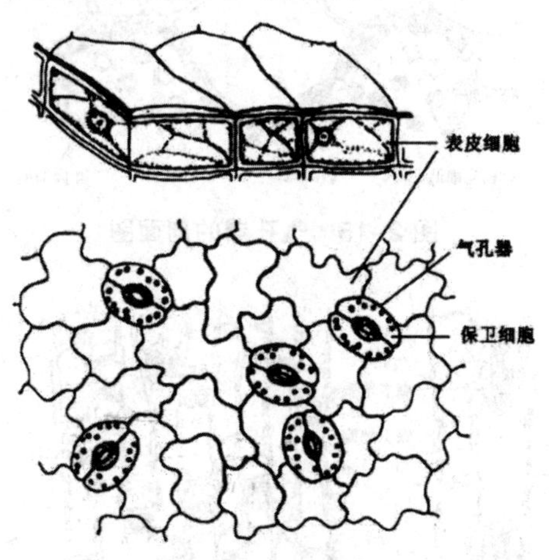

图2-13　叶表皮

茎和叶等植物体气生部分的表皮细胞，细胞的外壁较厚，并角质化形成角质膜（cuticular membrane），角质膜表面光滑或形成乳突、皱褶、颗粒等纹饰。电子显微镜下，角质膜包括两层，位于外面的一层由角质和蜡质组成，称为角质层（cuticle）；位于里面的一层由角质和纤维素组成，称为角化层（cuticular layer），角化层和初生壁之间明显有果胶层分界（图 2-14）。

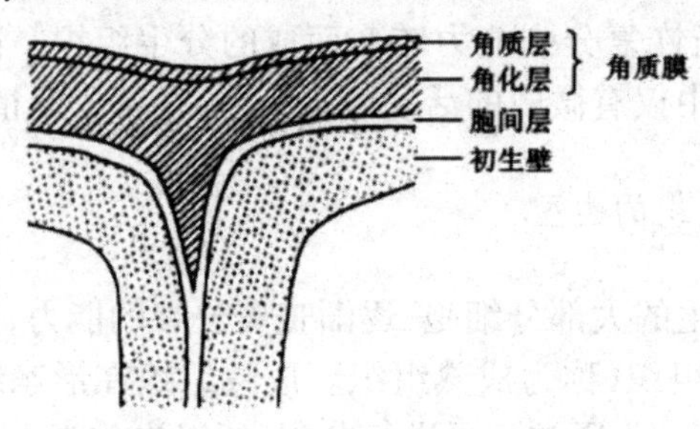

图 2-14　表皮细胞外壁上的角质膜

气生表皮上，普遍分布有许多气孔器（stomatal apparatus），它是由两个保卫细胞（guard cells）合围而成的（图 2-15），中间留有空隙，称为气孔（stoma）。保卫细胞是含有叶绿体的生活细胞，有些植物的保卫细胞外侧还有一至数个与一般表皮细胞不同形状和不同内含物的细胞，这些细胞称为副卫细胞（subsidiary cell）。禾本科和莎草科植物的保卫细胞则呈哑铃形，其细胞壁在球状两端的部分是薄的，而中间窄的部分有很厚的壁（图 2-16，图 2-17）。

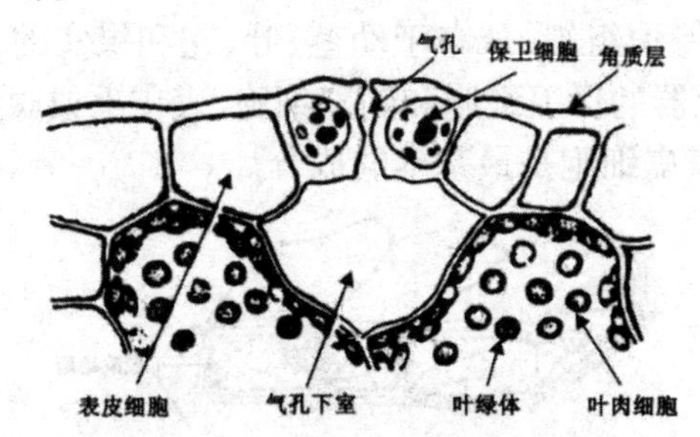

图 2-15　气孔器的剖面图

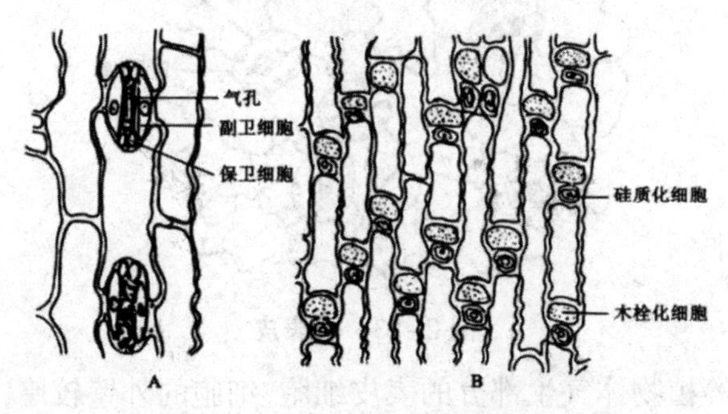

图 2-16　小麦叶表皮的表面观

A. 具有气孔的叶子下表皮；B. 具有木栓化细胞和硅质化细胞的茎的表皮

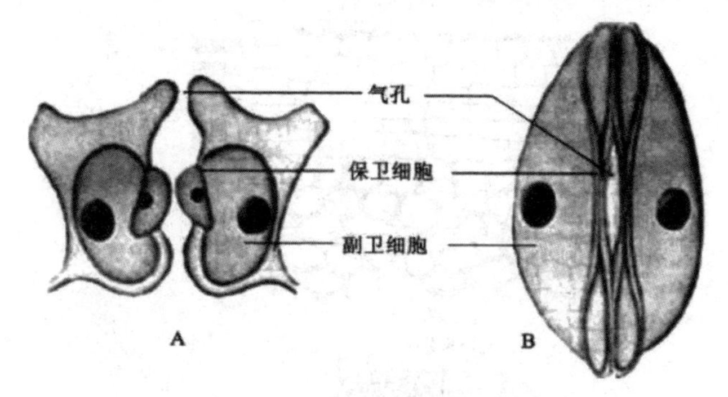

图 2-17　水稻叶片上的气孔器

A. 侧面观；B. 正面观

表皮上普遍存在有表皮毛（epidermal hairs）或腺毛等附属物（图2-18），其形态结构多种多样，有单细胞或多细胞的；有具腺的或非腺的毛；有单条的或分枝的；有些毛的壁是纤维素的，有的矿化。表皮毛的存在，加强了表皮的保护作用。

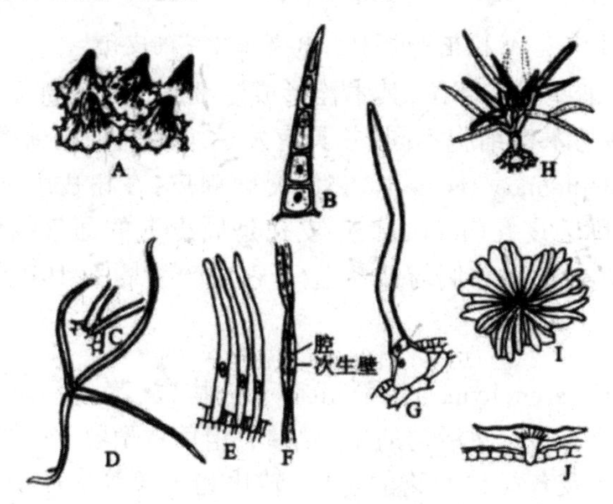

图 2-18　表皮毛状体

A. 三色堇花瓣上的乳头状毛；B. 南瓜叶的多细胞表皮毛；C，D. 棉属叶上的簇生毛；E，F. 棉属种子上的表皮毛；G. 大豆叶上的表皮毛；H. 薰衣草属叶上的分枝毛；I，J. 橄榄叶的盾状毛（I. 顶面观；J. 侧面观）

（2）周皮。

有些植物的根、茎在加粗过程中原来的表皮被损坏脱落，而在表皮下面形成新的保护组织，即周皮（periderm）。周皮由侧生分生组织——木栓形成层分裂活动形成。木栓形成层平周分裂，向外产生的细胞分化成木栓层（phellem），向内分化成栓内层（phelloderm）。木栓层、木栓形成层、栓内层共同构成周皮（图 2-19A）。

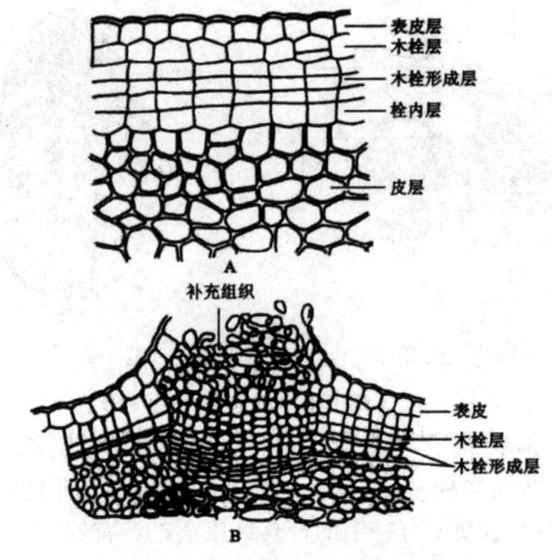

图 2-19　周皮发生（A）和皮孔（B）

A. 棉花茎的周皮；B. 接骨木茎的皮孔

在周皮的某些限定部位，其木栓形成层细胞比其他部分更为活跃，向外衍生出一种与木栓细胞不同，并具有发达细胞间隙的薄壁细胞称为补充组织（complementary tissue）。它们突破周皮，在树皮表面形成各种形状的小突起，称为皮孔（lenticel）。皮孔是周皮上的通气结构，位于周皮内的生活细胞，能通过它们与外界进行气体交换（图 2-19B）。

2. *薄壁组织*

薄壁组织（parenchyma）广泛存在于植物根、茎、叶、花、果实和种子中，是植物进行各种代谢活动的主要组织，担负着植物养分的吸收，光合、呼吸作用，贮藏及各类代谢物的合成、转化和传递等生理功能，故又称为基本组织（ground tissue）或营养组织（vegetative tissue）。根据结构和生理功能的不同，可将薄壁组织分为吸收组织、同化组织、贮藏组织、通气组织、传递细胞等。几种薄壁组织见图 2-20。

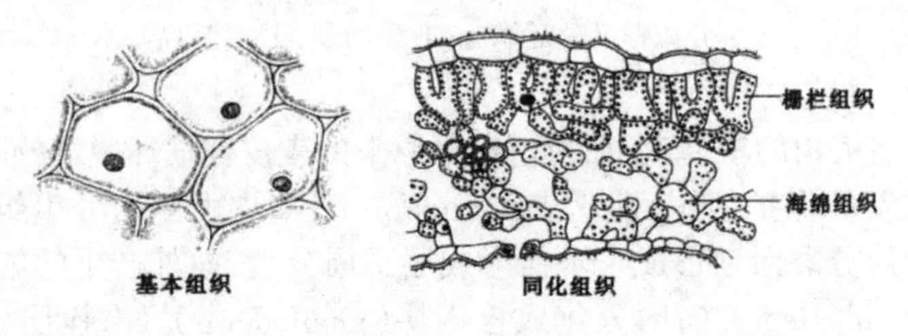

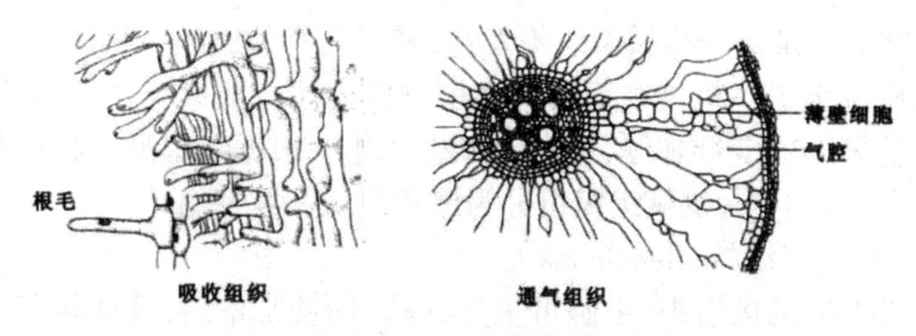

图 2-20　几种薄壁组织

薄壁组织的细胞中含有生活的原生质体，有质体、线粒体、内质网、高尔基体等多种细胞器的分化。细胞形状变化较大，细胞壁薄，由初生壁构成，排列疏松，具有明显的细胞间隙。薄壁组织是一类分化程度较浅的成熟组织，有较大可塑性，在植物体发育的过程中，常能进一步发育为特化程度更高的组织；一定条件下又可经过脱分化转变为分生组织。

有些植物薄壁组织细胞壁较厚，但仍是初生的，这种厚的纤维素壁具有积累和贮藏物质的作用，如柿属（*Diospyros*）和天门冬属（*Asparagus*）等胚乳细胞的壁。有时薄壁组织细胞也可以有次生木质化壁，例如次生木质部和髓的薄壁组织。

传递细胞（transfer cell）是一类特化的薄壁细胞。这种细胞最显著的特征是细胞壁内突生长，即向内突入细胞腔内，形成许多指状或鹿角状的不规则突起，这种构造显著扩大了质膜的表面积（约 20 倍以上）（图 2-21），有利于细胞对物质的吸收和传递，故称传递细胞，也称传输细胞或转移细胞。

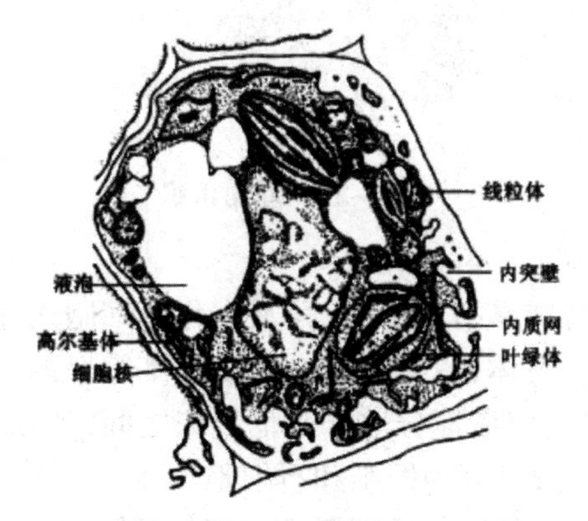

图 2-21　菜豆茎初生木质部中的一个传递细胞

3. 机械组织

机械组织（mechanical tissue）是在植物体内起巩固和机械支持作用的一类成熟组织，它的存在，使植物体具有抗压、抗张和抗曲挠的性能。

植物器官的幼嫩部分机械组织不发达，随着器官的成熟，器官的内部逐渐分化出机械组织。机械组织细胞在植物体内往往成束存在，其共同特点是细胞壁局部或全部加厚，有的还发生木化。根据细胞形态特征和细胞壁加厚方式的不同，机械组织可分为厚角组织和厚壁组织。

（1）厚角组织（collenchyma）。

为初生的机械组织，细胞可呈短柱状，端壁常偏斜，彼此相互重叠连接成束。厚角组织最明显的特征是细胞壁不均匀加厚，只在几个细胞邻接的角隅部分加厚（图 2–22），且这种加厚是初生壁性质的，故既有一定的坚韧性，又有可塑性和延伸性；既可支持器官直立，又可适应器官的迅速生长，因此它普遍存在于正在生长或摆动的器官中，如双子叶植物的幼茎、叶柄、花梗等部位的表皮内侧。

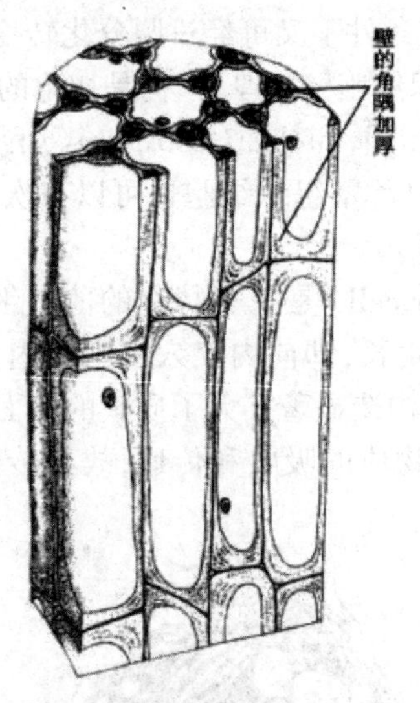

图 2–22　厚角组织

（2）厚壁组织（sclerenchyma）。

细胞具有均匀增厚的次生壁，且常木化。细胞成熟后，细胞腔小，通常没有生活的原生质体，成为只留有植物学细胞壁的死细胞。厚壁组织细胞可单个或成群、成束地分散于其他组织之间，加强组织、器官的坚实程度。厚壁组织一般可分为纤维和石细胞。

①纤维（fiber）。纤维是两端渐尖的细长细胞，其次生壁明显，但木化程度不一，壁上有少数纹孔，细胞腔中空且小（图 2–23）。纤维在植物体内呈束状分布，可增强植物器官的支持强度。根据在植物体内的分布和细胞壁特化程度的不同，纤维可分为韧皮纤维和木纤维。

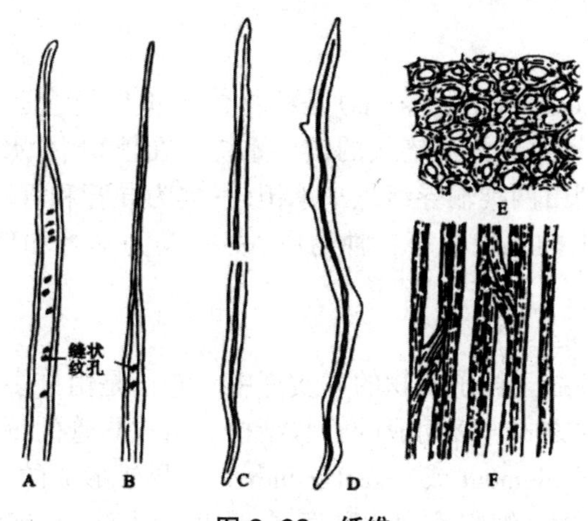

图 2-23　纤维

A. 苹果的木纤维；B. 白栋的木纤维；C. 黑柳的韧皮纤维；D. 苹果的韧皮纤维；E. 向日葵的韧皮纤维(横切)；F. 向日葵的韧皮纤维(纵切)

②石细胞(sclereid 或 stone cell)。石细胞一般是由薄壁细胞经过细胞壁强烈增厚分化而来,也有从分生组织活动的衍生细胞产生的。石细胞广泛分布于植物体中,可单生或聚生于茎、叶、果皮和种皮内,细胞形状近等直径,不规则分支状或星状等(图 2-24)。

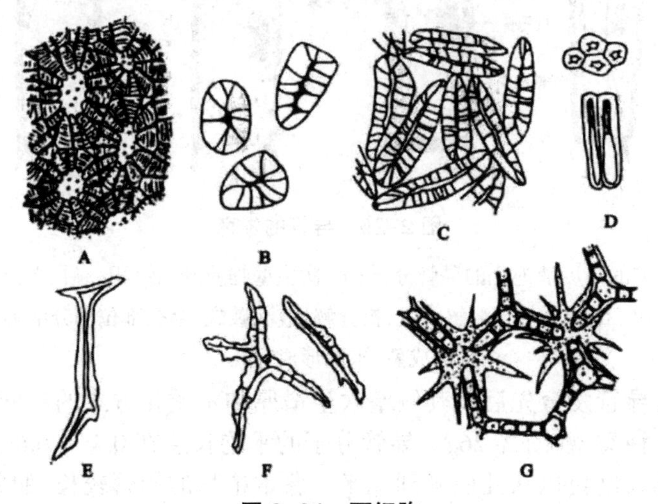

图 2-24　石细胞

A. 桃内果皮的石细胞；B. 梨果肉中的石细胞；C. 椰子内果皮石细胞；
D. 菜豆种皮的表皮层石细胞；E. 茶叶片中的石细胞；F. 山茶属叶柄中的石细胞；
G. 萍蓬草属叶柄中的星状石细胞

4. 输导组织

输导组织(conducting tissue)是植物体内担负长途运输功能的管状结构,它们在各器官间形成连续的输导系统。在植物中,水分的运输和有机物的运输分别由两类输导组织来承担,一类为导管和管胞,主要运输水分和溶解于其中的无机盐等各种物质;另一类为筛管和伴胞,主要运输同化产物。

(1)导管(vessel)。

导管普遍存在于被子植物的木质部中。它们是由许多长管状的细胞以顶端对顶端的方式连接而成的管状结构。组成导管的每一个细胞称为导管分子(vessel element 或 vessel member)。导管形成的过程中,导管分子的直径迅速增大,细胞液泡化程度提高,出现大液泡,细胞的侧壁呈不同形式的次生增厚并木质化,同时,细胞内的液泡膜破裂,释放出水解酶,使上下相连的两个导管分子之间的端壁溶解消失,原生质体解体而成为死细胞(图 2-25),整个导管成为一长管状结构。

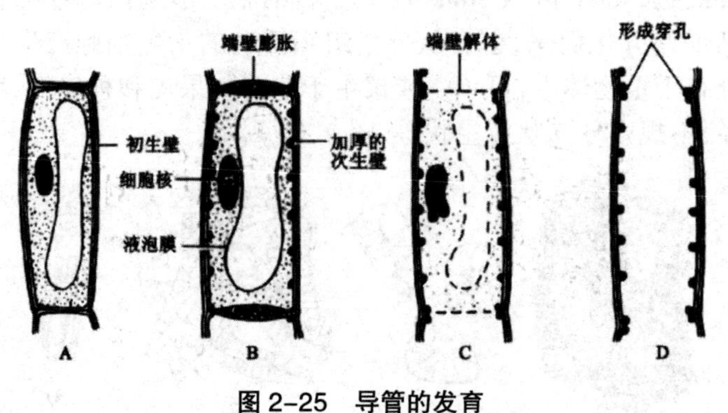

图 2-25　导管的发育

A. 无次生壁的高度液泡化的导管分子;B. 次生壁物质开始沉积,穿孔部位的初生壁开始溶解;C. 细胞处于自溶解阶段,核分解,液泡破裂,穿孔部位部分溶解;D. 细胞成熟,末端形成穿孔

根据导管发育先后及其侧壁次生增厚和木质化方式的不同,可将导管分为 5 种类型(图 2-26)。导管分子的平均长度在 0.4 ~ 0.6mm 之间,而导管的长度可以从几厘米到几米。藤本植物的导管较长,如紫藤茎的导管可长达 5m 以上。导管的直径大小不一,一般为 0.04 ~ 0.08mm,最粗的可以超过 1mm,横切面上用肉眼就可观察到,如某些藤本植物。

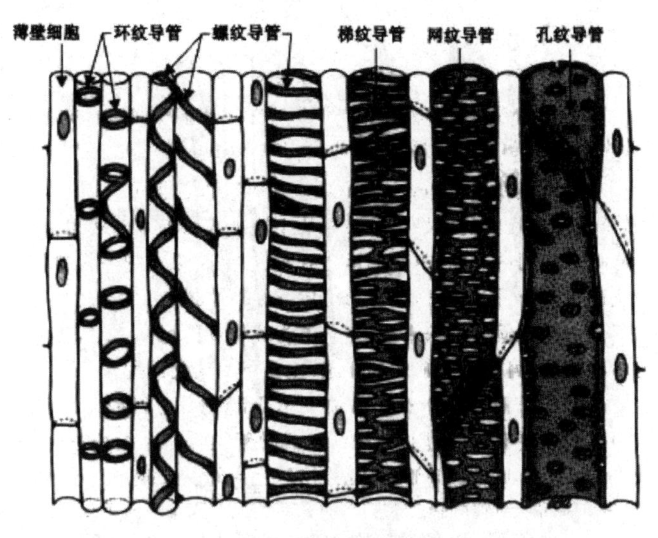

图 2-26　导管分子的类型

（2）管胞（tracheid）。

管胞是一种狭长而两头斜尖的管状细胞，在横切面上为方形或多角形，在纵切面上则为长条形，一般长 1 ~ 2mm，直径较小，细胞壁也次生增厚并木质化，最后原生质体消失，成为死细胞。管胞的次生壁增厚并木质化时，也形成环纹、螺纹、梯纹和孔纹等纹理（图 2-27）。它与导管的主要区别在于管胞的直径较小，端壁不形成穿孔，纵向排列时，各以先端斜尖面彼此贴合（图 2-27E），水溶液主要通过侧壁上的纹孔进入另一个管胞，逐渐向上或横向运输，故输导效率低。裸子植物管胞的侧壁上多具有典型的具缘纹孔（图 2-27D），管胞常成群分布。此外，管胞的壁较厚，细胞腔较小，斜端彼此紧密结合，增强了结构的坚固性，因此管胞兼有机械支持的功能。但是管胞的机械支持效果远不如纤维，导水效率也不如导管，说明管胞在进化系统上是比较原始的。事实上，导管和纤维是由管胞向着两个不同方向演化而成的。

（3）筛管和伴胞。

筛管（sieve tube）存在于被子植物的韧皮部中，由一些长管状的生活细胞连接而成，每一个细胞称为筛管分子（sieve element）。筛管分子的细胞壁为初生壁性质，主要由纤维素和果胶质组成。在筛管分子的端壁和侧壁上有许多小孔，称为筛孔（sieve pore）。筛孔常成群分布于细胞壁上，壁上具筛孔的区域称筛域（sieve area）。分布一至多个筛域的端壁称为筛板（sieve plate）（图 2-28）。筛板上只有一个筛域的称单筛板，如南瓜的筛管；具有多个筛域的称复筛板，如葡萄的筛管。

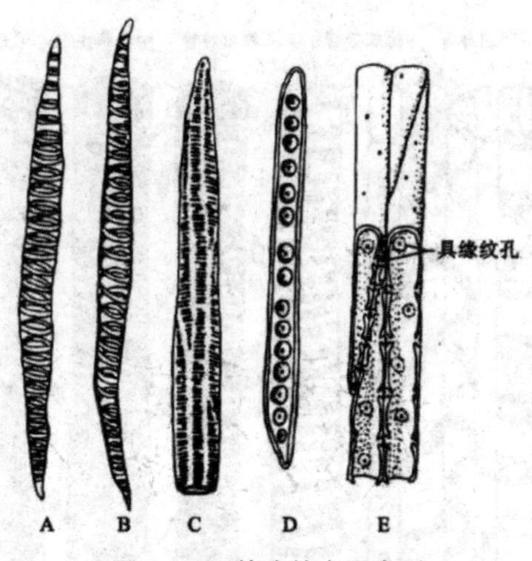

图 2-27　管胞的主要类型

A. 环纹管胞；B. 螺纹管胞；C. 梯纹管胞；D. 孔纹管胞；
E.4 个毗邻孔纹管胞的一部分(其中 3 个管胞纵切,示纹孔的分布与管胞间的连接方式)

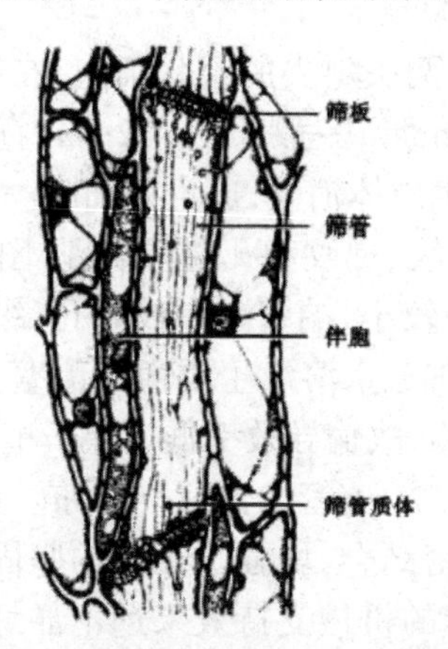

图 2-28　烟草茎的纵切面示筛管的结构

筛管分子是生活细胞,具有生活的原生质体,但在成熟的过程中,其细胞核解体,许多细胞器退化,液泡膜破裂,最后仅有结构退化的质体、线粒体、“变形内质网”、含蛋白质的黏液体(slime body)以及存留在筛管分子周缘的一薄层细胞质,成为特殊的无核生活细胞。黏液体是筛管中由黏质构成的特有结构,含有一种特殊的蛋白质称为 P- 蛋白(phloem protein), P- 蛋白有纤维状、管状、颗粒状等多种形状。在幼嫩的筛管中 P- 蛋白形成扭曲盘绕的球形或纺锤形蛋白质结构,称为 P- 蛋白体(p-protein body),细胞成熟后, P- 蛋白形成管状或丝状。P- 蛋白的功能可能是防止筛管中汁液的流失,也有人认为 P- 蛋白是一种收缩蛋白,可以在筛管中形成可以收缩的管状纤丝并组成索状的网络结构，成束穿过筛孔，与有机物运输有关。筛管中另一类特殊的物质是胼胝质，它可以在筛孔内侧积累形成筒状结构，筒内有较粗的原生质丝通过，这种较粗的原生质细丝称为联络索(connecting strand)，它通过筛板上的筛孔把相邻筛管分子的原生质体连接起来，从而构成有机物质运输的通道。筛管的有效期很短，一般一年，多则 2 ~ 3 年，但有些木本单子叶植物(棕榈)筛管的有效期可达 100 年之久。

伴胞(companion cell)是紧贴筛管分子旁边的 1 至数个小型、细长、两头尖的薄壁细胞。伴胞较筛管分子细小得多，在横切面上呈三角形或方形。伴胞与筛管分子由同一个母细胞分裂而来，两者长度相等或伴胞较筛管分子稍短。伴胞有明显的细胞核，细胞质浓厚，具有多种细胞器，有许多小液泡，尤其是含有大量的线粒体，说明伴胞的代谢活动活跃，但质体内膜分化较差。伴胞与筛管侧壁之间有胞间连丝相通，它对维持筛管分子质膜的完整性进而维持筛管分子的功能有重要作用，当筛管分子死亡失效后，与之相邻的伴细胞也死亡。

(4)筛胞(sieve cell)。

裸子植物和蕨类植物的韧皮部中没有筛管，只有筛胞，它是单独的输导单位。筛胞是生活细胞，细胞细而长，两端渐尖而倾斜，长在 1mm 以上，成熟后无核，侧壁上有不甚明显的筛域。它与筛管的主要不同点是端壁不形成筛板，而以筛域与另一个筛胞相通，筛域中具有细小的筛孔，有机物质通过筛域输送。因此，筛胞输导功能较差，是比较原始的输导结构。此外，原生质体中也没有 P- 蛋白体，筛胞旁边也没有伴胞。

虽然在裸子植物的筛胞旁边没有伴胞的存在，但普遍存在一种与伴胞作用类似的薄壁组织细胞与筛胞密切相邻，称为蛋白细胞(albuminous cells)。蛋白细胞由韧皮部薄壁组织细胞发育而成，细胞质浓厚，具有丰富的核糖体和线粒体。它与筛胞之间的壁上有发达的胞间连丝穿过。当筛胞死亡失去功能后，与之相邻接的蛋白细胞也死亡。

5. 分泌结构

凡能够产生分泌物的细胞或细胞组合，称为分泌结构(secretory structure)。根据分泌物是否排出体外，分泌结构可分为外分泌结构和内分泌结构。

(1)外分泌结构(external secretory structure)。

将分泌物排到植物体外，大都分布在植物体表面，如腺毛、腺鳞、蜜腺、排水器等(图 2-29)。

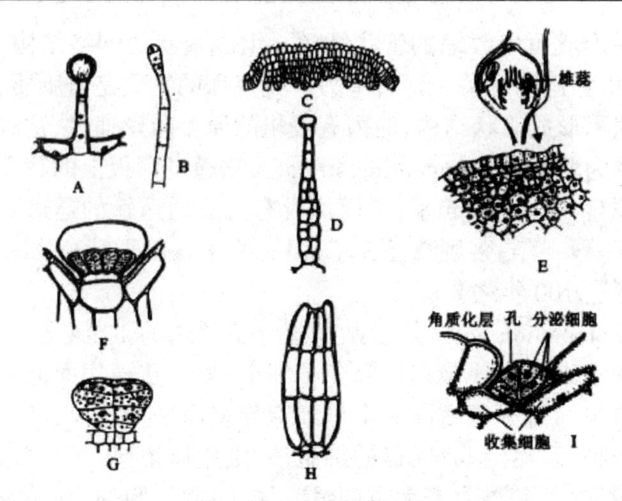

图 2-29 外分泌结构

A. 天竺葵属茎上的腺毛；B. 烟草具多细胞头部的腺毛；C. 棉叶主脉处的蜜腺；D. 茼麻属花萼的蜜腺毛；E. 草莓属的花蜜腺；F. 百里香叶表皮上的球状腺鳞；G. 薄荷属的腺鳞；H. 大酸模的黏液分泌毛；I. 柽柳属叶上的盐腺

（2）内分泌结构（internal secretory structure）。

其分泌物积聚于植物体的细胞内、胞间隙、腔穴或管道内，常见的有分泌细胞、分泌腔或分泌道和乳汁管（图 2-30）。

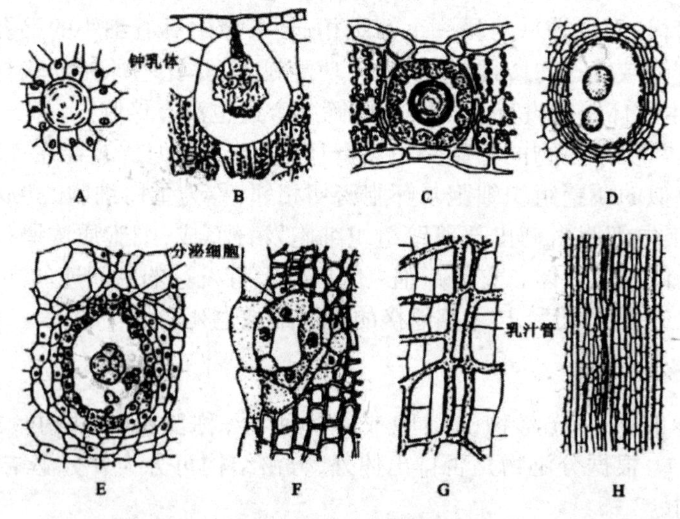

图 2-30 内分泌结构

A. 鹅掌楸芽鳞中的分泌细胞；B. 三叶橡胶中的含钟乳体细胞；C. 金丝桃叶中的裂生分泌腔；D. 柑橘果皮中的分泌腔；E. 漆树的漆汁道；F. 松树的树脂道；G. 蒲公英的乳汁管；H. 大蒜中的有节乳汁管

第四节　维管组织和组织系统

一、复合组织

只由一种类型细胞构成的组织称为简单组织(simple tissue),如分生组织、薄壁组织和机械组织；由多种类型细胞构成的组织称为复合组织(simple tissue),如表皮、周皮、木质部、韧皮部和维管束。在植物系统发育过程中,较低等的植物仅有简单组织(simple tissue)；较高等的植物除有简单组织外,出现了复合组织(simple tissue)。

二、维管组织

高等植物体内的导管、管胞、木薄壁细胞和木纤维等组成分子经常有机组合在一起形成木质部(xylem)；筛管、伴胞、韧皮薄壁细胞和韧皮纤维等组成分子组合成韧皮部(phloem)。由于木质部和韧皮部的主要组成分子是管状结构,因此又将它们称为维管组织(vascular tissue)。木质部和韧皮部是典型的复合组织,在植物体内主要起输导作用,它们的形成对于植物适应陆生生活有着重要的作用。从蕨类植物开始,已有维管组织分化,种子植物体内的维管组织则更为发达。通常将蕨类植物和种子植物总称为维管植物(vascular plant)。

三、维管束

木质部和韧皮部在植物体内紧密结合在一起,共同组成的束状结构称为维管束(vascular bundle)。根据维管束中有无形成层和维管束能否继续发展扩大,可将维管束分为有限维管束和无限维管束两大类。

有限维管束有些植物的原形成层完全分化为木质部和韧皮部,没有留存能继续分裂出新细胞的形成层。

无限维管束有些植物的原形成层除大部分分化成木质部和韧皮部,在两者之间还保留一层分生组织——束中形成层。

另外,也可根据木质部和韧皮部的相对位置和排列情况,将维管束分为下列几种(图 2-31)。

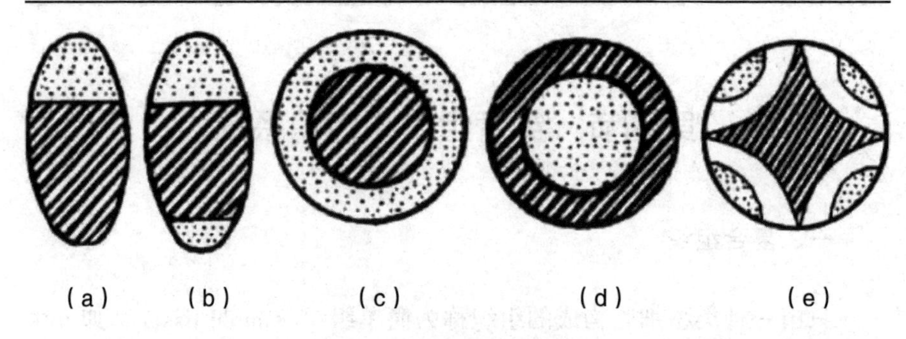

图 2-31　维管束的类型

(a)外韧维管束;(b)双韧维管束;(c)周韧维管束;(d)周木维管束;(e)辐射维管束(木质部用斜线表示,韧皮部用带小点的部分表示)

外韧维管束(collateral vascular bundle)木质部排列在内,韧皮部排列在外,两者内外并生成束。一般种子植物具有这种维管束。如果联系形成层的有无一并考虑,则可分为无限外韧维管束和有限外韧维管束。前者束内有形成层,如双子叶植物茎的维管束;后者束内无形成层,如单子叶植物茎的维管束。

双韧维管束(bicollateral vascular bundle)木质部内外都有韧皮部的维管束。如葫芦科、茄科植物茎中的维管束。

周木维管束(amphivasal vascular bundle)木质部围绕着韧皮部呈同心排列的维管束,称周木维管束。如芹菜、胡椒科的一些植物茎中和少数单子叶植物(如香蒲、鸢尾)的根状茎中有周木维管束。

周韧维管束(amphicribral vascular bundle)韧皮部围绕着木质部的维管束,称周韧维管束。如被子植物的花丝、酸模、秋海棠的茎中,以及蕨类植物的根状茎中为周韧维管束。

此外,根的初生结构中,木质部有若干辐射角,韧皮部间生于辐射角之间,两者交互呈辐射状排列,习惯上称其为辐射维管束,但实际上,二者不互相连接,并不形成束状的维管束,应将二者合称为维管组织。

四、植物组织的演化

植物的演化是从单细胞至多细胞的群体,再发展为多细胞的有机体,多细胞个体内出现了细胞的分化,产生了组织。各种组织的出现是不同步的,组织的简单与复杂程度也是不同的。

在植物组织的系统演化中薄壁组织出现得较早,而输导组织、机械组织和分泌组织出现得较晚。维管组织的出现是植物由水生到陆生进化的标志,蕨类植物和种子植物才有维管组织,特别是被子植物体内维管组织高度发达与完善,是它在地球上繁荣昌盛的原因之一。

保护组织中的表皮具有彼此嵌合紧密的表皮细胞,发达的角质膜、毛状体,具开闭机制的气孔器等,都是植物适应陆生生活的体现。周皮这一次生保护结构直到裸子植物和被子植物才发达,以使多年生的木本植物得以在严寒、干旱的环境中生存。

分泌组织如树脂道是在次生木质部中有了木薄壁细胞后才出现,因为构成树脂道的泌脂细胞属于薄壁细胞范畴。内分泌结构的分泌腔、乳汁管也是次生进化的特征;而外分泌结构的腺体则要比内分泌结构发生至少早1亿年。

五、组织系统

植物体内的各种组织和器官都有一定的结构和形式,而且和它们的作用有密切的关系。例如维管组织是输导有机物质和水分的组织,它在植物体内形成了一种连结的系统,连续地贯穿在整个植物的所有器官中。植物体内不属于维管组织的其他各种组织也是连续的,从而构成一个结构和功能上的单位,称为组织系统(tissue system)。

按照Sachs(1875)的意见,认为植物体中的主要组织,可以根据这些组织在植物体内的“部位的连续性”归纳成为皮系统、维管组织系统和基本组织系统三种组织系统。

皮系统(dermal tissue system)包括表皮和周皮。表皮为覆盖植物体的初生保护层;周皮是代替表皮的一种次生保护组织。

维管组织系统(vascular tissue system)主要包括两类输导组织,即输导养料的韧皮部和输导水分的木质部。

基本组织系统(ground tissue system)是植物体的基本组织,表现出不同程度的特化,并形成各种组织。主要的基本组织有各种各样的薄壁组织、厚角组织和厚壁组织。它们分布于皮系统和维管系统之间,是植物体各部分的基本组成。

植物的整体结构表现为:维管组织包埋于基本组织之中,而外面又覆盖着皮系统,各个器官结构上的变化,除表皮或周皮始终包被在外面,主要表现在维管组织和基本组织相对分布上的差异。

第三章　植物的种子与幼苗

成年植物体上，由多种组织组成且具有一定形态结构和生理功能的、易于区分的部分，称为器官（organ）。种子（seed）是种子植物特有的繁殖器官，由胚珠发育而来。种子萌发后形成幼苗（seed-ling），幼苗继续生长形成具有根、茎、叶分化的植物体，当营养生长进行到一定阶段，植物体积累了足够的营养物质时，便开花、结果、产生种子而进入生殖生长期，以便繁殖后代。

第一节　种子的主要类型及组成结构

一、种子的主要类型

根据种子成熟时是否具有胚乳，可将种子分为有胚乳种子（albuminous seed）和无胚乳种子（exalbuminous seed）两种类型。

（一）有胚乳种子

有胚乳种子由种皮、胚和胚乳 3 部分组成，胚乳占据种子大部分，胚相对较小。大多数单子叶植物和部分双子叶植物及裸子植物的种子都是有胚乳种子，如蓖麻、茄子、辣椒、小麦、玉米、水稻、松等。如图 3-1 所示为蓖麻种子的结构。图 3-2 所示为小麦种子的结构。其他禾本科植物的种子，如水稻、玉米、大麦等，也有类似的结构。

（二）无胚乳种子

无胚乳种子由种子和胚两部分组成。双子叶植物如花生、西瓜、蚕豆等植物的种子，单子叶植物如慈姑、泽泻等植物的种子都属于这种类型。下面以蚕豆和慈姑的种子为例来分别说明双子叶植物和单子叶植物无胚乳种子的结构。

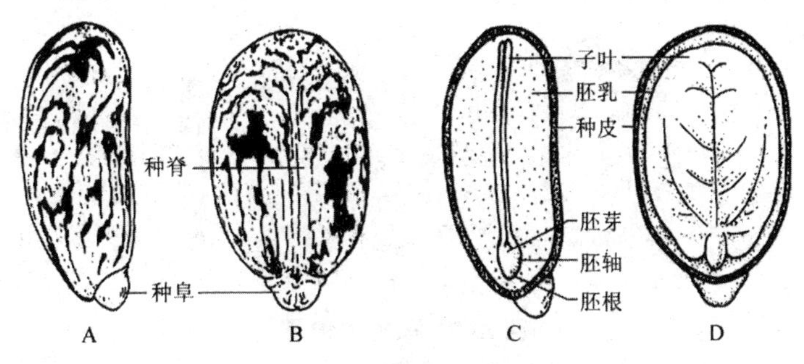

图 3-1　蓖麻种子结构

A. 种子外形的侧面观；B. 种子外形腹面观；C. 与子叶面垂直的正中纵切；D. 与子叶面平行的正中纵切

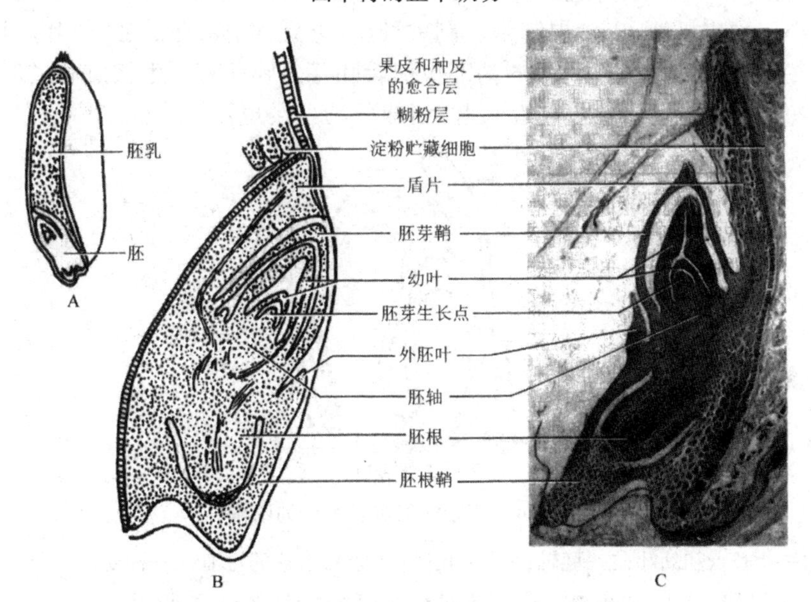

图 3-2　小麦籽粒纵切面图。示胚的结构

A. 籽粒纵切面；B，C. 胚的纵切面

如图 3-3 所示为蚕豆种子的结构。蚕豆种子扁平而略呈肾形，种皮幼嫩时为绿色，成熟干燥后呈褐色，坚硬，浸水后转为革质。在种子宽阔一端有黑色盾状结构，为种脐，在种脐一端有一细小圆孔，即为种孔。种脐另一端与种孔相对处有一隆起棱脊，称为种脊。种皮里面是胚，包括子叶、胚芽、胚轴和胚根 4 部分。子叶 2 枚，肥厚扁平，白色肉质，几乎占有种子全部体积。在宽阔一端子叶叠合处，有一锥形小突起，与两片相连，是胚根。分开两枚叠合的子叶，可见另一小结构夹在两片子叶之间，状如几片幼叶，是胚芽。胚轴位于胚根和胚芽之间，和子叶相连。

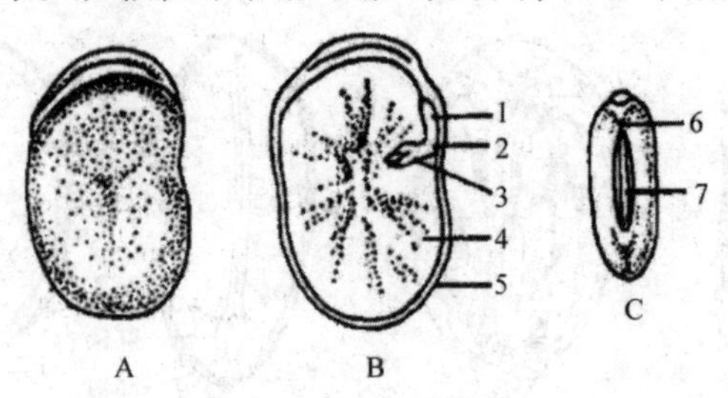

图 3-3　蚕豆的种子

A. 种子外形侧面观；B. 切去一半子叶显示的内部结构；C. 种子外形顶面观
1—胚根；2—胚轴；3—胚芽；4—子叶；5—种皮；6—种孔；7—种脐

如图 3-4 所示为慈姑种子的结构。慈姑的种子包在三角形的瘦果中，较小。种皮极薄，仅一层细胞。剥去种皮，可见其中弯曲的胚，子叶一片，长柱形，着生在胚轴上，它的基部包被着胚芽。胚芽有一生长点和已形成的初叶。胚根和下胚轴连在一起，组成胚的一段短轴。

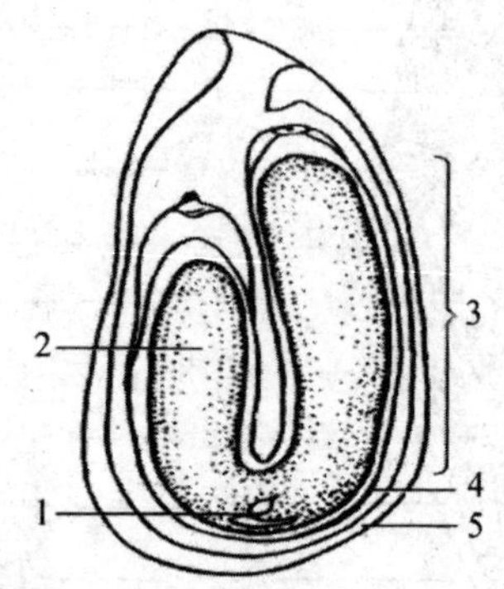

图 3-4　慈姑瘦果纵切种子的结构

1—生长点和幼叶；2—胚轴；3—由胚根和下胚轴合成的短轴；4—种皮；5—果皮

总结以上所述内容，种子基本结构可概括如图 3-5 所示。

种子的基本结构
- **种皮**：包被在种子外围的保护层；禾本科植物的种皮和果皮紧密愈合不能分开
- **胚**
  - **胚芽**：由生长点和幼叶组成（有些植物无幼叶）；禾本科植物的胚芽外面有胚芽鞘包围
  - **胚根**：由生长点和根冠组成；禾本科植物胚根外面包有胚根鞘
  - **胚轴**：是连接胚根、胚芽和子叶的短轴（包括上胚轴和下胚轴）
  - **子叶**：一片、两片或多片；禾本科植物种子的子叶也称为盾片
- **胚乳**：储藏营养物质的组织；禾本科植物的胚乳分为糊粉层和淀粉储藏组织；有些植物的胚乳在种子发育过程中被胚吸收，形成无胚乳种子

图 3-5　种子基本结构

二、种子的组成结构

种子是种子植物特有的结构，是植物的繁殖器官。种子在适宜的条件下萌发，突破种皮的限制，生成胚根、胚芽，进一步发育成植物的根系、茎叶系统，从而长成新的植物体。当植物体生长发育到一定时期，在茎上形成花，经过开花、传粉、受精等过程，又会形成新的种子。新种子成熟后与母体分离，在适当的条件下，又会萌发形成幼苗，开始生命的又一轮循环。种子植物在地球上之所以如此繁茂，与种子的形成是密不可分的。

被子植物经过双受精后，受精卵（合子）发育成胚（embryo），初生胚乳核发育成胚乳（endosperm），珠被发育形成种皮（seed coat）。大多数植物的珠心在种子形成过程中被吸收利用而消失，但也有少数植物的珠心继续发育成为种子的外胚乳（perisperm, prosembryum），整个胚珠发育形成种子。

（一）胚的结构

胚是种子最重要的组成部分，是新生植物的雏体。胚由胚根（radicle）、胚轴（embryonal axis）、胚芽（plumule）和子叶（cotyledon）4部分组成。胚根一般呈圆锥形，由根端生长点和根冠组成，胚芽由芽顶端生长点和幼叶组成。种子萌发时，生长点的细胞能很快分裂、长大，使胚根和胚芽分别伸长，突破种皮，长成新植物体的主根和茎、叶。胚轴很短，不甚明显，介于胚根和胚芽之间，同时又与子叶相连。胚轴分为上胚轴和下胚轴两部分：一般由着生点到第一片真叶的一段，称为上胚轴（epicotyl）；子叶着生点到胚根的一段称为下胚轴（hypocotyl）。此外，在禾本科植物的胚中，胚根和胚芽分别有套状的胚根鞘（coleorhiza）和胚芽鞘（coleoptile）包被。

（二）胚乳的结构

胚乳是种子内储藏营养物质的场所。种子萌发时，其营养物质被胚消化、吸收和利用。有些植物成熟种子中无胚乳，这类种子在发育过程中，胚乳中的养料被胚吸收和利用，转入子叶中储存。

种子中的胚乳和子叶中含有丰富营养物质，主要有糖类、蛋白质、脂质以及少量无机盐和维生素。[①]糖类包括淀粉、可溶性糖和半纤维素，其

① 于斯琴高娃．东阿拉善荒漠特有、特征灌木种子萌发对水分的响应[D].呼和浩特：内蒙古农业大学，2006.

中淀粉最为常见。不同种子淀粉含量不同，小麦、水稻中淀粉含量较高，可达70%左右，豆类种子中大约只有50%。小麦种子胚乳的最外层组织，称为糊粉层(aleurone layer)，含有较多蛋白质颗粒和结晶。不同植物的种子所含营养物质的种类和数量不同，变化较大，常见作物风干种子的化学成分可见表3-1所示。

表3-1 常见作物风干种子的化学成分(%)

作物种类	水分	糖类(主要是蛋白质)	蛋白质	脂肪	粗纤维	灰分
水稻	14.2	75.2	7.7	0.4	2.2	0.5
玉米	1.0	73.0	8.5	2.2	1.3	1.7
高粱(红)	9.0	72.5	9.9	1.7	1.8	2.5
高粱(白)	13.7	64.0	11.4	5.0	1.6	3.0
小麦	15.0	66.1	13.2	2.0	1.8	1.9
大豆	9.0	25.0	39.2	17.4	4.2	5.0
花生	8.0	22.0	26.2	39.2	2.5	2.0
豌豆	8.0	58.0	24.6	1.0	4.5	2.9

(三)种皮的结构

种皮包被于胚和胚乳之外，具有保护种子不受外力机械损伤和防止病虫害入侵的作用。种皮的性质、硬度和色泽因植物种类不同而异。如大豆、蚕豆的种子种皮坚硬厚实；桃、花生的种子种皮很薄，呈纸状或薄膜状，种子成熟后由果皮来保护种子；而石榴种皮肉质化可食。

成熟种子的种皮上一般有种孔(micropyle)、种脐(hilum)、种脊(raphe)等结构。种孔是原来胚珠珠孔留下的痕迹，位于种脐一端，种子吸水后，在种脐两侧轻轻挤压，即可发现水从种孔溢出。种脐是种子成熟后与果实脱离时留下的痕迹。种脐另一端略为隆起的部分为种脊，是维管束集中分布的地方。种孔和种脐是植物种子都具有的结构，而种脊和种阜(caruncle)则不是每种植物都有，这与胚珠类型有关，如由倒生胚珠所形成的种子具有种脊。

第二节　种子萌发的条件、过程及幼苗的形成

种子萌发（seed germination）是指在适宜的环境条件下，种子从吸水到胚根突破种皮期间所发生的一系列生理生化变化过程。种子植物的个体发育始于受精卵（合子）的第一次分裂。但是，由于种子是种子植物特有的延存器官，所以人们习惯于把种子萌发看成是植物进入营养生长阶段的第一步。①

一、种子萌发的环境条件

种子的萌发所需要的主要环境条件是足够的水分、充足的氧气和适宜的温度，有些种子还需要光照条件。②

（一）水分

吸水是种子萌发的第一步。种子只有在吸收了足够的水分之后，各种与萌发有关的生理生化作用才能逐渐开始。在萌发过程中，种子吸水的程度和速率与种子成分、温度以及环境中水分的有效性有关。一般淀粉和油料种子吸水达风干重的30%～70%即可发芽，蛋白质含量高的种子吸水要达风干重的110%以上才能发芽，这是因为蛋白质有较大的亲水性。表3-2列举了几种主要作物种子萌发时的吸水量。

表3-2　各种主要作物种子萌发时的最低吸水量（占风干重的百分率）

作物种类	吸水率／%	作物种类	吸水率／%
水稻	35	棉花	60
小麦	60	豌豆	186
玉米	40	大豆	120
油菜	48	蚕豆	157

① 那永光．寒地水稻生育转换期及管理重点[J]．现代化农业，2004（11）：6-8．
② 王小敏．植物生命活动规律及其机理研究[M]．成都：电子科技大学出版社，2019．

（二）氧气

种子萌发过程中的代谢活跃，需要旺盛的呼吸作用提供能量和物质支持，因此需要充足的氧气维持呼吸作用的顺利进行。大多数种子能够在正常空气中萌发。在农业生产中，土壤板结、水分过多会导致土壤通气不良而导致种子进行无氧呼吸，长时间的无氧呼吸消耗过多的贮藏物，同时，产生大量酒精，致使种子中毒，影响种子萌发，故应及时松土、排水、播种深度要适当。①

（三）温度

种子萌发过程中的一系列生理生化过程是在一系列酶的催化下完成的，而酶促反应与温度密切相关，因此温度也是影响种子萌发的重要的外界因素。② 温度对种子萌发的影响存在三基点，即最适温度、最低温度和最高温度。在最低温度时，种子能萌发，但所需时间长，发芽不整齐，易烂种；种子萌发的最适温度是指在最短时间内获得最高发芽率的温度。高于最适温度，虽然萌发速率较快，但发芽率低。不同作物种子萌发的温度三基点不同（表 3-3），这与它们的原产地不同有关。

表 3-3　几种作物种子萌发的温度三基点

作物种类	最低温度 /℃	最适温度 /℃	最高温度 /℃
冬小麦、大麦	0 ~ 5	25 ~ 31	31 ~ 37
玉米	5 ~ 10	37 ~ 44	44 ~ 50
水稻	10 ~ 13	25 ~ 35	38 ~ 40
黄瓜	15 ~ 18	31 ~ 37	38 ~ 40
番茄	15	25 ~ 30	35
棉花	12 ~ 15	25 ~ 30	40
大豆	10 ~ 12	30	40

（四）光

根据光对种子萌发的影响可将种子分为中光种子、需光种子、需暗种

① 王小敏．植物生命活动规律及其机理研究 [M]. 成都：电子科技大学出版社，2019.
② 陶桂香，衣淑娟，李佐同，史德慧．水浸控温式水稻种子浸种催芽设备温度场分析 [J]. 农业机械学报，2011（10）：90-94.

子3类。有些植物种子的萌发需要光,在暗中不能萌发或萌发率很低,这类种子称为需光种子,如烟草、莴苣、胡萝卜等。而中光种子,只需要水、温、氧的条件满足就能够萌发,萌发不受光照的影响。另外一类种子萌发受光的抑制,在黑暗下易萌发,称为嫌光种子或需暗种子,如瓜类、茄子、番茄、洋葱、苋菜等。

需光种子中研究最多的是莴苣种子。在研究莴苣种子萌发时,发现种子萌发与光的波长有关。吸足水分的莴苣种子放在白光下能促进种子萌发;用波长为660nm的红光照射种子时,也会促进萌发;若用波长730nm的远红光照射种子,则抑制种子萌发;而且红光照射后,再用远红光处理,萌发也受到抑制,即红光作用被远红光所逆转(图3-6,表3-4)。这一现象与光敏色素有关。①

图3-6 莴苣种子在黑暗、红光(R)和远红光(FR)下的萌发(Kendrick and FranKland,1976)

表3-4 红光(R)和远红光(FR)对莴苣种子萌发的控制(引自Bothwick等,1952)%

照光处理	种子萌发率	照光处理	种子萌发率
R	70	R+FR+R+FR+R	76
R+FR	6	R+FR+R+FR+R+FR	7
R+FR+R	74	R+FR+R+FR+R+FR+R	81
R+FR+R+FR	6	R+FR+R+FR+R+FR+R+FR	7

R:照660nm红光1min;FR:照730nm远红光4min,26℃。

二、种子萌发和幼苗形成过程

种子萌发涉及一系列的生理、生化和形态上的变化,并受到周围环境条件的影响。根据一般规律,种子萌发过程可以分为4个阶段,如图3-7

① 何丽萍,李贵.光照对不同品种莴苣种子萌发的影响研究[J].种子,2009(7):31-33.

所示。

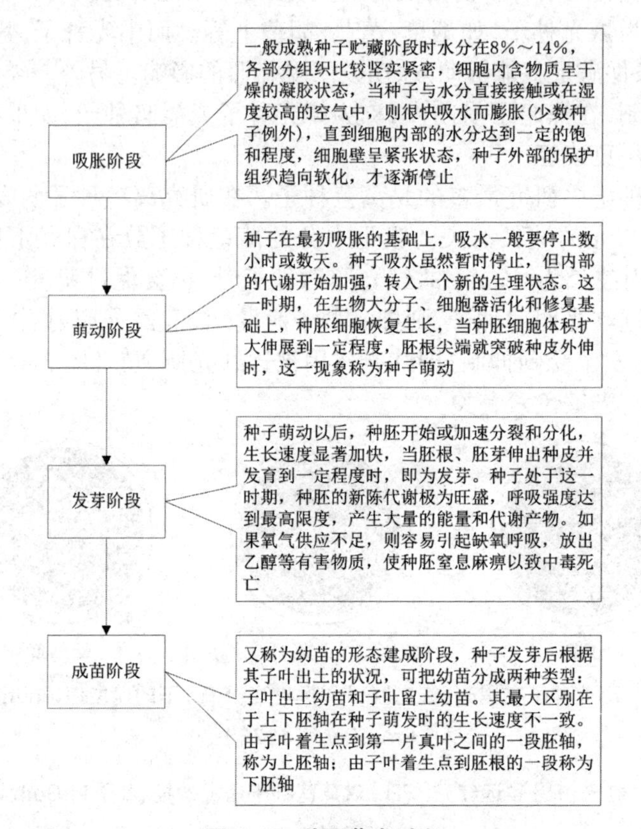

图 3-7　种子萌发过程

种子的萌发过程遵循上述过程，如图 3-8 所示。

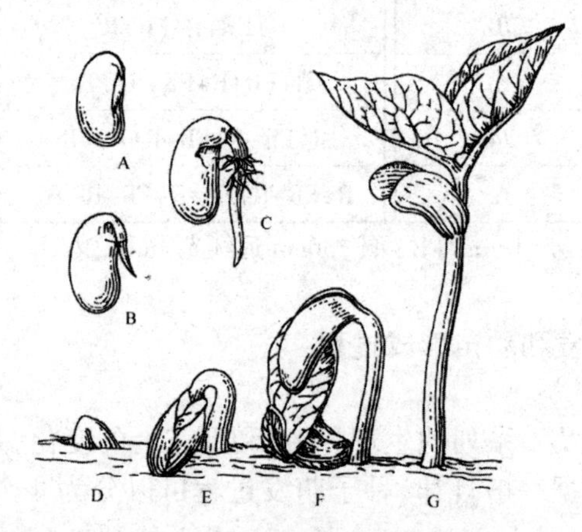

图 3-8　种子的萌发过程(引自徐汉卿，1994)

A. 种子；B. 种皮破裂，胚根伸出；C. 胚根向下伸长，并长出根毛；D. 种子萌发，胚轴突出土面；E. 胚轴伸直延长，牵引子叶脱开种皮而出；F. 子叶出土，胚芽长大；G. 胚轴继续伸长，2 片真叶张开，幼苗长成

三、种子的预处理与种子萌发的调节

播种活力高的种子，获得健壮、整齐的幼苗，是获得较好的田间生产性能和高产的重要保证。对活力偏低的种子，可以通过播种前的预处理，提高其活力，改善其田间成苗状态。

对种子进行渗透调节处理（osmotic treatment）可以缩短播种至出苗所需的时间，提高幼苗的整齐度。所谓渗透处理，一般是利用一定浓度的聚乙烯二醇（PEG）溶液对种子进行处理。种子在 PEG 溶液中吸水后开始萌动，进而引发细胞中的生理生化过程。可是由于 PEG 溶液具有一定的渗透势，因而可以控制水分进入细胞中的量，使萌发过程进行到一定程度后就停留在某一阶段而不能完成萌发的整个过程，这样所有种子的萌发最终都将停留在相同的阶段。一旦重新吸水后，所有种子都从相同阶段继续完成萌发过程，这样所产生的幼苗就具有较高的整齐度。

此外，内源激素的变化对种子萌发起着重要的调节作用。以谷类种子为例，种子吸胀吸水后，首先导致胚（主要为盾片）细胞形成 GA，GA 扩散至糊粉层，诱导 α－淀粉酶、蛋白酶、核酸酶等水解酶产生，使胚乳中的贮藏物质降解（图 3–9）。细胞分裂素和生长素在胚中形成，细胞分裂素刺激细胞分裂，促进胚根胚芽的分化与生长；而生长素促进胚根胚芽的伸长，以及控制幼苗向重力性生长。

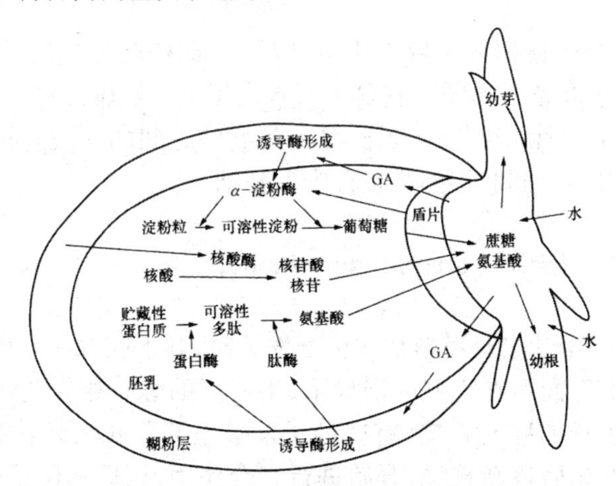

图 3–9　谷类种子萌发时胚中产生的 GA 诱导水解酶的产生和胚乳贮藏物质的分解（以淀粉、蛋白质和核酸为例）

四、种子的休眠

种子休眠是植物长期适应环境的结果,通过休眠种子可长期保存活力,如玄参科植物毛瓣毛蕊花的种子贮藏90年后仍具有生活力,萌发后能产生正常的植株;泥炭层中1200年前的莲子仍能萌发、生长、开花。种子的后熟作用则是植物对不良环境的一种适应,如低温层积促进种子完成后熟作用,可使植物种子的萌发和生长有效地避开低温逆境,这对生活在寒带、温带等季节变化明显地区的植物具有重要的意义。萌发抑制剂常常成为干旱地区植物种子"感知"水分、避开干旱的重要介导。许多沙漠植物在种皮里含有萌发抑制剂,只有当雨水多至足以淋洗掉这些萌发抑制剂时,这类种子才萌发。因此,这些萌发抑制剂帮助沙漠植物"感知"水环境,使沙漠植物能避开干旱环境,而在水分相对丰富的季节迅速萌发,完成生活史。

在生产实践中,人们常常利用种子休眠的特性,通过控制种子贮藏的环境条件来强迫植物种子处于休眠状态,以满足特定生产目的的需要,但并不是所有植物的种子都可以无限期贮藏,这与种子的寿命和贮藏条件有关。

第三节　幼苗的类型

种子发芽后根据其子叶出土的状况,可把幼苗分成两种类型:子叶出土幼苗和子叶留土幼苗。其最大区别在于上下胚轴在种子萌发时的生长速度不一致。由子叶着生点到第一片真叶之间的一段胚轴,称为上胚轴;由子叶着生点到胚根的一段称为下胚轴。

一、子叶出土型(epigeal germination)

双子叶的子叶出土型植物在种子发芽时,其下胚轴显著伸长,初期弯成拱形,顶出土面后在光照的诱导下,生长素的分布相应变化,使下胚轴逐渐伸直,生长的胚与种皮(有些种子连带小部分残余胚乳)脱离,子叶迅速展开,见光后逐渐转绿,开始进行光合作用,以后从两子叶间的胚芽上长出真叶和主茎。单子叶的植物中只有少数属于子叶出土型,如葱、蒜等,而90%的双子叶植物幼苗属于这种类型。常见的有棉花、大豆、油菜等,大豆种子具有肥厚子叶,继续把贮藏的养料运往根、茎、叶等部分,直到营养消耗完毕,子叶干瘪脱落;棉种子的子叶较薄,出土后立即展开并变绿,进行光合作用,待真叶伸出,子叶才枯萎脱落。图 3–10 为棉花种子的出土萌发。

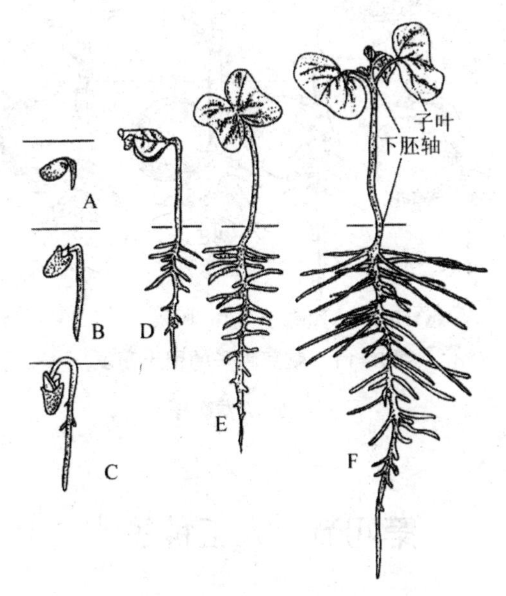

图 3–10 棉花种子的出土萌发

A ~ F. 萌发次序

二、子叶留土型(hypogeal germination)

双子叶的子叶留土型植物在种子发芽时,上胚轴伸长而出土,随即长出真叶而成幼苗,子叶仍留在土中与种皮不脱离,直到内部贮藏养料消耗殆尽,才萎缩或解体。大部分单子叶植物种子如禾谷类,小部分双子叶植物种子如蚕豆、豌豆、茶叶,属于这一类型。禾谷类种子幼苗出土的部分实际上是子弹形的胚芽鞘,胚芽鞘出土后在光照下开裂,内部的真叶才逐渐伸出,进行光合作用。如果没有胚芽鞘的保护作用,幼苗出土后将受到损伤。另外,由于留土幼苗的营养贮藏组织和部分侧芽仍保留在土中,因此,一旦土壤上面的幼苗部分受到昆虫、低温等的伤害,仍有可能重新从土中长出幼苗。图 3–11 为豌豆种子的留土萌发。

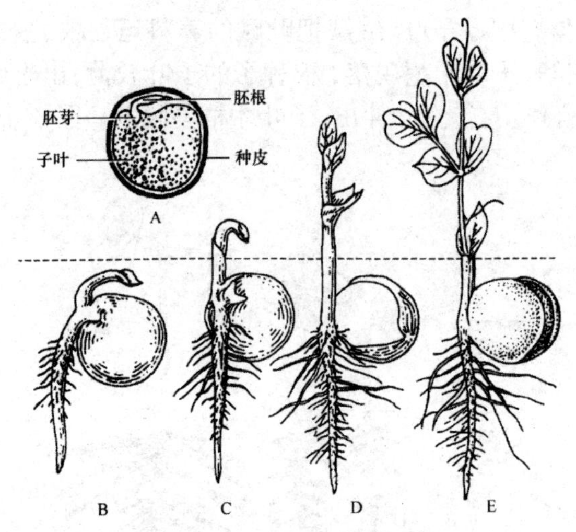

图 3-11　豌豆种子的留土萌发

A ~ F. 萌发次序

第四节　人工种子①

种子是种子植物所特有的有性繁殖器官。植物人工种子是植物离体培养条件下创造的自然种子之外的繁殖材料。作为新的繁殖体，人工种子由于具有健康、可远距离运输和节省耕地等优点，因此具有较大的潜在应用价值。

人工种子（artificial seed）是指将植物离体培养产生的体细胞胚包埋在含有营养成分和保护功能的物质中，在适宜条件下发芽出苗。

完整的人工种子由体细胞胚、人工胚乳和人工种皮三部分组成（图 3-12）。广义的体细胞胚是由组织培养中获得的胚状体、愈伤组织、原球茎、不定芽、顶芽、腋芽、小鳞茎等。人工胚乳一般由含有供应胚状体养分的胶囊组成，养分包括矿质元素、维生素、碳源以及激素，有时添加了有益微生物、杀虫剂和除草剂等。人工种皮是最外层的包膜，能通气并控制种子内水分和营养物质流失，具有机械保护作用，能防止外部一定的冲击力。

① 刘慧莲，薛涛 . 细胞工程核心技术 [M]. 北京：科学出版社，2018.

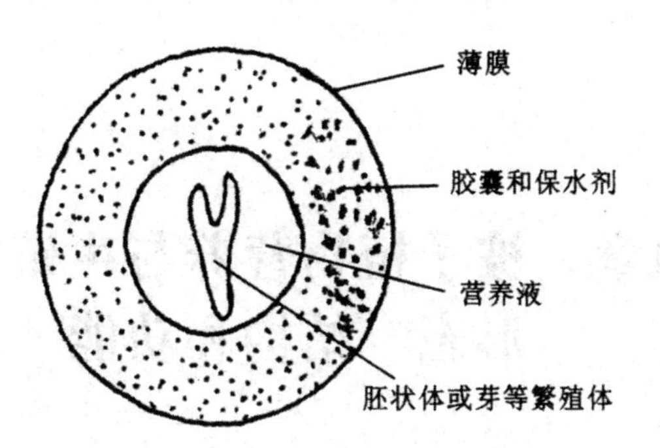

图 3-12 人工种子的结构示意图

人工种子作为一种新的生物技术,之所以引起不少科学工作者的关注和兴趣,主要是人工种子具有以下优点:

(1)人工种子能代替试管苗快速繁殖,开创了种苗生产的又一新途径。体细胞胚具有数量多(1L液体培养基可产生10万个胚状体)、繁殖快、结构完整的特点。提供营养的“种皮”可以根据不同植物对生长的要求来配,以便能更好地促进体细胞胚的快速生长及适于进行机械化播种,特别是在快速繁殖苗木及人工造林方面,采用人工种子比用试管苗繁殖更能降低成本和节省劳力。

(2)体细胞胚是由无性繁殖体系产生的。因此,利用优良的F1植株制作人工种子,不需年年杂交制种,从而可以固定杂种优势。

(3)利用人工种子可使在自然条件下不结实或种子生产成本昂贵的植物得以繁殖。

(4)在人工种子制作过程中,可以加入植物激素及有益微生物或抗虫、抗病农药,而赋予人工种子比自然种子更优越的特性。

第四章　被子植物营养与生殖器官的形态、结构和功能

被子植物一般具有根、茎、叶、花、果实和种子六种器官。其中根、茎、叶三种器官与植物的营养生长直接相关，称之为营养器官（nutritive organ），而花、果实和种子三种器官则与植物的生殖作用和种族繁衍密切相关，称其为生殖器官（reproductive organ）。

第一节　根的基本形态、结构和生理功能

一、根的形态特征

（一）根尖及其分区

如图 4-1 所示，根尖（root tip）是指根的顶端到着生根毛的部分。根尖从顶端开始被分为 4 个区域：根冠（root cap）、分生区（meristematic zone）、伸长区（elongation zone）和成熟区（maturation zone）。成熟区由于具有根毛又被称为根毛区（root hair zone）。根尖各区的细胞形态结构不同，从分生区到根毛区细胞逐渐分化成熟，除根冠外，各区之间并无严格的界限。

（二）根冠

根冠位于根尖的最前端，像帽子一样套在分生区外面。根冠由许多薄壁细胞构成，其外层细胞排列疏松，细胞壁黏液化，这样的细胞壁黏液化可以从根冠一直延伸到根毛区。根冠可以感受重力，参与控制根的向地性反应。一般认为，根的向地性生长特性和根冠前端细胞内含有的淀粉粒有关，淀粉粒可能起到"平衡石"的作用。现在的研究认为，对重力

的反应不仅限于淀粉粒，有些细胞器如内质网、高尔基体等也可能与根的向地性反应有关。

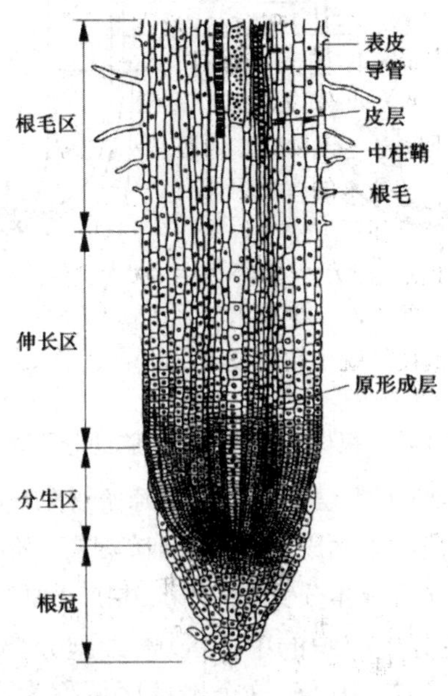

图 4-1　根尖的纵切

（三）分生区

分生区(meristematic)由顶端分生组织构成，也称生长点或生长锥，长 1 ~ 3mm。分生区的前端为原生分生组织，由原始细胞及其衍生细胞构成，细胞等直径多边形，细胞核大，细胞质浓，液泡化程度低，具有很强的分裂能力。顶端原始细胞分层排列，后部的初生分生组织来源于各自独立的原始细胞层，具体可见图 4-2 所示；然而有些植物顶端原始细胞没有明显分层，根内各种结构都由这些没有分层的原始细胞群衍生，如洋葱；甚至仅由一个原始细胞发育形成，如蕨类植物木贼属(*Equisetum*)。初生分生组织细胞分裂频率向伸长区方向逐渐减弱，并有了分化，最外层为原表皮(protoderm)，细胞砖形，以后发育形成表皮；中央部分为原形成层(procambiurn)，细胞较小，以后发育形成维管柱；两者之间为基本分生组织(ground meristem)，细胞较大，多面体形，以后形成皮层，如图 4-2 所示。

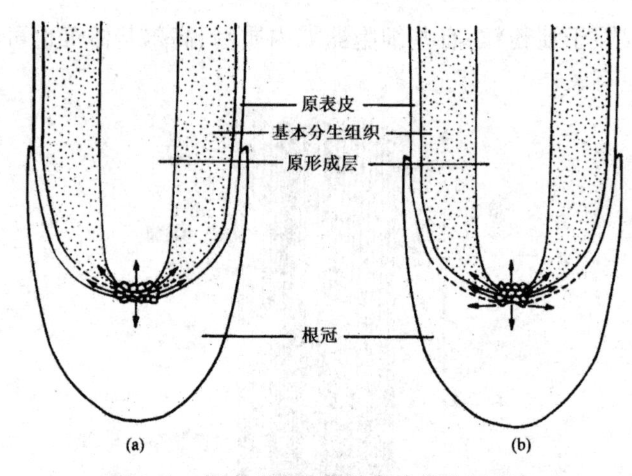

图 4-2　根尖分生区原始细胞的分层现象

（a）玉米根尖原始细胞的分层活动：第一层原始细胞产生原形成层，第二层产生基本分生组织和原表皮，第三层形成根冠；（b）烟草根尖原始细胞的分层活动：第一层产生原形成层，第二层产生基本分生组织。第三层产生原表皮和根冠

许多植物根顶端分生组织的中心区域，细胞分裂的频率低或不分裂，大约比其周缘细胞分裂慢 10 倍，这个惰性区域称为不活动中心或静止中心（quiescent center），如图 4-3 所示。人们认为，静止中心的作用可能是根尖合成激素或是储备分生组织的场所，它可随发育时期不同出现或增大、变小；活跃的分裂活动发生在中心区的外缘，而中央部分不分裂或少分裂，这可能与它所处的位置有关，受几何学图形的影响。静止中心周围呈圆屋顶形的原分生组织细胞分裂迅速，每 12 ~ 36h 分裂一次，每天可产生 20000 个新细胞。

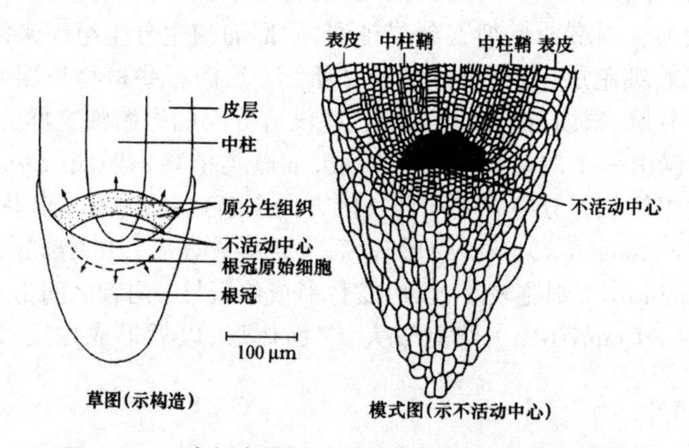

图 4-3　玉米根尖纵切示不活动中心（仿刘穆，2001）

（四）伸长区

伸长区细胞伸长迅速，细胞质成一薄层分布于细胞边缘部分，液泡明显，并逐渐开始分化出一些形态不同的组织。原生韧皮部筛管和原生木质部导管相继出现，其中原生韧皮部的分化和成熟均较原生木质部早。在延长生长最剧烈的区域，韧皮部分子开始分化成熟。伸长区的长度为 2 ~ 5mm。在显微镜下，透光性较强，与生长点有明显区别。伸长区中许多细胞同时迅速伸长是根尖入土的主要动力。

（五）根毛区

根毛（root hair zone）位于伸长区之上，其长度随植物种类和环境条件不同而有所不同，从几毫米到几厘米不等。根毛区最大特点是内部细胞已停止分裂活动，分化为各种成熟组织，也称为成熟区（maturation zone）。根毛区是根部吸收水分的主要部分，其表面密被根毛，有效增大了根的吸收面积。

如图 4-4 所示，根毛是表皮细胞外壁向外突出形成的顶端密闭的管状结构。成熟根毛的长度为 0.5 ~ 10mm，直径为 5 ~ 17μm。极少数植物的根毛可以出现分叉。少数植物可形成多细胞根毛。根毛中的细胞核常位于管状结构最先端，细胞壁薄软并有一定黏性和可塑性，容易与土壤颗粒紧贴在一起，如图 4-5 所示，有效进行吸收作用。透射电镜研究发现，根毛尖端分布有丰富的内质网、线粒体和核蛋白体等。

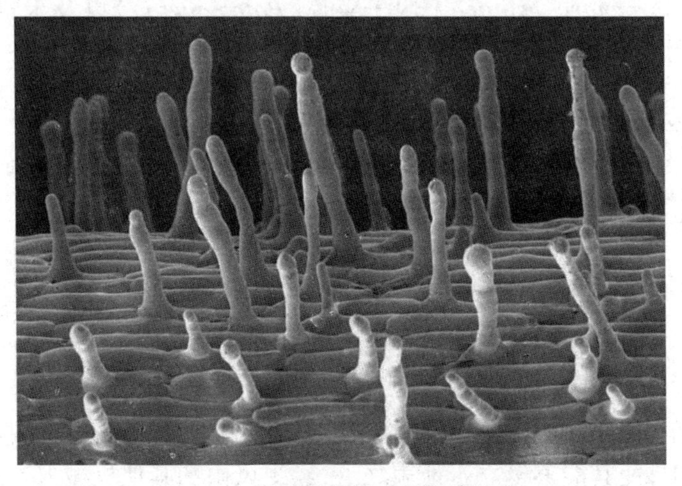

图 4-4　根毛的扫描电镜照片植物

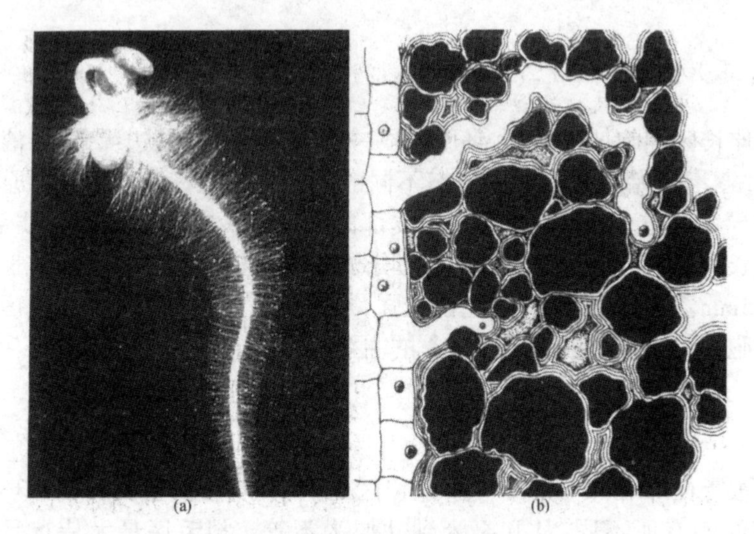

图 4-5　根毛的形态

（a）萝卜幼苗初生根上有无数根毛；（b）根毛被土壤颗粒围绕，每个土壤颗粒外附着有水分

根毛的发生有两种情况，即同型表皮和异型表皮。同型表皮是指根具有同型根表皮层，全部表皮细胞形态相似，都有产生根毛的潜能。异型表皮是指根具异型根表皮层，由于原表皮细胞进行不均等细胞分裂，形成两个形态特性不同的子细胞。一个细胞相对较长，成为正常表皮细胞；另一个细胞较短，含有较浓的原生质和较大的细胞核及核仁，是形成根毛的原始细胞。这种原始细胞称为生毛细胞（trichoblast）。在水生植物马尿花（*Hydrocharis asiatica*）、眼子菜属（*Potamogeton*）以及禾草类植物根中，可以明显看到生毛细胞的分化。

根尖的四个区域处理根冠和分生区容易区分，其余各区之间都是逐渐过渡的，没有明显界限。

二、根的生理功能

根的生理功能如下：

（一）固着和支持功能

根在地下形成庞大的根系，支持地上部分的茎叶系统，并将植株固着在土壤中，使其能够挺立于地表之上，经受风雨和其他机械力量的冲击，这是根最基本的功能。

（二）吸收与输导功能

根从土壤中吸收大量水分和矿物质，这就需要根与土壤有相当大的接触表面。吸收作用主要靠根尖部位的根毛和幼嫩表皮完成，根尖以上部位通常没有吸收功能。根在发挥吸收作用的同时，还要发挥输导作用，由根毛和表皮细胞吸收的水分和无机盐，通过根维管组织运输到茎、叶等部位，而叶光合作用所制造的有机养料经过茎运输到根，由根维管组织运送到根的各部分，维持根生长发育，有些植物的根，甚至运输 CO_2 到叶以进行光合作用，这些植物的叶通常具有厚的角质层并缺少气。

（三）储藏功能

许多植物的根是重要的储藏器官，有些为了适应储藏功能而发生肉质化，以储藏大量营养物质。如萝卜、甜菜等两年生植物，第一年，它们只进行营养生长，这些营养通常储藏在一条或几条根里，第二年，植物利用这些营养开花、结果，进行繁殖。

（四）合成功能

植物的生长素、细胞分裂素、脱落酸、赤霉素都可在根中合成，根也是乙烯合成的场所。这些物质通过木质部向地上部分移动，影响地上部分的生理活动。当病菌等异物入侵植株时根和其他器官一样能合成“植保素”类物质，起一定的防御或减灭作用。根还参与一些维生素和促进开花的代谢物质的制造。

（五）分泌功能

根能分泌近百种物质，包括糖类、氨基酸、有机酸、生物素、酶、维生素及生长素等。根的分泌物为微生物提供重要的营养和能量物质，其成分和数量影响着根际微生物的种类和繁殖。

除上述生理功能外，根还有多种用途，它具有繁殖功能，它还可以食用、药用和做工业原料等。萝卜、胡萝卜、木薯（*Manihot esculenta Crantz*）、薯蓣（*Dioscorea polystachya* Turcz.）、甜菜（*Beta vulgarisvar.lutea* DC.）等皆可食用，青羊参（*Triplostegia grandiflora* Gagnep.）、新疆党参[*Codonopsis clematidea*（Schrenk）C.B.Clarke]、何首乌、掌叶大黄（*Rheum palmatum* L.）、三七[*Panax notoginseng*（*Burkill*）F.H.Chen ex C.H.Chow]、

甘草等可供药用。某些植物如胡杨的老根可雕制成工艺美术品。除此之外,在自然界根还具有水土保持、涵养水源等生态作用。

三、根的初生生长和初生结构

根的初生生长(primary growth)是指根尖顶端分生组织细胞经过分裂、生长、分化后,形成根毛区各成熟结构的过程。初生生长产生的各种组织,属于初生组织,由初生组织组成的结构,称为根的初生结构(primary structure)。由于在横切面上能较好地显示各部分的空间位置、所占比例及细胞和组织特征,所以研究各种器官的构造、生长动态时常选用横切面。根初生结构由外至内可分为表皮、皮层和维管柱3个部分(图4-6)。

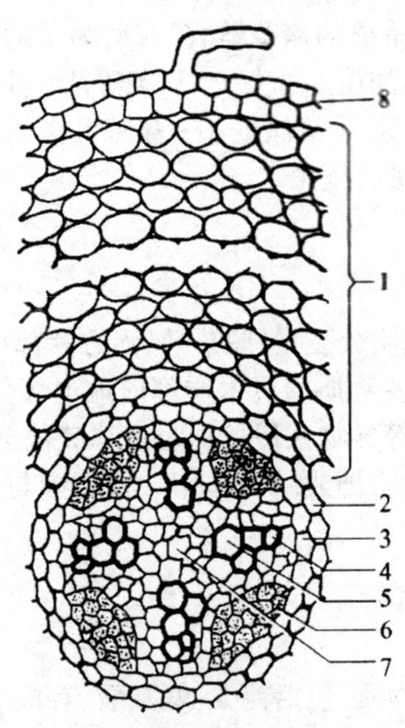

图 4-6 双子叶植物根的初生构造(毛茛幼根)

1—表皮;2—皮层;3—内皮层;4—中柱鞘;5—原生木质部;6—后生木质部;7—初生韧皮部;8—未成熟的后生木质部

表皮位于根成熟区最外侧,是一层排列紧密的细胞。表皮细胞壁薄,外壁覆盖一层很薄的角质膜,既不影响水的吸收,又能起到保护根部免受细菌、真菌侵害的作用。许多表皮细胞向外突出形成根毛,扩大了根的吸收面积。可见,对于幼根根毛区而言表皮的吸收作用更具重要意义。

皮层位于表皮内方,由多层薄壁细胞组成,细胞排列疏松,且不含叶绿体。皮层最外的一层细胞称为外皮层，能代替表皮起保护作用。皮层最内的一层细胞称为内皮层（图 4–7）。

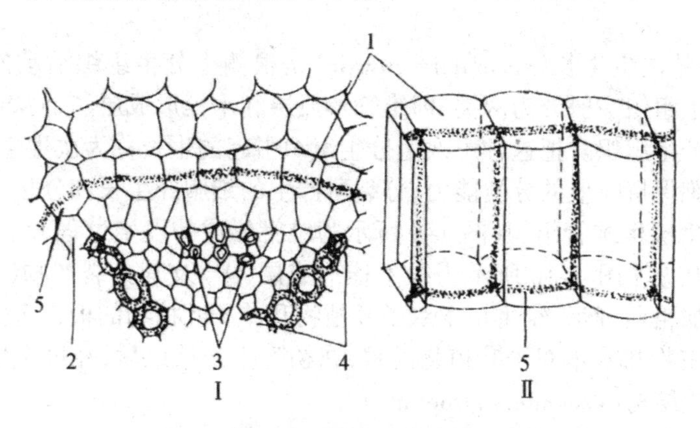

图 4–7　内皮层的结构

Ⅰ．根部分横切面详图；Ⅱ．内皮层细胞立体结构

1—内皮层；2—中柱鞘；3—初生韧皮部；4—初生木质部；5—凯氏带

维管柱是位于内皮层以内的部分，它由初生分生组织的原形成层发育分化形成，在横切面上占有很小的面积。维管柱由中柱鞘、初生木质部、初生韧皮部和薄壁细胞组成。

中柱鞘在一定条件下可以脱分化转变为分生组织，形成侧根、不定根、不定芽等。

在横切面上，初生木质部的排列呈辐射状。按照数目不同，可将根划分为二原型、三原型、四原型、五原型、六原型和多原型（图 4–8）。在不同植物中，木质部辐射角数目是相对稳定的。

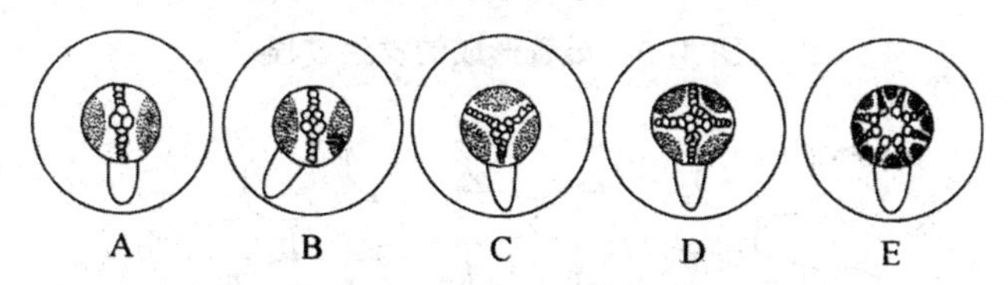

图 4–8　根的原型和侧根的发生位置

A、B. 二原型根；C. 三原型根；D. 四原型根；E. 多原型根

初生韧皮部又分为原生韧质部和后生韧质部两部分。原生韧皮部在外，后生韧皮部在内，二者之间并无明显区别。它与初生木质部的发育方式一样，即为外始式发育。

少数植物根的中央有髓（pith），它也是由薄壁细胞组成的。

四、根的次生生长和次生结构

根的次生生长(secondary growth)是根侧生分生组织活动的结果。侧生分生组织一般分为两类,即维管形成层和木栓形成层,它们属于次生性质的分生组织。把这种由次生分生组织引起的生长称为次生生长。形成层细胞保持旺盛的分裂能力,分裂所产生的细胞经生长和分化,维管形成层产生次生维管组织(图 4-9 所示为维管形成的发生过程),木栓形成层形成周皮 [图 4-10 所示为根木栓形成层(A)及其分裂产物(B)],结果使根加粗。一般一年生草本双子叶植物和单子叶植物的根无次生生长,而裸子植物和木本双子叶植物的根,在初生生长结束后,经过次生生长,形成次生结构(secondary structure)。

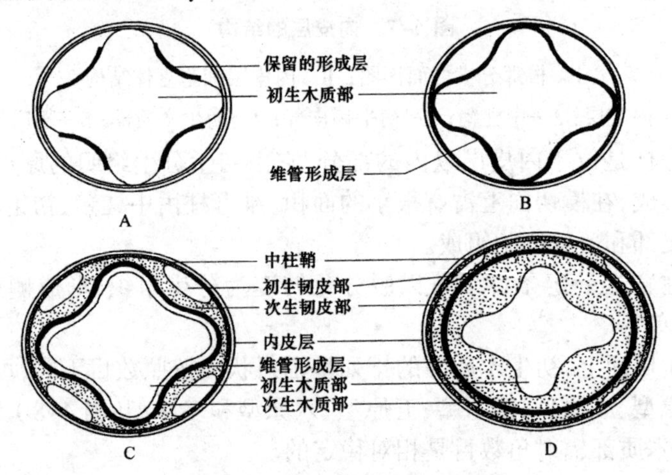

图 4-9　维管形成的发生过程

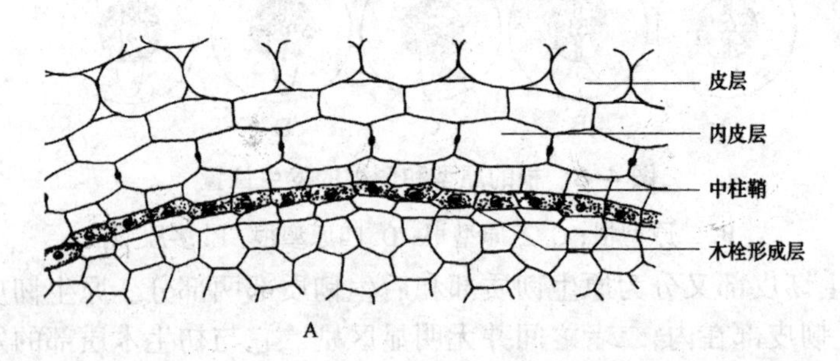

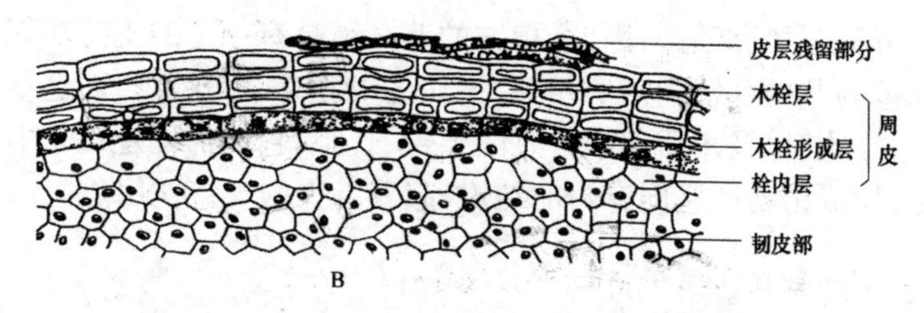

图 4-10　根木栓形成层(A)及其分裂产物(B)

根的木栓形成层是与维管形成层的活动是相伴随出现的,活动的结果是形成根的次生结构。在根的次生结构中,从外向内一次为周皮、初生韧皮部、次生韧皮部、微观形成层、次生木质部、初生木质部(图 4-11)。

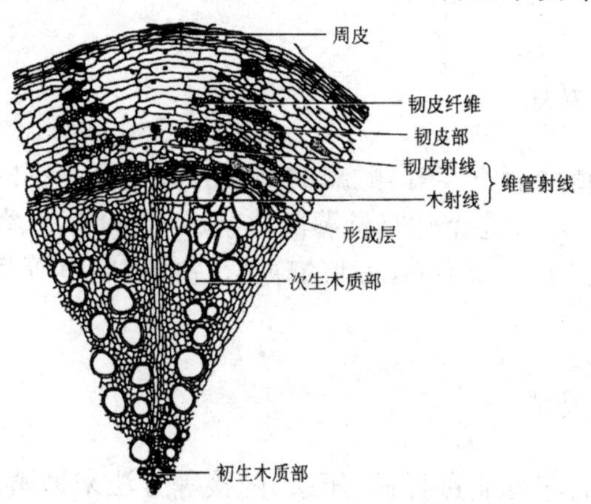

图 4-11　棉老根的次生结构

第二节　茎的基本形态、结构和生理功能①

一、茎的生理功能

茎的生理功能如下:

(一)支持功能

大多数种子植物的主茎直立生长于地面,主茎分枝形成许多侧枝,侧枝再经过各级分枝形成庞大的树冠,并且枝条上着生大量花和果实,再加

① 陈苏丹．药用植物鉴别及分类研究[M]．北京：中国水利水电出版社，2016.

上自然界的强风和暴雨,因此,植物的茎必须具有一定的支持功能。茎的支持功能与茎内部结构密切相关,在幼茎中含有厚角组织,而老茎中含有纤维、石细胞,以及木质部中含有的导管、管胞,它们都像建筑物中的钢筋混凝土,构成植物体坚固有力的结构,起着巨大的支持作用。

(二)输导功能

茎连接着植株的根和叶,它们之间由维管组织紧密地联系在一起:①将叶制造的有机养料输送给花、果实、种子及根;②将从土壤中吸收的水分及无机盐类运输到植物的地上部分。因此,茎是植物体内物质运输的主要通道。

(三)贮藏功能

对多年生植物而言,茎内贮藏的物质为次年春季芽的萌动提供营养物质和能源。一些变态茎如马铃薯的块茎、洋葱的鳞茎、荸荠 [*Eleocharis dulcis*(Burm.f.)Trin.ex Hensch.] 的球茎、莲的根状茎等都是营养物质集中贮藏的部位。

(四)繁殖功能

有些植物的茎可通过扦插、压条、嫁接等方法来繁殖出植株。扦插、压条枝在适宜的土壤中长出不定根后可形成新个体;嫁接可改良植物性状,如观赏植物龙爪槐 [*Sophora japonzca L.f.pendula*(Spach)Hort.ex Loudon]、垂枝榆(*Ulmus pumila* L.cv.Pendula Kirchner)等皆为嫁接植物。

(五)其他功能

绿色幼茎的外皮层细胞中含叶绿体,可进行光合作用;一些植物的茎叶状,含丰富的叶绿体,如仙人掌 [*Opuntia stricta*(Haw.)Haw. var.*dillenii*(Ker Gawl.)L.D.Benson]、假叶树(*Ruscus aculeatus* L.)、竹节蓼 [*Homalocladium platycladum*(F.Muell.ex Hook.)L.H. Bailey]、文竹 [*Asparagus setaceus*(Kunth)Jessop] 等,不仅可进行光合作用,还可以兼起贮藏作用。有些植物的茎变态为卷须,如葡萄、南瓜 [*Cucurbita moschata*(Duchesne ex Lam.)Duchesne ex Poir.],使植物的茎叶伸展,起攀缘作用;有的植物茎变态为刺,如山楂(*Crataegus pinnatifida* Bunge)、皂荚(*Gleditsia sinensis* Lam.),可行使保护作用。

二、茎的形态

种子萌发后，胚根向下生长形成植物的主根，主根分支形成侧根；在根发育的同时，上胚轴和胚芽向上生长形成植物的茎和叶，在茎顶端和叶腋处着生着枝芽和花芽，枝芽活动形成植物的主干和分枝，花芽萌发形成花或花序。茎（stem）属于植物的营养器官，是连接叶和根的轴状结构，一般生长在地面以上，也有些植物的茎生于地下或水中。

（一）茎的一般形态

大多数植物的茎是圆柱形，有些植物的茎外形发生了变化，可为三棱形（莎草科植物的茎）、四棱形（薄荷、益母草等唇形植物的茎）、多棱形（芹菜的茎）或扁棱形（仙人掌的茎）。茎的长短、大小也有很大差异，最高大的茎可达 100m 以上，短小的茎看起来就像没有一样，如蒲公英和车前的茎。

茎与根的区别也就是茎的显著特征，主要表现在以下两点。

1. 茎有节和节间之分

茎上着生叶的部位，称为节（node），相邻两个节之间的部分称为节间（internod）（图 4-12）。有些植物如玉米、竹子、高粱、甘蔗等茎的节非常明显，形成不同颜色的环。有的植物如莲地下变态茎的节明显下凹，但一般植物的节只是在叶柄着生处略为突起，其他部分表面没有特殊结构。

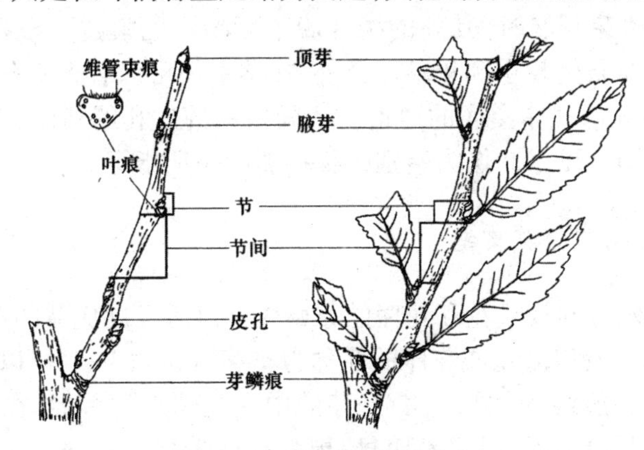

图 4-12　栎属植物的枝条

2. 茎的节上着生叶，在叶腋和茎顶端有芽

着生叶或芽的茎称为枝条（shoot）。植物生长过程中，茎的伸长有强

有弱,因此节间的长短不宜。有些植物的节间很长,如瓜类植物的节间长达数十厘米,其称为长枝(long shoot);有些植物则很短,如蒲公英节间极度缩短,其称为短枝(short shoot),如图 4-13 所示。有的在同一种植物中有节间长短不一的枝。

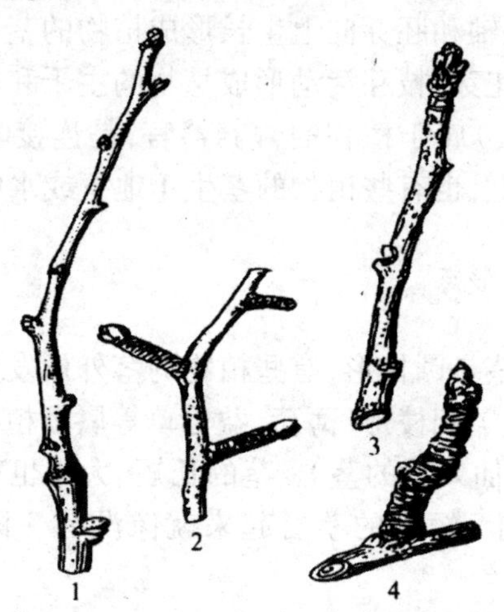

图 4-13　长枝和短枝

1—银杏的长枝;2—银杏的短枝;3—苹果的长枝;4—苹果的短枝

叶片脱落后留下的痕迹称为叶痕(leaf scar)。不同植物的叶痕形状和大小各不相同。在叶痕内,还可看到叶柄和枝内维管束断离后留下的痕迹称维管束痕,简称束痕(bundle scar)。在不同植物中,束痕的形状、束数和排列方式也不同。有些植物茎上还可见到芽鳞痕(bud scale scar),这是鳞芽开展时,其外的鳞片脱落后留下的痕迹。根据芽鳞痕的数目可以断枝条生长量和年龄。此外,在茎上还可以看到皮孔,它是茎内组织与外界进行气体交换的通道。不同植物的皮孔的形态、大小与分布等也各不相同。可以此作为鉴别植物种类的一项指标。

（二）芽的类型及构造

芽是未发育的枝或花和花序的原始体。以后发展成枝的芽称为枝芽(branch bud),发展成花或花序的芽称为花芽(flower bud)。以枝芽为例,来说明芽的一般结构(图 4-14)。芽的中央是幼嫩的茎尖,在茎尖上部,节和节间的距离极近,界线不明显,周围有许多突出物,这是叶原基(leaf primordium)和腋芽原基(axillary bud primordium)。在茎尖下部,节与节间开始分化,叶原基发育为幼叶,包围着茎尖。

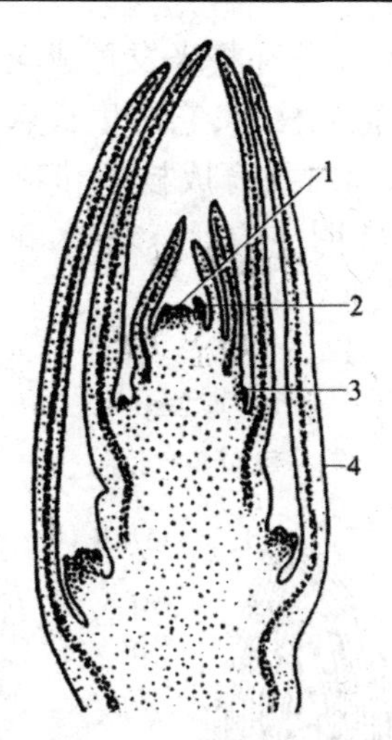

图 4–14　枝芽的纵切面

1—生长锥；2—叶原基；3—腋芽原基；4—幼叶

按芽在枝上的位置划分，芽包括定芽（normal bud）和不定芽（adventitious bud）。定芽又分为顶芽（terminal bud）和腋芽（axillary bud）两种。顶芽是生于枝条顶端的芽，腋芽是生在叶腋内的芽，也称侧芽（lateral bud）。大多数植物的叶腋内有一个腋芽，但也有的植物叶腋内可以生长两个以上的芽，一般将中间的一个芽称为腋芽，其他的芽称为副芽（accessory bud），如洋槐和紫穗槐有一个副芽，而桃和皂荚有两个副芽。有些植物如悬铃木的腋芽为庞大的叶柄基部所覆盖，称为叶柄下芽（subpetiolar bud），这种芽直到叶子脱落后才显露出来。生于老根、老茎和叶的芽，以及细胞、组织培养中从愈伤组织分化出来的芽，称为不定芽。

按芽的生理状态划分，芽包括活动芽（active bud）和休眠芽（dormant bud）。活动芽是在生长季节活动的芽，能在当年开放形成新枝、花或花序。休眠芽是在生长季节不生长，保持休眠状态的芽。活动芽和休眠芽可转变，如生长季突遇高温、干旱，活动芽会转为休眠芽；若人为摘除顶芽，打破顶端优势，则侧方的休眠芽可成为活动芽。

按芽有无芽鳞保护分为裸芽（naked bud）和鳞芽（scaly bud）。鳞芽为一种具有保护作用的变态叶，表面常被有绒毛、蜡质、黏液，细胞壁角质化、木质化或栓质化，这些结构和变化可保护幼芽安全过冬。鳞芽常见于温带木本植物，芽鳞片脱落后在茎上留下的痕迹就是芽鳞痕。所有一年生草本植物和少数木本植物的芽，外面没有芽鳞包被，只被幼叶包着，称为裸芽，如常见的棉、油菜、枫杨等的芽。

根据所形成的器官不同，可将芽分为花芽（flower bud）、枝芽（branch

bud）和混合芽（mixed bud）。花芽将来发育成花或花序，它由花原基或花序原基构成。枝芽将来发育成枝条，它由生长点、叶原基、幼叶、腋芽原基和芽轴构成。混合芽可以同时发育成枝条和花，如梨、苹果、丁香等。如图 4-15 所示。三者之间存在明显的形态差异，花芽和混合芽饱满而且大，枝芽瘦长而且小，区分起来非常容易。

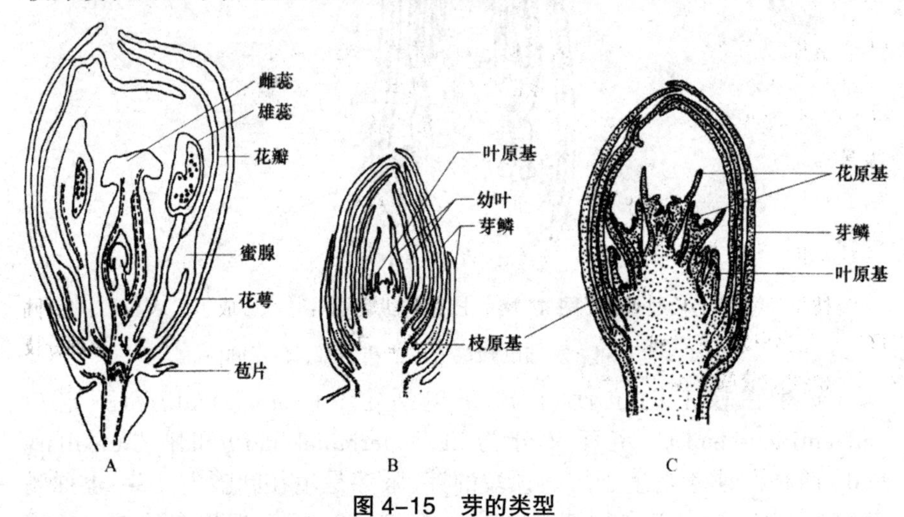

图 4-15　芽的类型

A. 小檗的花芽；B. 榆树的枝芽；C. 苹果的混合芽

（三）茎的类型和分枝

1. 茎的类型

不同植物的茎在长期进化过程中，适应不同生长环境，产生了多样化的生长习性，使叶能获得足够的光照，制造有机养料，并适应环境以求得生存和繁衍。按茎的质地可分为木质茎、草质茎和肉质茎三类。若按茎的生长习性可分为直立茎、缠绕茎、攀缘茎和匍匐茎等，如图 4-16 所示。

2. 茎的分枝方式

分枝是植物茎生长时普遍存在的现象，由于分枝的结果，形成了庞大枝系。每种植物有一定的分枝方式，种子植物常见的分枝方式有单轴分枝、合轴分枝、禾本科植物的分蘖等类型（图 4-17）。

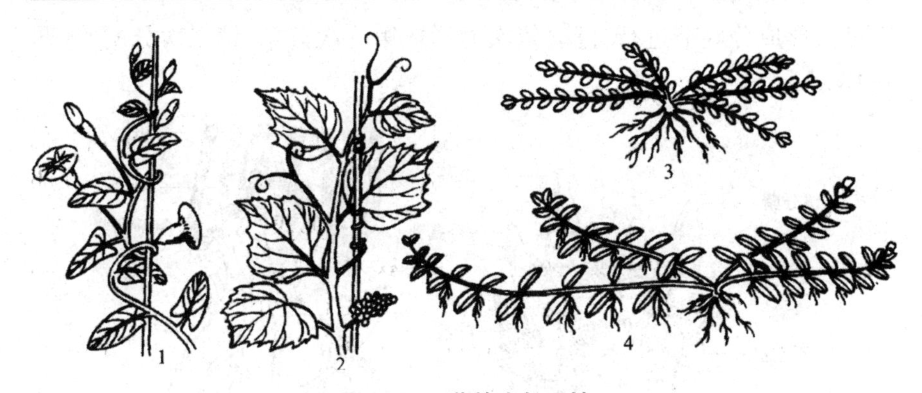

图 4-16　茎的生长习性

1—缠绕茎；2—攀缘茎；3—平卧茎；4—匍匐茎

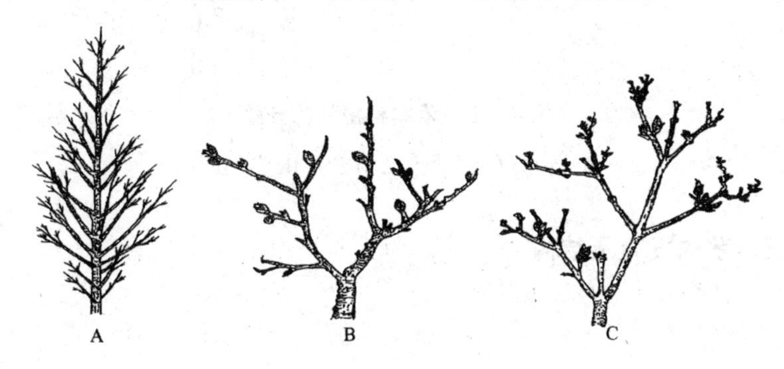

图 4-17　茎的分枝

A. 单轴分枝；B. 合轴分枝；C. 假二叉分枝

（1）单轴分枝（monopodial branching）。从幼苗开始，主茎顶芽活动始终占优势，形成明显主干，主干上的侧枝生长量均不及主干，形成一个明显具主轴的分枝，如松柏类植物、杨树等。

（2）合轴分枝（sympodial branching）。大多数被子植物，如榆、柳、元宝枫、核桃、梨等。当主干或侧枝顶芽生长一段时间后，停止生长或分化成花芽，靠近顶芽的腋芽发育成新枝，而继续其主干生长。一段时间后，这条新枝顶芽又被下部腋芽替代而向上生长。因此，合轴分枝的主轴，实际上是一段很短的枝与其各级侧枝分段连接而成，是曲折的，节间很短，而花芽往往较多。合轴分枝是一种进化的分枝方式，果树的果枝多数是合轴分枝。

（3）禾本科植物的分蘖（tiller）。禾本科植物的分枝方式与双子叶植物不同，在生长初期，茎的节短且密集于基部，每节生一叶，每个叶腋有一芽，当长到 4 或 5 片叶时，有些腋芽开始活动形成分枝，同时在节处形成不定根，这种分枝方式称为分蘖，产生分枝的节称为分蘖节，新枝基部又可以形成分蘖节进行分蘖，依次而形成第一次分蘖，第二次分蘖等（图4-18）。

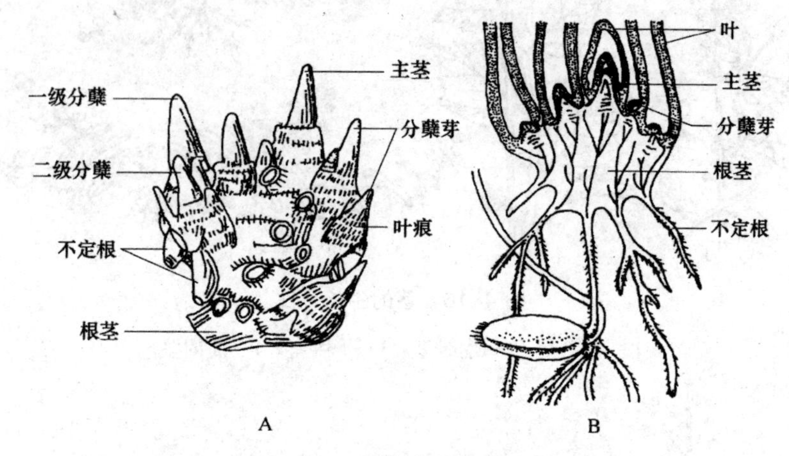

图 4-18　禾本科植物的分蘖

A. 外形（外部叶鞘已剥去）；B. 纵剖面

三、茎的发育及结构

（一）茎尖及其发育

茎尖在茎的顶端，和根尖一样，人为地被划分为 3 个区域：分生区、伸长区和成熟区。

1. 茎的顶端分生区

茎顶端分生组织的活动产生叶原基和芽原基，使茎尖的结构观察起来比根尖复杂。茎尖的原分生组织也和根尖一样，有一定的排列结构。

2. 茎尖伸长区

茎尖伸长区的长度一般比根的伸长区长。该区的特点是细胞纵向伸长，这也是茎伸长的主要原因。伸长区的内部，已由原表皮、基本分生组织、原形成层三种初生分生组织逐渐分化出一些初生组织。伸长区细胞有丝分裂活动逐渐减弱，伸长区可视为顶端分生组织发展为成熟组织的过渡区域。

3. 茎尖成熟区

成熟区内部的结构特点是细胞有丝分裂和伸长生长都趋于停止，各种成熟组织的分化基本完成，已具备幼茎的初生结构。

在生长季节里，茎尖顶端分生组织不断进行分裂（在分生区内）、伸长生长（在伸长区内）和分化（在成熟区内），结果使茎的节数增加，节间伸长，同时产生新的叶原基和腋芽原基。这种由于顶端分生组织活动而引起的生长，称为顶端生长（apical growth）。

（二）茎的初生结构

1. 双子叶植物茎的初生结构

茎顶端分生组织中的初生分生组织衍生的细胞，经过分裂、生长、分化而形成的组织称为初生组织，由初生组织组成的结构称为初生结构。通过茎尖成熟区做横切面，可以观察到茎的初生结构，由外向内分为表皮、皮层和维管柱三个部分，如图 4-19 所示。

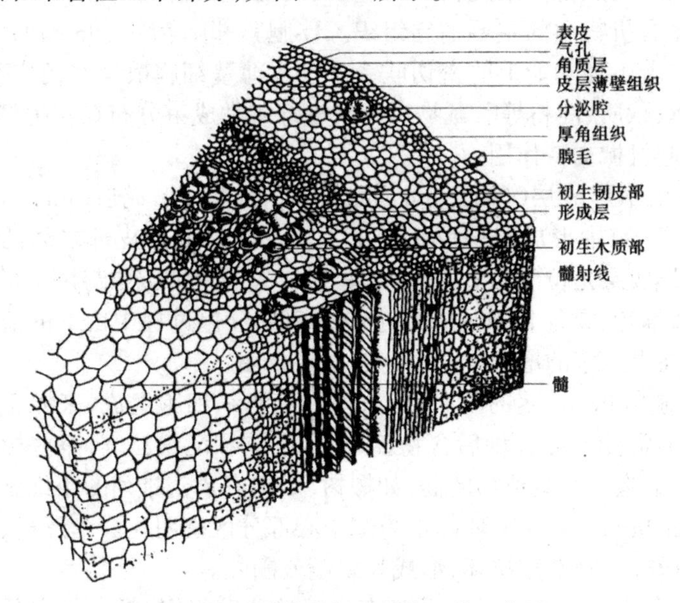

图 4-19 棉花茎初生结构立体示意图

表皮细胞常含有花青素，使幼茎呈现出各种颜色。细胞的外切向壁常角质化加厚，有一层连续的角质层，可以控制蒸腾，又能增强表皮的坚韧性。表皮上分布有少量的气孔器和表皮毛。气孔是植物体与外界进行气体交换的通道；表皮毛由单细胞或多细胞组成，形状多样，具有加强保护的功能。有的表皮上还有分泌挥发油和黏液的腺毛。

皮层位于表皮与中柱之间，由基本分生组织发育而来，含有多种组织，其中大部分是薄壁组织。水生植物的茎，一般缺乏机械组织。在厚角组织内方是薄壁组织，由多层细胞组成。细胞球形或椭球形，细胞壁薄，靠近厚角组织的细胞具有叶绿体，内部细胞常有后含物，主要起储藏作用。

维管柱又分为三部分。

（1）初生木质部。初生木质部由多种类型的细胞组成，包括导管、管胞、木纤维和木薄壁细胞。导管是被子植物木质部主要的输导结构，管胞也同时存在于木质部中。在原生木质部中由管径较小的环纹、螺纹导管组成；在后生木质部中由管径较大的梯纹、网纹、孔纹导管组成。水分和矿物质的运输主要依靠木质部中的导管和管胞。木薄壁细胞是由活细胞组成，具贮藏作用。木纤维为长纺锤形死细胞，具机械支持的作用。

（2）初生韧皮部。初生韧皮部包括原生韧皮部和后生韧皮部两部分。它们的发育顺序是由外向内的，是外始式。初生韧皮部是由筛管、伴胞、韧皮纤维和韧皮薄壁细胞构成，其主要功能是运输有机养料。筛管是韧皮部运输有机物质的主要输导组织。伴胞紧邻筛管分子的侧面，它们与筛管存在着生理功能上的密切联系。韧皮薄壁细胞散生在韧皮部中，常含有晶体、鞣质、淀粉等贮藏物质。韧皮纤维常成束分布在初生韧皮部的最外侧，起机械支持作用。

（3）束中形成层（fascicular cambium）和束间形成层（interfascicular cambium）。束中形成层是位于初生木质部和初生韧皮部之间的薄壁细胞，束间形成层是位于维管束之间，髓射线的薄壁细胞中与束中形成层相对的薄壁细胞，是原形成层在初生维管束的分化过程中留下的潜在的分生组织，在以后茎的增粗生长中将起主要作用。

（4）髓（pith）。茎的中心部分，由薄壁组织细胞组成，来源于基本分生组织，通常能贮藏各种后含物如单宁、晶体和淀粉粒等，有些植物茎的髓中有石细胞。有些植物的髓，如椴树，周围有紧密排列的小细胞称环髓带（perimedullary zone），环髓带与髓中心部分区别明显。伞形科、葫芦科的植物成熟后，髓常被拉坏，形成片状髓或髓腔。

（5）髓射线（pith ray）。维管束之间的薄壁组织，是由基本分生组织分化而来的，也称为初生射线，在横切面上呈放射状，外连皮层内通髓，有横向运输的作用，同时也是茎内贮藏营养物质的组织。

（三）茎的次生结构

多年生双子叶植物茎与裸子植物的茎，在初生结构形成以后，侧生分生组织活动使茎增粗。侧生分生组织包括维管形成层与木栓形成层两类。维管形成层和木栓形成层细胞分裂、生长和分化，产生次生保护组织和次生维管组织的过程称为次生生长，由此产生的结构称为次生结构。

维管形成层的发生及其活动包括维管形成层的发生及细胞组成、维管形成层的活动、维管形成层分裂活动形成次生木质部、次生韧皮部的形成等。例如我们所熟悉的植物的年轮线就是维管形成层活动过程形成的。温带地区的树木，一般都有年轮。热带的树木，只有生长在旱季与雨季交替的地区才形成年轮，如图 4-20 所示。

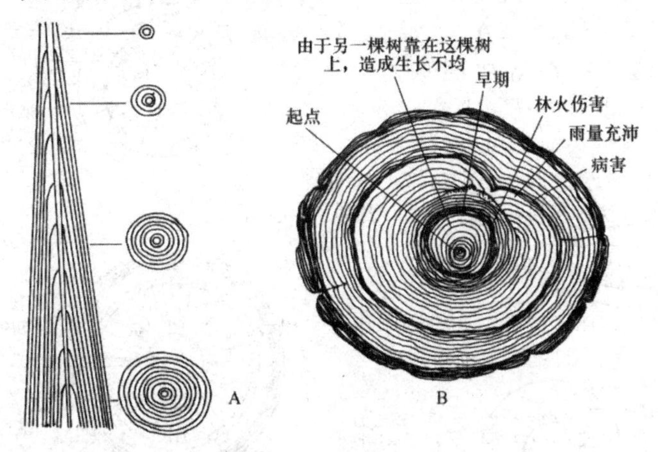

图 4-20 树木的年轮

A. 十年树龄的茎干纵、横剖面图解，示不同高度年轮数目的变化；B. 树干横剖面，示生态条件对年轮生长状况的影响

维管形成层活动的结果使次生维管组织不断增加从而使茎增粗，而表皮作为初生保护组织一般不能分裂以适应这种增粗，不久便被内部生长产生的压力挤破，失去保护作用。这时，外围的皮层或表皮细胞恢复分裂能力，形成木栓形成层，产生新的保护组织以适应内部生长。多数植物茎的木栓形成层是由紧接表皮的皮层细胞或皮层的 2 ~ 3 层细胞恢复分裂能力而产生的，如图 4-21 所示，如杨树、榆树等；少数植物的木栓形成层直接从表皮产生，如柳树、苹果等；此外，还有起源于初生韧皮部中的薄壁细胞的木栓形成层，如葡萄、石榴等。

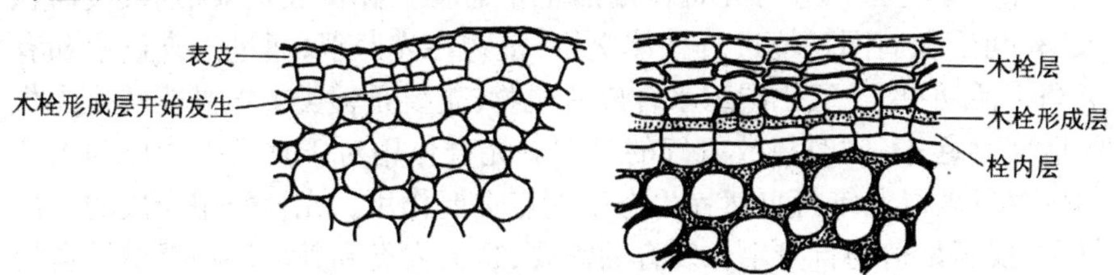

图 4-21 木栓形成层的产生及周皮的形成

木栓层、木栓形成层和栓内层，三者合称周皮，是茎的次生保护组织，如图 4-22 所示。由于木栓层不透水、不透气，当新的木栓形成层形成木

栓层以后,其外方的组织由于得不到水分和养料而死亡。木栓细胞质轻、不透水,并具有弹性和抗酸、抗压、隔热、绝缘、抗有机溶剂和化学药品的特性,因而用途十分广泛,可作软木塞、救生圈、隔音板、绝缘材料等,是国防工业和轻、重工业的重要原材料。

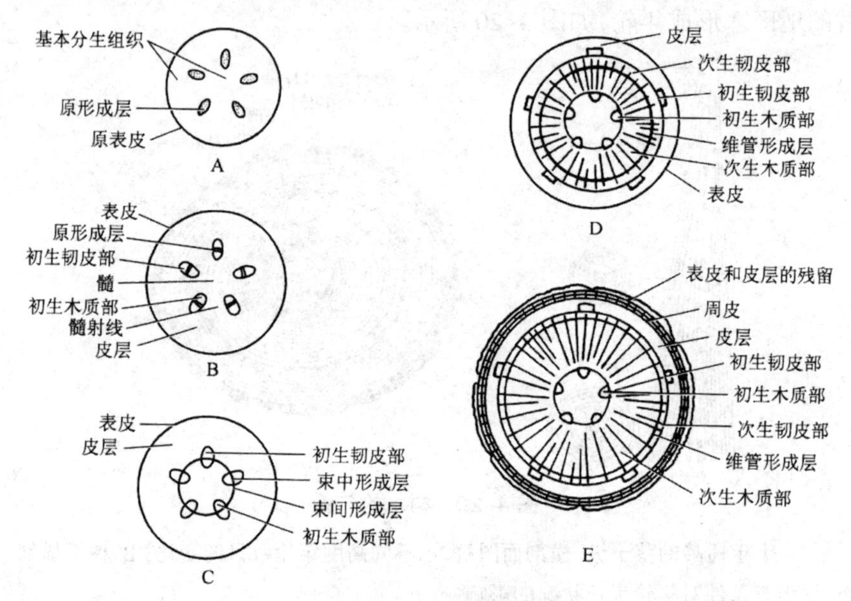

图 4-22　茎的发育模式图

A. 初生分生组织; B. 初生结构; C. 维管形成层的产生; D. 次生木质部与次生韧皮部的产生; E. 周皮的形成

第三节　叶的形态结构与生理功能以及与生态条件的关系

叶是绿色植物进行光合作用的主要器官。叶一般呈扁平形,表面积大,有利于和周围环境进行气体交换,植物在光照下,通过光合色素和有关酶类活动,把二氧化碳和水合成有机物(主要是糖类),把光能转化为化学能储存起来,同时释放氧气的过程。光合作用对于整个生物界和人类的生存发展以及维持自然界生态平衡有重要作用。光合作用合成的有机物,不仅满足植物自身生长发育的需要,也为人类和其他动物提供了食物来源。人类生活所需要的粮、棉、油、菜、果、茶等都是光合作用的产物。光合作用是一个巨大的能量转换过程,人类生产生活利用的主要能源如煤、石油、天然气和木材也是来自植物光合作用固定的太阳能。此外,光合作用释放氧气、吸收二氧化碳,有效维持大气成分的平衡,为地球生物创造了良好的生存环境。

一、叶的形态

植物的叶一般由叶片(lamina,blade)、叶柄(petiole)和托叶(stipule)3部分组成(图4–23)。

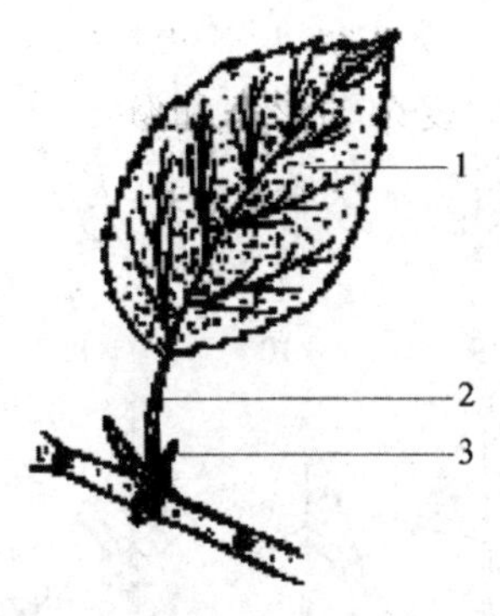

图4–23　叶的组成

1—叶片;2—叶柄;3—托叶

各种植物叶片的形态多种多样,但就一种植物来讲,叶片的形态还是比较稳定的,可作为识别植物和分类的依据。植物叶片的大小差别也极大,例如柏的叶细小,呈鳞片状,长仅几毫米;芭蕉的叶片长达1 ~ 2m;王莲的叶片直径可达1.8 ~ 2.5m。就叶片的形状来讲,一般指整个单叶叶片的形状。叶尖、叶基、叶缘的形态特点,甚至于叶脉的分布情况等,都表现出形态上的多样性,可作为植物种类的识别指标。

(一)叶形

常见的有下列几种:松、云杉类植物的针形叶;稻、麦、韭、水仙和冷杉等植物的线形叶;柳、桃等植物的披针形叶;向日葵、芝麻等植物的卵形叶;樟等植物的椭圆形叶;紫荆等植物的心形叶;银杏等植物的扇形叶;天竺葵等植物的肾形叶。常见的叶片全形分类如图4–24所示。

(二)叶脉

叶脉是由贯穿在叶肉内的维管束和其他有关组织组成的,是叶内的疏导和支持结构。从叶基长出的最粗大的1条或数条脉称主脉。从叶基直达叶端的主脉又称中脉(midrib)。主脉的分枝称侧脉(lateral veins),侧脉的分枝称细脉(veinlet)。叶脉在叶片中分布的形式叫脉序,常见的脉序如图 4-25 所示。

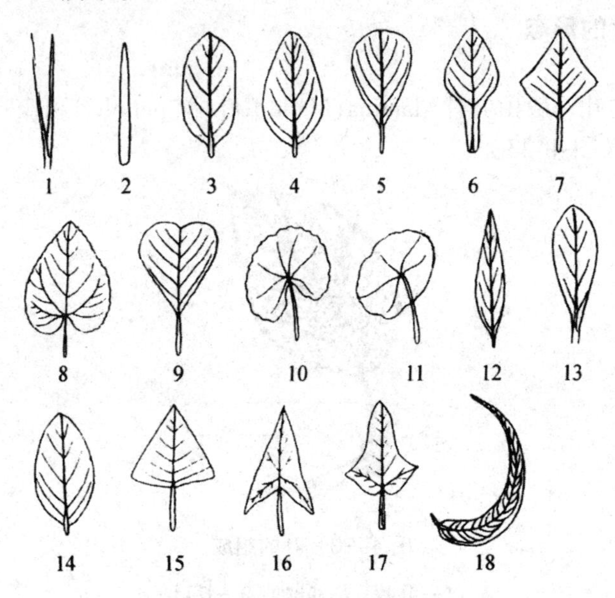

图 4-24　叶片的形状

1—针形;2—线形;3—矩圆形;4—卵形;5—倒卵形;6—匙形;7—菱形;8—心形;9—倒心形;10—肾形;11—圆形;12—披针形;13—倒披针形;14—椭圆形;15—三角形;16—箭形;17—戟形;18—镰形

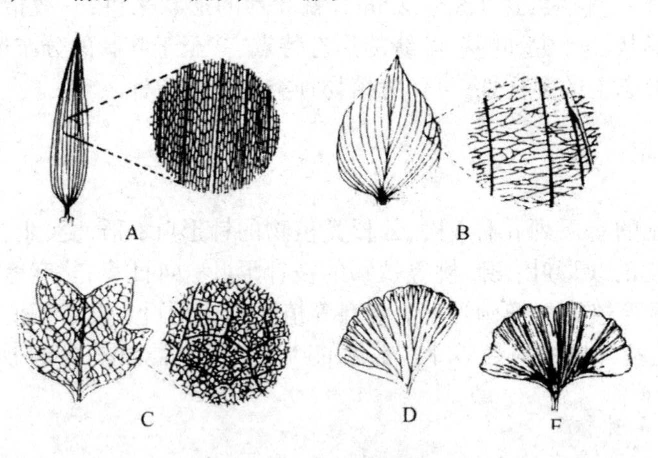

图 4-25　脉序的类型

A. 平行脉序;B. 弧形脉序;C. 网状脉序;D.E. 叉状脉序;

A ~ C 的放大部分显示细脉的分布

（三）叶缘

叶片的边缘叫叶缘，其形状因植物种类而异。图 4-26 所示为常见的一些植物叶缘的形状。如果叶缘凹凸很深的称为叶裂，可分为掌状、羽状两种，每种又可分为浅裂、深裂、全裂三种。

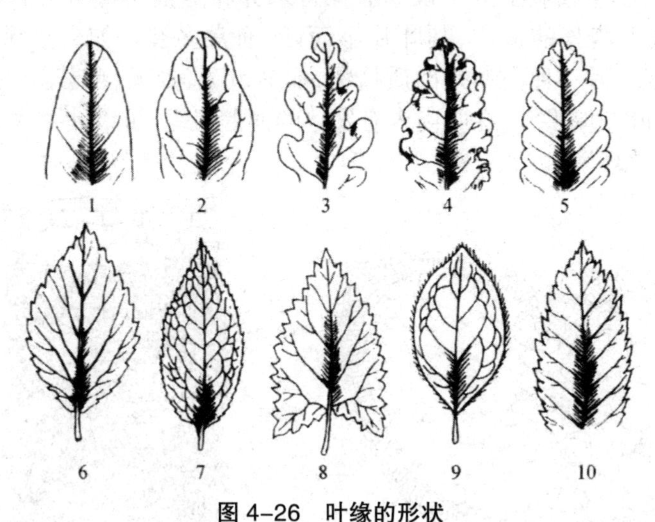

图 4-26　叶缘的形状

1—全缘；2—浅波状；3—深波状；4—皱波状；5—圆齿状；
6—锯齿状；7—细锯齿状；8—牙齿状；9—睫毛状；10—重锯齿状

（四）叶尖形状

叶尖形状同样多种多样，如图 4-27 所示为一些常见的叶尖的形状。

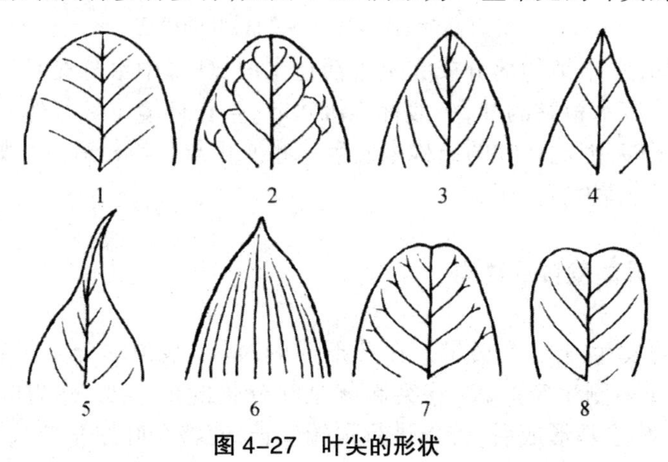

图 4-27　叶尖的形状

1—圆形；2—钝形；3—急尖；4—渐尖；5—尾状；6—短尖；7—微凹；8—微缺

生长在不同环境中的植物，结构上会出现一些变化来适应环境。叶是光合作用和蒸腾作用的主要器官，同时又是在营养生长时不断发生的新器官，因此它适应不同生态环境引起的形态结构的变化在营养器官中最为明显。

例如，旱生植物的叶一般具有保持水分和防止蒸腾的明显特征。一类是对减少蒸腾的适应，其叶片小而硬，通常多裂。如夹竹桃等，如图4-28所示。另一种类型是肉质植物，如马齿苋、景天、芦荟等，它们的共同特征是叶肥厚多汁，在叶肉内有发达的薄壁组织，可以储存大量的水分来适应旱生环境。

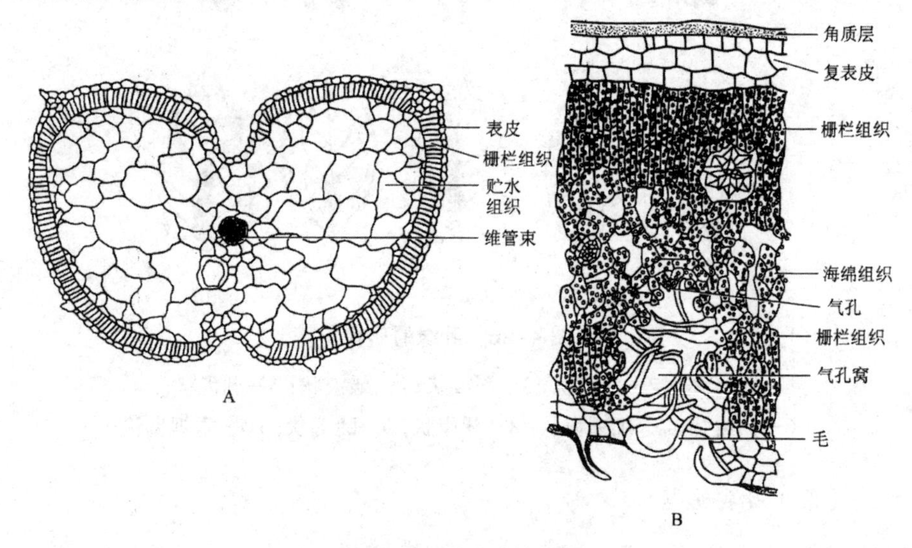

图4-28 旱生叶的结构

A. 籽蒿叶的横切；B. 夹竹桃叶的横切

又如，水生植物部分或完全生活在水中，环境中水分充足，但气体明显不足。沉水植物的叶，一般称为沉水叶，生长环境中除气体不足外，光照度也不够，因此在叶的结构中发生一些变化与环境相适应。如图4-29所示为眼子菜的横切面。

二、叶的发育及结构

叶的发生开始得很早。在芽形成的时候，茎顶端分生组织周围区会形成许多侧生突起，这些突起就是叶分化的最早期，称为叶原基(图4-30)。叶原基形成后，首先进行顶端生长，使整个叶原基伸长为一个锥体，即叶轴。叶轴是没有分化的叶片和叶柄。具有托叶的植物，叶原基基部的细胞迅速分裂、生长、分化为托叶，包围着叶轴。接着，叶轴两侧的边缘出现两条边缘分生组织，使叶原基向两侧生长（边缘生长），同时，叶原基还进行平周分裂，使叶原基的细胞层数有所增加。这样，叶原基成为具有一定细胞层数的扁平状物，形成幼叶。叶轴基部没有边缘生长的部位分化形成叶柄。由于各个部位的边缘分生组织分裂速度不一致，可形成不同程度的分裂叶；如果有的部位有边缘分生组织，有的部位无，则形成复叶。

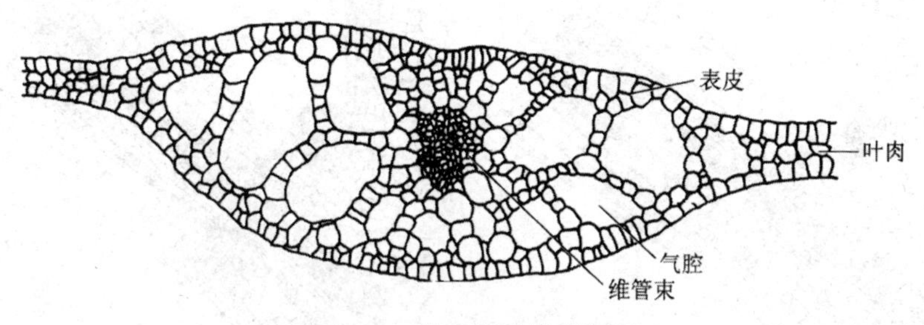

图 4-29　眼子菜叶的横切面

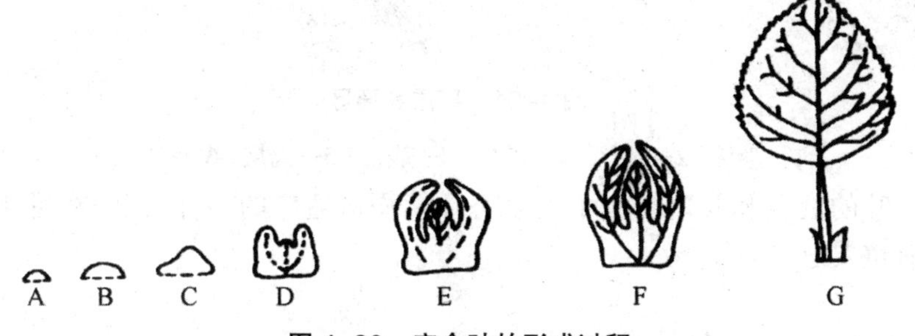

图 4-30　完全叶的形成过程

A、B. 叶原基形成；C. 原基分化成上下两部分；
D ~ F. 托叶原基与幼叶形成；G. 成熟的完全叶

叶的形状和大小取决于后期的边缘生长和居间生长。当叶片各个部分形成后，叶片的生长主要靠居间生长扩大面积，直到叶片成熟。不同部位居间生长的速度不同，就形成不同形状的叶。在居间生长过程中，原表皮发育成表皮，基本分生组织发育成叶肉，原形成层发育成叶脉，共同构成一片成熟的叶。叶的生长期是有限的，叶达到一定大小后生长就会停止。

植物的叶具有一定的寿命，当生活期终结时叶就枯死脱落，这种现象称为落叶。落叶是植物适应环境的一种表现。

叶即将脱落时，在叶柄基部或靠近叶柄基部的某些细胞进行分裂，产生了离区（abscission zone）。离区包括离层（abscission layer）和保护层

(protective layer)(图 4-31)。离区外层细胞的细胞壁胶化,细胞成为游离状态,只有维管束还连在一起,这个区域就称为离层或分离层。离层的支持力异常薄弱,当有外力作用时,叶就从离层脱落。叶脱落后,离层下面的细胞壁和细胞间隙中有木栓质形成,构成保护层,能避免水的散失和病虫的伤害。叶片脱落后,在茎节处留下叶痕和叶迹。

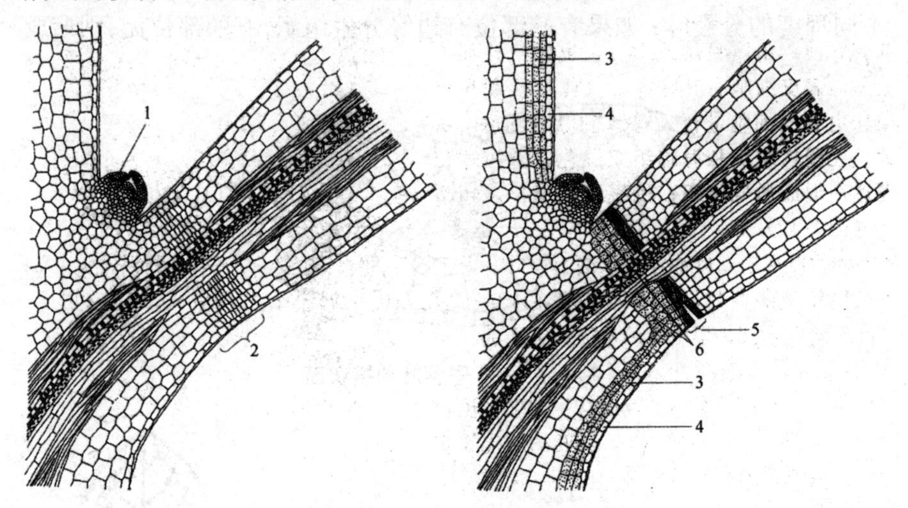

图 4-31 离层和离区

1—腋芽; 2—离区; 3—皮层; 4—表皮; 5—离层; 6. 保护层

叶的衰老和脱落是对不良生态环境积极适应的一种表现,在进化上具有重要意义。

(一)双子叶植物叶结构

1. 叶片

双子叶植物叶片扁平,形成较大光合和蒸腾面积。叶片多有背面(下面或远轴面)和腹面(上面或近轴面)之分。腹面直接受光,因而背腹两面内部结构有差异,这种叶称为两面叶(bifacial leaf)或异面叶(dorsi-ventral leaf)。叶片内部结构分为表皮、叶肉(mesophyll)和叶脉三大部分,如图 4-32 所示。

(1)表皮。纵切面观,表皮细胞一般是形状不规则的扁平细胞,侧壁凹凸不齐,彼此互相嵌合,紧密相连,无胞间隙。横切面观,表皮细胞为方形或长方形,外壁较厚、角质化,具角质层,有的还有蜡被,加强了表皮的保护功能,有减少蒸腾的作用。表皮细胞通常无叶绿体,有的植物含花青素,使叶片呈现红、紫等颜色。

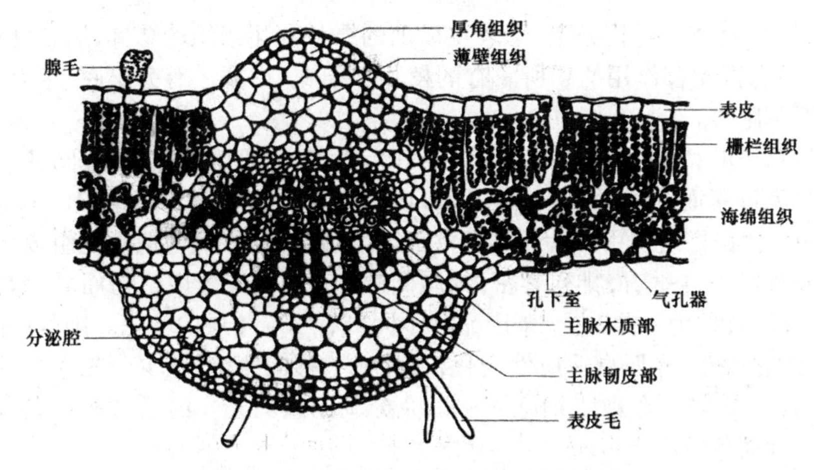

图 4-32　棉花叶经主脉的部分横剖面图

双子叶植物的气孔由两个肾形保卫细胞围合而成,有的植物(如甘薯)还有两个或多个副卫细胞。成熟叶蒸腾量的 95%通过气孔进行,而气孔孔隙总面积不超过叶表 2%。这是因为气孔形成“小孔扩散”的边缘效应,彼此在叶面上合理分布,使这种效应得以充分发挥的缘故。气孔也是分泌或吸收某些物质的通道,图 4-33 所示为不同气功器的示意。表皮细胞间可能生有数量不等、单一或多种类型的表皮毛。有的植物还含有晶细胞,有的在叶缘具有排水器。

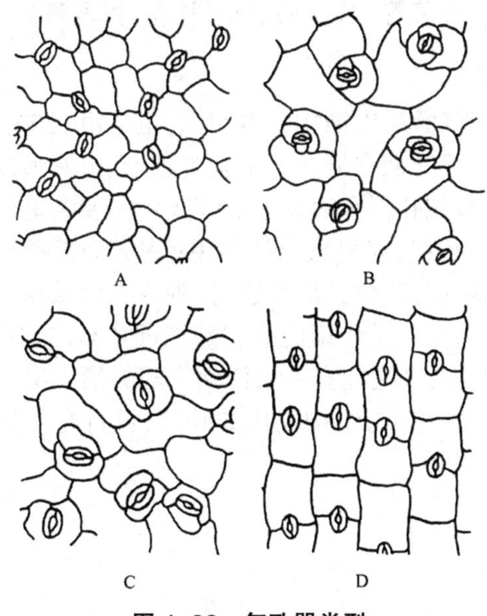

图 4-33　气孔器类型

A. 无规则形；B. 不等形；C. 平列形；D. 横列形

（2）叶肉。叶肉是上、下表皮以内的绿色同化组织的总称，富含叶绿体，是进行光合作用的场所。有的植物如棉花、柑橘还有分泌腔，茶有骨状石细胞等。

双子叶植物一般是异面叶。由于叶片背、腹面受光情况不同，叶肉分化为近腹面的栅栏组织（palisade tissue）和近背面的海绵组织（spongy tissue）。栅栏组织由1～4层长柱形、含大量叶绿体的薄壁细胞组成，细胞长轴与表皮垂直，排列紧密，细胞间隙小。[①] 其层数因植物而异，如棉为1层，甘薯为1或2层；茶因品种不同可有1～4层的变化。细胞内叶绿体的分布对光照有适应性变化，在强光下移向侧壁，减少受光面积，避免灼伤；弱光下分散于细胞质中以充分利用微弱光。由于这些特点，使叶片背面色泽浅于腹面。

叶片同化组织中的细胞间隙与气孔器的孔下室一起，形成曲折而连贯的通气系统，有利于光合作用及与其有密切关系的气体交换——CO_2的进入与暂储、O_2及水汽逸出等。

（3）叶脉。叶脉分布在叶肉组织中，呈网状，起支持和输导作用。叶脉内部结构随脉大小而有所不同。

主脉和大侧脉中有一至数个维管束，木质部位于近叶腹面，韧皮部位于近叶背面，中间有时有活动极微弱的形成层；维管束包埋在基本组织中，这些基本组织不分化为叶肉组织，常为薄壁组织，有时在近表皮处还有厚角组织（棉花、甘薯等）或厚壁组织（棉花、柑橘等）。

2.叶柄与托叶

叶柄构造与幼茎的初生结构基本相似，也是由表皮、基本组织和维管束三部分组成。一般叶柄在横切面上呈半圆形、近圆形或三角形，外围是一层表皮层，其上有气孔器和表皮毛。表皮内主要为薄壁组织，其靠外围部分常为儿层厚角组织，起机械支持作用；内方为薄壁组织，其中包埋着维管束。叶柄维管束与茎维管束相连，排列方式因植物种类不同而异，多数为半环形，缺口向上。维管束的木质部在近轴面（向茎一面），韧皮部在远轴面（背茎一面），两者之间有一层活动微弱的形成层。

托叶形状各异，外形与结构大体如叶片，可行光合作用，但内部组成较简单，分化程度较低。

① 张晓娜，贾玉山，武红，刘丽英.碳酸钾与碳酸氢钠对苜蓿茎叶解剖结构的影响[J].种子，2009（11）:11-15.

（二）禾本科植物叶结构

禾本科植物叶片同双子叶植物叶片一样，也包括表皮、叶肉和叶脉三个基本组成部分。

1. 叶片的结构

（1）表皮。与双子叶植物相比，禾本科植物叶片的表皮细胞形状较规则。相邻两叶脉之间的上表皮有数列特殊的薄壁大型细胞，称为泡状细胞（bulliform cell）或运动细胞（motor cell），具体可见图 4-34 和图 4-35 所示。

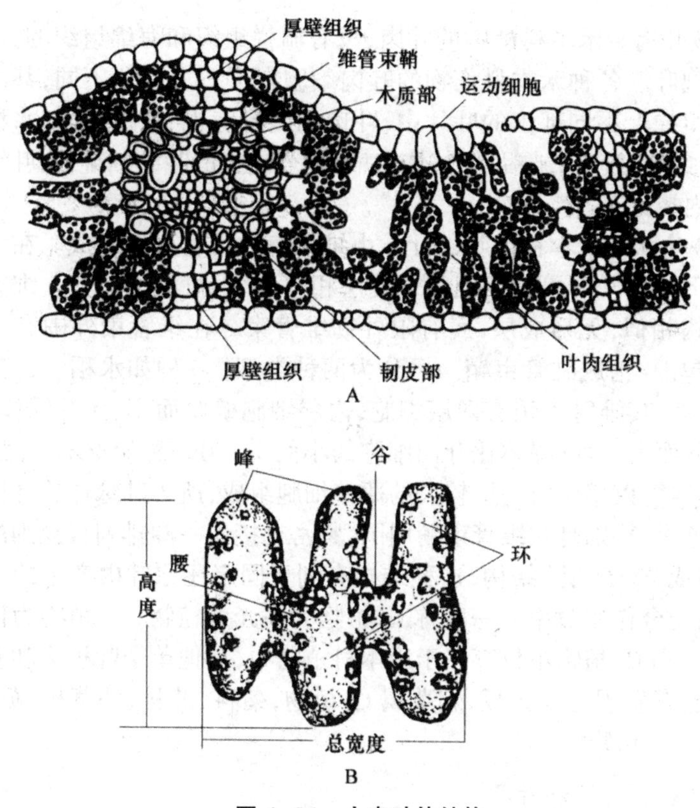

图 4-34　小麦叶片结构

A. 叶片部分横切面；B. 一个叶肉细胞

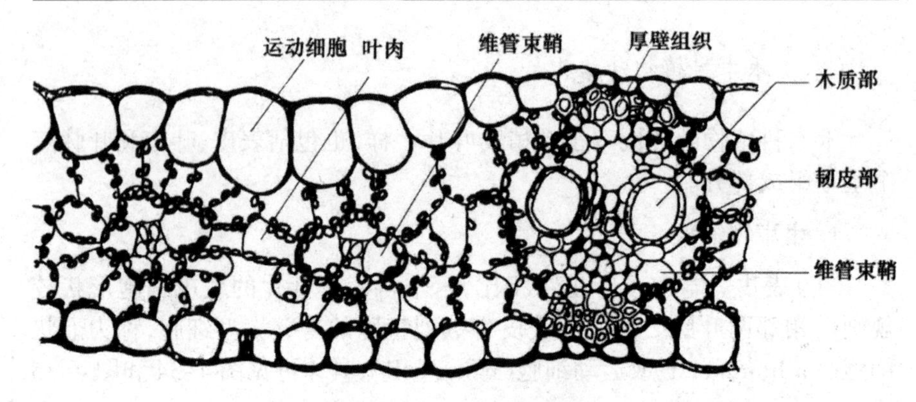

图 4-35　玉米叶片结构

（2）叶肉。禾本科植物的叶肉，没有栅栏组织和海绵组织的分化，称为等面型叶。各种禾本科作物的叶肉细胞在形态上有所不同，甚至不同品种或植株上不同部位的叶片中，叶肉细胞形态也有差异。如水稻的叶肉细胞，细胞壁向内皱褶，但整体为扁圆形，成叠沿叶纵轴排列，叶绿体沿细胞壁内褶分布。

（3）叶脉。禾本科植物的叶脉由维管束和维管束鞘组成。在大的维管束上下两方常有厚壁组织与表皮层相连，增强机械支持力。维管束与茎内结构相似，无形成层，属有限外韧维管束。在维管束外围有一至几层细胞包围，构成维管束鞘。可分为两种类型：一种如水稻、大麦、小麦等 C_3 植物，其维管束鞘有两层细胞，内层细胞壁厚而小、无叶绿体，外层细胞壁薄而大、含叶绿体比叶肉细胞的小而少；另一种如玉米、甘蔗等 C_4 植物，其维管束鞘仅由一层较大的薄壁细胞组成，所含叶绿体比叶肉细胞的大而色深，特别是在维管束鞘周围，紧密毗接着一圈排列很规则的叶肉细胞，组成“花环型”结构，这种结构有利于固定还原叶内产生的二氧化碳，提高光合作用效率。一般称 C_4 植物为高光效植物，C_3 植物为低光效植物。C_3 和 C_4 植物不仅存在于禾本科植物中，其他单子叶植物和双子叶植物中也有发现。如大豆、烟草属 C_3 植物，菊科、茄科、莎草科、苋科、藜科等也有 C_4 植物。

2. 叶鞘、叶舌和叶耳

叶鞘表皮无泡状细胞，气孔较少，含叶绿体的同化组织，其细胞壁不形成内褶。大小维管束相间排列，分布部位近背面，叶舌、叶耳结构简化，仅有几层细胞的厚度。

（三）裸子植物叶结构[①]

裸子植物的叶多是常绿的，如松柏类，少数植物如银杏是落叶的。叶的形状常呈针形、短披针形或鳞片状。现以松属植物的针形叶为例，说明松柏类植物叶的结构。

松属植物的针叶生长在短枝上，大多是两针一束，也有三针一束和五针一束。两针一束的横切面呈半圆形，三针和五针一束的呈三角形。

松属的针叶分为表皮、下皮层（hypodermis）、叶肉和维管组织四个部分，如图 4-36 所示。

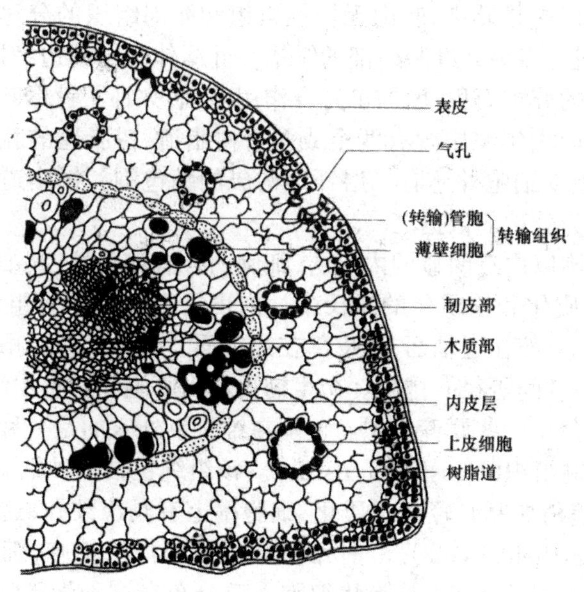

图 4-36　马尾松叶横切面

1. 表皮

表皮由一层细胞构成，细胞壁显著加厚并强烈木质化，外面有厚的角质膜，细胞腔很小。气孔在表皮上成纵行排列，保卫细胞下陷到下皮层（凡是位于器官表皮层以内，并与其内方细胞在形态结构和生理机能上有区别的细胞层都可称为下皮层）。该层在叶内普遍应用，在其他器官中使用较少。下皮层可起源于原表皮，也可起源于基本分生组织。起源于原表皮的下皮层与表皮同源，两者合成复表皮。复表皮只有表面一层细胞具

① 王岩．山西境内松科 4 种针叶形态特征的比较 [J]. 山西林业科技，2008（2）：16-19.

有表皮组织特征)中,副卫细胞拱盖在保卫细胞上方。保卫细胞和副卫细胞的壁均有不均匀加厚并木质化。冬季气孔被树脂性质的物质闭塞,可减少水分蒸发。

2. 下皮层

下皮层在表皮内方,为一至数层木质化的厚壁细胞。发育初期为薄壁细胞,后逐渐木质化,形成硬化的厚壁细胞。下皮层除了防止水分蒸发外,还能使松叶具有坚挺性质。

3. 叶肉

下皮层以内是叶肉,叶肉无栅栏组织和海绵组织的分化。细胞壁向内凹陷,形成许多突入细胞内部的皱褶。叶绿体沿皱褶边缘排列,皱褶扩大了叶绿体的分布面积,增加了光合作用面积,弥补了针形叶光合面积小的不足。在叶肉组织中含有两个或多个树脂道,树脂道的腔由一层上皮细胞围绕,上皮细胞外还有一层纤维构成的鞘包围。树脂道的数目和分布位置可作为分种的依据之一。

叶肉细胞以内有明显的内皮层,细胞内含有淀粉粒,其细胞壁上有带状增厚并木质化和栓质化的凯氏带。内皮层里面是维管组织,有1或2个维管束,木质部在近轴面,韧皮部在远轴面。初生木质部由管胞和薄壁组织组成,两者间隔径向排列。初生韧皮部由筛胞和薄壁组织组成,在韧皮部外方常分布一些厚壁组织。包围在维管束外方的是一种特殊的维管组织——转输组织(transfusion tissue)。该组织包括三种细胞:一种是死细胞,细胞壁稍加厚并轻微木质化,细胞壁上有具缘纹孔,这种细胞叫管胞状细胞(tracheidal cell);一种细胞是生活的薄壁细胞,细胞中含有鞣质、树脂,有时还有淀粉,管胞状细胞零散分布在这种细胞之间;还有一种细胞也是生活的薄壁细胞,细胞中含有浓厚的细胞质,这种细胞成群分布在韧皮部一侧,叫做蛋白质细胞(albuminous cell)。

三、叶的生理功能

(一)光合作用

光合作用是绿色植物吸收太阳的光能,同化二氧化碳和水,制造有机物质并释放氧的过程。光合作用所产生的有机物主要是糖类,它们在植物体内经过一系列复杂的变化形成糖类、脂肪、蛋白质等有机物质。这些有机物质一部分供给植物自身的需要,还有的直接或间接为人类和动物所利用。光合作用的副产品是氧,氧气陆续不断地释放到大气中,从而保证了大气中氧的一定含量。

（二）蒸腾作用

蒸腾作用是水分以气体状态从生活的植物体表面散失到大气中去的过程。在蒸腾作用进行过程中,水分以气体的状态从植物体表散失到大气中,一方面可降低叶片的表面温度而使叶片在强烈的日光下不至于被灼伤；另一方面由于蒸腾作用形成的向上拉力,是植物吸收与转运水分的一个主要动力。

（三）吸收

叶片还有吸收能力,如向叶面喷洒一定浓度的肥料（根外施肥）和农药,均可被叶表面吸收。

（四）其他

除了上述普遍存在的功能外,有的植物叶还有特殊功能,并与之形成了特殊形态,如洋葱的鳞叶肥厚具有储藏作用；猪笼草属（*Nepenthes*）的叶形成囊状,可以捕食昆虫；小檗属（*Berberis*）的叶变态形成针刺状,起保护作用；豌豆复叶顶端的叶变成卷须,有攀缘作用。

叶有多种经济价值,食用的如白菜、菠菜。

许多植物的叶可供药用。如毛地黄叶含强心苷,为著名强心药；颠茄叶含莨菪碱和东莨菪碱等生物碱,为著名抗胆碱药,用以解除平滑肌痉挛等；侧柏叶能凉血止血,化痰止咳,生发乌发；艾叶用于温经,止血,安胎；大青叶能清热,解毒,凉血,止血；桑叶疏散风热,清肺润燥,清肝明目等。

四、叶的变态

叶的可塑性最大,是植物体变化最丰富的器官,常见的如图 4-37 所示。

叶卷须（leaf tendril）由叶或叶的一部分变成卷须,例如,西葫芦的整个叶片变为卷须,豌豆羽状复叶先端的一些小叶片变成卷须。

叶刺由叶或叶的一部分变成刺状,起保护作用。如小檗的叶变成叶刺（leaf thorn）；刺槐、酸枣叶柄两侧的托叶变成托叶刺,它们都着生于叶的位置上,叶腋处有腋芽,腋芽可发育为侧枝。

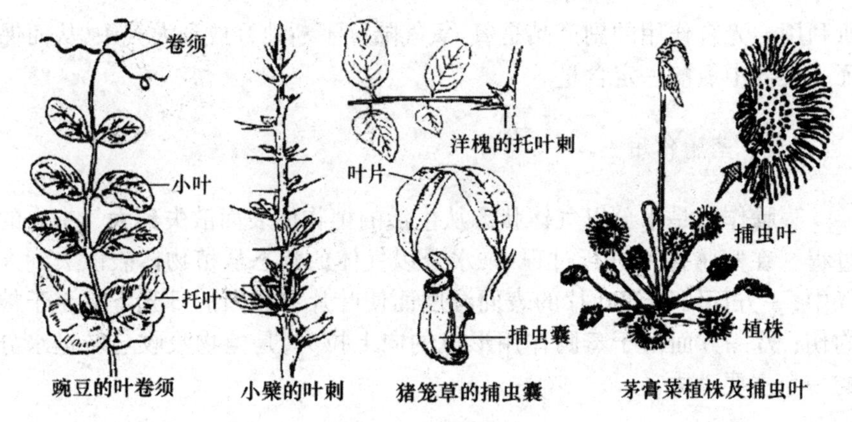

图 4-37　叶的变态

苞片和总苞片生于花基部的变态叶称为苞片,呈绿色或其他颜色。数目多而聚生在花序基部的苞片总称为总苞。苞片和总苞有保护花和果实的作用,有些还有吸引昆虫的作用,如鱼腥草较大而呈白色的总苞。苞片的形状、大小和颜色因植物种类不同而有差异,常作为种属的鉴别依据。

有些植物茎上的叶变成肉质多汁的鳞叶(scale leaf)或膜质干燥的鳞叶,肉质的鳞叶如洋葱、百合的鳞叶,含有丰富的贮藏养料;膜质干燥的鳞叶,如慈姑、荸荠的节上的鳞叶,是退化的器官,有时对鳞茎和腋芽起保护作用。

有些植物的叶片完全退化,而叶柄变为扁平的叶状体,行使叶的功能,称为叶状柄(phyllode),如台湾相思树,只有在幼苗时期出现几片正常的二回羽状复叶,以后小叶片退化,仅存叶状柄。

第四节　花的形成与发育

被子植物从种子萌发开始不断地进行着生长和发育。经过营养生长,在适当外界条件下,经过花芽分化,最后形成生殖器官——花。

从形态发生和解剖构造上看,花是一种适应生殖功能的变态短枝。这是因为花的各个组成部分,如萼片、花瓣、雄蕊、雌蕊等都可以看成是叶的变态,这些变态的叶在花梗上着生的部位是节,各节间的距离特别缩短,所以说花实际上是一个节间特别缩短的枝条,其上着生着各种变态叶,用以形成有性生殖过程中的大小孢子和雌雄配子,进而形成合子发育出种子和果实。

一、花的组成

一朵花常由下列 6 个部分组成，即花柄（pedicel）、花托（receptacle）、花萼（calyx）、花冠（corolla）、雄蕊群（androecium）和雌蕊群（gynoecium），花萼、花冠、雄蕊群和雌蕊群由外至内依次着生在花梗顶端的花托上，[①]具体可见图 4–38 所示的花的结构，图 4–39 所示为其剖面图。

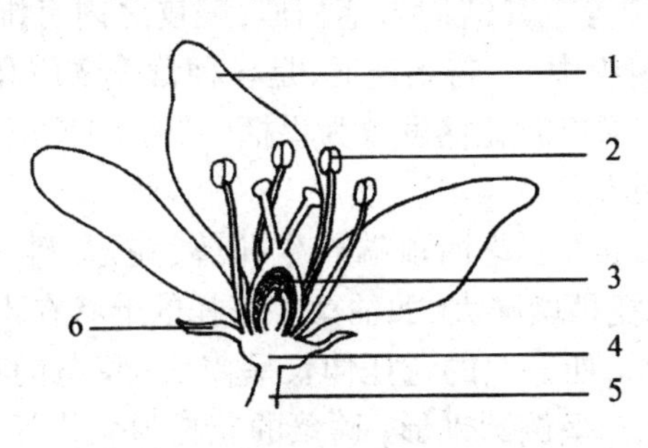

图 4–38　花的结构

1—花瓣；2—雄蕊；3—雌蕊；4—花托；5—花柄；6—花萼

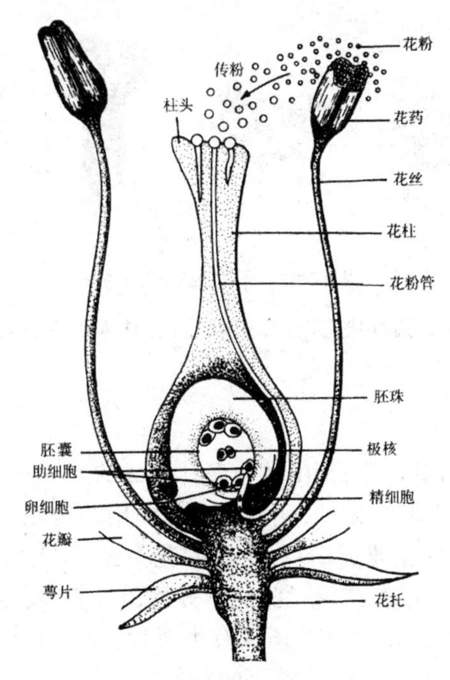

图 4–39　花的剖面图

① 王颖 .6 种刺槐种质蜜源性状的研究 [D]. 泰安：山东农业大学，2019.

一朵花中花萼、花冠、雄蕊、雌蕊四部分均具备的花称为完全花(complete flower),如油菜、桃。而缺少四部分中的任何一部分的花称为不完全花(incomplete flower),如黄瓜雄花和雌花、杨树的花。

(一)花柄与花托

花柄(pedicel),也称花梗,是连接花与枝条的长轴状结构,可以将花展布于一定空间位置。其结构与茎相似,表皮之内有维管组织成环状或筒状分布于基本组织中,并与茎连通,是各种营养物质和水分由茎向花输送的通道。当果实形成时花柄发育为果柄。花柄的长短因植物种类而异,有些植物的花没有花柄。

花托(receptacle)是花柄顶端着生花萼、花冠、雄蕊群、雌蕊群的部分,多数植物的花托稍微膨大,如油菜。花托的形状在不同植物中变化较大,如图 4-40 所示,如玉兰的花托伸长呈棒状;草莓的花托肉质化隆起,呈圆锥形;莲的花托呈倒圆锥形;蔷薇的花托为壶状等。花生的花托,在受精后,能迅速伸长形成雌蕊柄,将子房推入土中,结成果实。

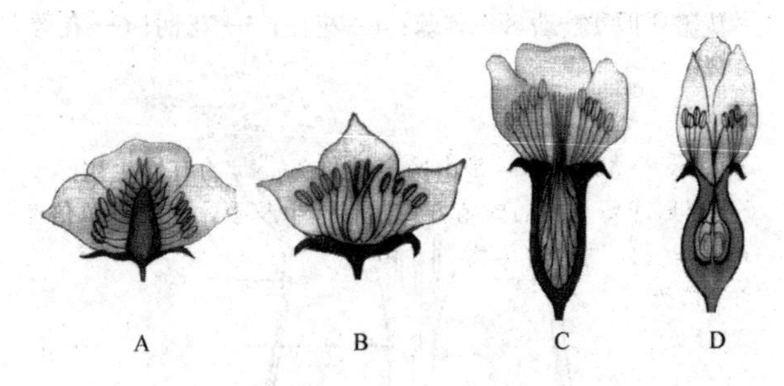

图 4-40 不同形态的花托

A. 柱状花托;B. 圆盘状花托;C. 杯状花托;D. 杯状花托与子房壁愈合

(二)花萼

花萼位于花的最外轮,是由数枚萼片组成的。萼片外形似叶,通常为绿色,除保护花的内部结构外,还具有光合作用的功能。但也有其他颜色的花萼,如白玉兰的花萼为白色,杏花的花萼为暗红色,石榴的花萼为鲜红色,倒挂金钟的花萼有白、粉红、红紫等色,它们在园林上具有较高的观赏价值。有的植物在花萼外面还具有小萼片,这些小萼片组成的花萼称为副萼,如锦葵、蜀葵、木槿、扶桑等的花萼。

花萼的种类很多,一般根据萼片的离合、寿命的长短、一朵花的所有萼片其形状和大小是否相似分为以下类型:

1. 离萼和合萼

以萼片是否联合分为离萼和合萼。

离萼：一朵花上所有的萼片都彼此分离，称为离萼，如月季、毛茛、玉兰等。

合萼：一朵花上的所有萼片全部或部分联合，称为合萼，如百合、石竹、一串红等。其中，联合的部分称为萼筒。

2. 整齐萼和不整齐萼

以萼片形状和大小是否相似分为整齐萼和不整齐萼。

整齐萼：一朵花上所有的萼片其形状和大小相似的称为整齐萼，如一串红、倒挂金钟、月季、扶桑等。

不整齐萼：一朵花上的萼片其形状和大小差别较大的称为不整齐萼，如薄荷等。

3. 早落萼和宿存萼

以萼片寿命的长短分为早落萼和宿存萼。

早落萼：花萼在花开时或花开后脱落的称早落萼，如桃、梅等。

宿存萼：花萼在花开后仍存在，甚至在果实成熟后也不脱落的称为宿存萼，如金银茄、石榴、柿子、山楂和海棠等。

此外，菊科植物的花萼变为冠毛状，称为冠毛，它有利于果实和种子借风传播。

（三）花冠

花冠（corolla）位于花萼内轮或上方，由若干花瓣组成，排为一轮或几轮。花瓣为形状各异的叶状结构，常有鲜艳色彩，花瓣细胞中有的含有色体，可使花瓣呈现黄、橙黄或橙红色；有的因细胞液泡中含花青素等，花瓣呈现红、蓝、紫等色彩；二者都有的，花瓣则呈绚丽多彩。有时花瓣表皮细胞形成乳突，使花瓣有了丝绒般的光泽。有些植物花瓣的表皮细胞含挥发性芳香油，或花瓣内有蜜腺，能散发出芳香气味。花冠的色彩与芳香适应于昆虫传粉。此外，花冠还有保护雌、雄蕊的作用。有些植物，如杨、栎、玉米、大麻等植物的花冠多退化，以利于风力传粉。

一朵花中，花瓣彼此分离的称为离瓣花（choripetalous flower），如油菜、棉花、桃、苹果等；花瓣彼此联合的称为合瓣花（synpetal flower），花瓣联合的部分形成花冠筒（corolla tube），前端分离部分称为花冠裂片，如番茄、南瓜、甘薯的花，也有的植物花瓣完全联合。

如图 4-41 所示，不同植物，其花瓣分离或连合、花瓣形状、大小、花冠筒长短不同，形成各种类型的花冠，主要有下列几种。

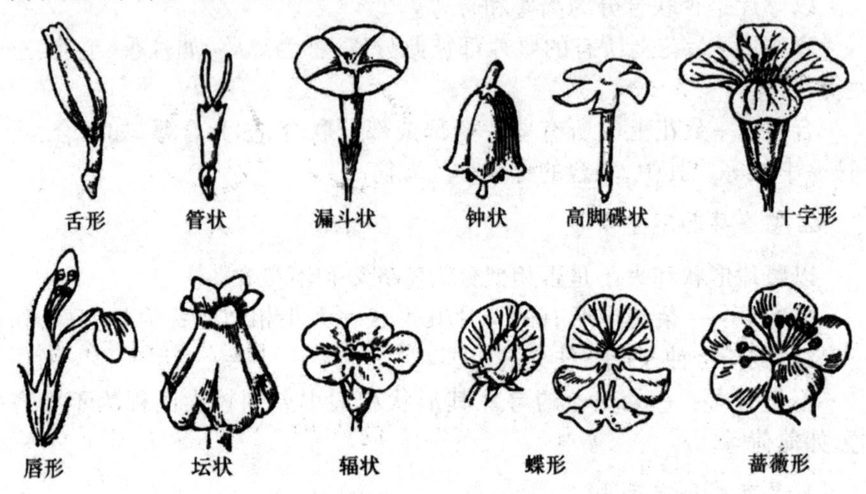

图 4-41　花冠的类型

蔷薇形(roseform)：花瓣 5 片，彼此分离，成辐射状排列。如桃、梨、蔷薇、月季。

十字形(cruciform)：由 4 片分离的花瓣排列成十字形，如油菜、萝卜等十字花科植物。

蝶形(papilionaceous)：花瓣 5 片，离生，排列成蝶形，最上一片花瓣最大，称旗瓣；侧面两片较小称为翼瓣；最下面两片合生并弯曲成龙骨状称为龙骨瓣，如大豆、蚕豆等蝶形花科植物。

唇形(labiate)：花瓣 5 或 4 片，基部合生成筒状，上部裂片分成二唇状，两侧对称。如唇形科植物。

漏斗形(funnelform)：花瓣 5 片，合生，花冠基部成筒状，由基部向上逐渐扩大成漏斗状，如甘薯、牵牛等。

管状(tubular)：花瓣连合成管状，花冠裂片向上伸展，如向日葵花序的盘花。

舌状(ligulate)：花瓣基部连生成短筒，上部连生并向一边开张成扁平状，如向日葵花序的边花。

钟形(campanulate)：花冠筒宽而稍短，上部扩大成钟形，如南瓜、桔梗(*Platycodon grandiflous*)、沙参(*Adenophora stricta*)等。

高脚碟状(hypocrateriform)：花冠下部呈狭圆筒状，上部突然成水平扩展成碟状，如水仙、丁香等。

坛状(urceolate)：花冠筒膨大成卵形或球形，上部收缩成一短颈，其上部短小的冠裂片向四周辐射状伸展,如柿树、乌饭树属(*Vaccinium*)。

辐射状(rotate):花冠筒极短,花冠裂片向四周辐射状伸展,如茄、番茄等。

花萼与花冠统称为花被(perianth),每一片花被称为花被片(tepal)。花萼和花冠都具有的花称为两被花(dichlamydeous flower),如棉、油菜等,缺少其中之一的称为单被花(monochlamydeous flower)。单被花中的花被有的是花萼状,如甜菜;有的是花冠状,如百合。有的植物缺少花萼和花冠,如杨、柳等,称之为无被花(achlamydeous flower)或裸花(naked flower)。

花瓣与萼片在花芽中排列方式也随植物种类不同而异,常见的有镊合状、旋转状和覆瓦状等类型,具体可见图 4-42 所示。

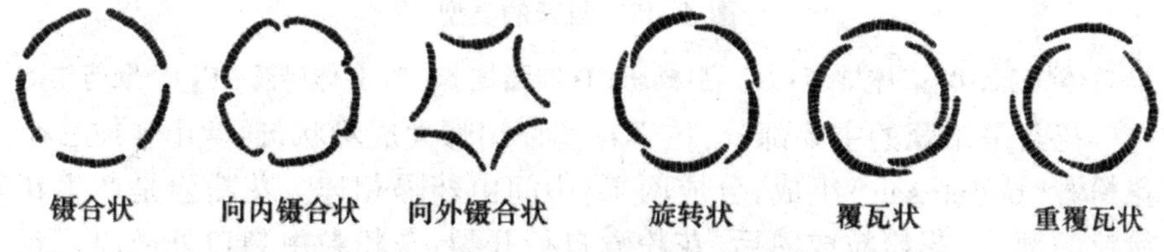

图 4-42　花被的排列方式

镊合状(valvate):指花瓣或萼片各片的边缘彼此接触,但不相互覆盖,如茄、番茄等。

旋转状(convolute):指花瓣或萼片每一片的一边覆盖着相邻一片的边缘,而另一边又被另一相邻片边缘所覆盖,如夹竹桃、棉花等。

覆瓦状(imbricate):与旋转状排列相似,但花瓣或萼片中有一片或两片完全在外,有一片或两片则完全在内,如桃、梨、油菜等。

(四)雄蕊群

雄蕊群(androecium)是一朵花内所有雄蕊的总称,雄蕊数目常随植物种类而不同,如小麦、大 麦的花有 3 枚雄蕊,油菜有 6 枚雄蕊,棉花、桃、茶具多数雄蕊。雄蕊(stamen)着生在花冠内方,一般直接着生在花托上呈螺旋状或轮状排列,有些植物的雄蕊着生在花冠或花被上,形成冠生雄蕊(epipetalous stamen),如连翘、丁香等。每个雄蕊由花丝(filament)和花药(anther)两部分组成。

花丝常细长,支持花药,使之伸展于一定空间,有利于散粉。花丝形态有多种变化,有的呈扁平带状,如莲;有的花丝短于花药,如玉兰;有的花丝完全消失,如栀子;有的花丝呈花瓣状,如美人蕉等。花丝的长短因植物种类而异,一般同一朵花中的花丝等长,但有些植物同一朵花中花丝长短不等,如唇形科和玄参科的花中雄蕊 4 枚,2 长 2 短,称二强雄蕊(didynamous stamen)。十字花科植物每朵花中有 6 枚雄蕊,内轮 4 个花丝较长,外轮 2 个花丝较短,称为四强雄蕊(tetradynamous stamen),具体可加图 4-43 所示。

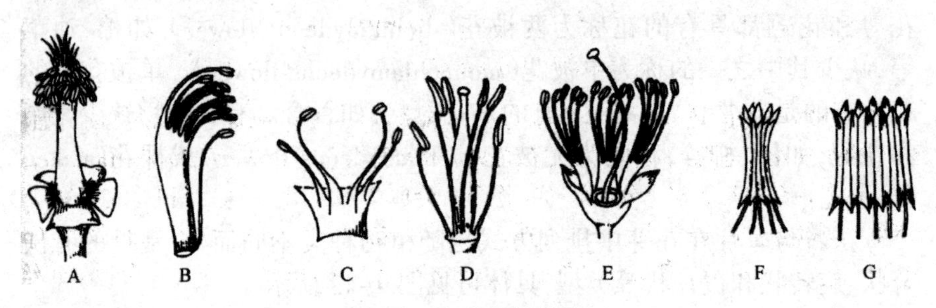

图 4-43 雄蕊的类型

A. 单体雄蕊;B. 二体雄蕊;C 二强雄蕊;D 四强雄蕊;E. 多体雄蕊;F, G. 聚药雄蕊

花药是雄蕊的主要部分,位于花丝顶端膨大成囊状,通常由 4 或 2 个花粉囊(pollen sac)组成,分成两半,中间由药隔相连。花粉囊是产生花粉粒的部分,花粉粒成熟后,花粉囊自行开裂,花粉粒由裂口处散出。花药开裂方式很多,如图 4-44 所示,最常见的是沿花药长轴方向纵向裂开,称为纵裂(longitudinal dehiscence),如百合、桃、梨等。有的植物花药成熟后在其侧面裂成 2 ~ 4 个瓣状的盖,瓣盖打开时花粉散出,称为瓣裂(valvate dehiscence),如小檗、樟树等。有些植物花药为孔裂(porous dehiscence),即药室顶端成熟时裂开一小孔,花粉由小孔中散出,如茄、杜鹃等。

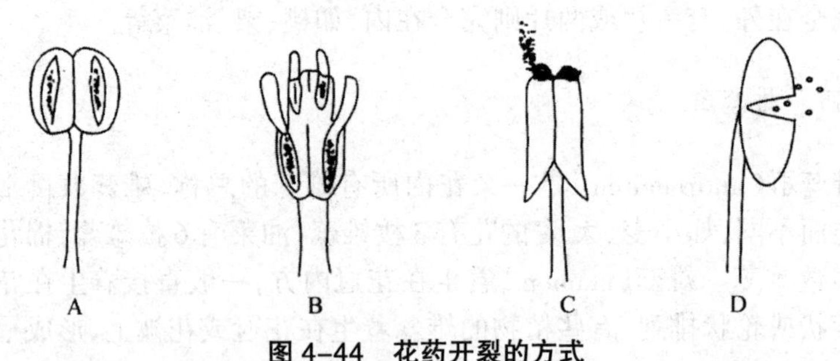

图 4-44 花药开裂的方式

A. 纵裂(油菜、牵牛、小麦);B. 瓣裂(樟、小檗);C. 孔裂(杜鹃、茄);D. 横裂(木槿)

如图 4-45 所示,花药在花丝上着生的方式有多种类型,有的花药全部着生在花丝上,称为全着药(adnate anther);有的仅花药基部着生在花丝顶端,为基着药(basifixed anther);有的花药背部着生在花丝上,称为背着药(dorsifixed anther);花药背部中央着生在花丝顶端的称为丁字药

(versatile anther);个字药(divergent anther)是指花药基部张开,花丝着生在汇合处,形如个字;还有的花药爿近完全分离,叉开呈一直线,花丝着生在汇合处,称为广歧药(divaricate anther)。

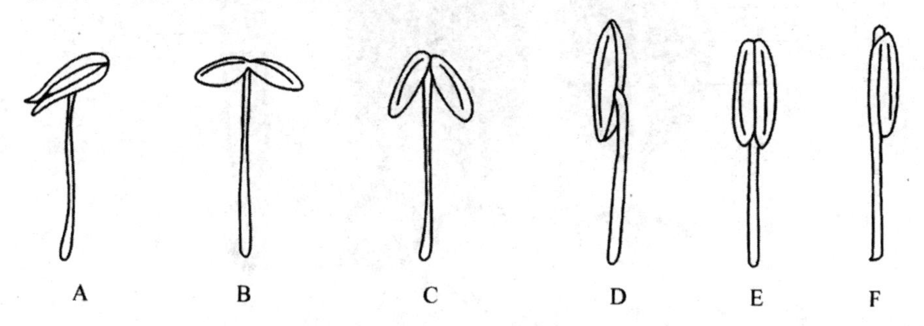

图 4-45 花药的着生方式

A. 丁字药;B. 广歧药;C. 个字药;D. 背着药;E. 基着药;F. 全着药

多数植物雄蕊的花丝、花药全部分离,称为离生雄蕊(distinct stamen),如桃、梨;有的花丝互相连合成一体,而花药分离,称单体雄蕊(monadelphous stamen),如木槿、棉花;有的花药完全分离而花丝连合并分成两组(两组的数目相等或不等),称二体雄蕊(diadelphous stamen),如刺槐、大豆;花丝连合成多束的称多体雄蕊(polyadelphous stamen),如蓖麻、金丝桃(Hypericum chinensis);有的植物雄蕊花丝分离而花药合生,称为聚药雄蕊(syngenesious stamen),如菊科植物。

(五)雌蕊群

1. 心皮的概念和雌蕊的类型

雌蕊群(gynoecium)是一朵花中雌蕊的总称,着生在花托的中央。组成雌蕊的单位称心皮(carpel),心皮是具有生殖作用的变态叶,如图 4-46 所示显示一枚心皮两侧的边缘愈合形成 1 个子房的过程。一般将心皮边缘愈合之处称为腹缝线,将心皮中肋处(相当于叶的主脉)称为背缝线。

1 朵花中仅由 1 枚心皮组成的雌蕊称单雌蕊,如豆科;若有多枚心皮,并且心皮彼此分离,称离生雌蕊,如玉兰、毛茛。同样是多枚心皮,但心皮联合,称合生雌蕊(复雌蕊)。合生雌蕊心皮的联合程度在不同植物中有差异,如图 4-47 所示,有全部联合的,如茄科的碧冬茄;子房和花柱联合而柱头分离的,如蓼科的马蓼;以及仅子房联合,如石竹科的石竹 3 种情况。

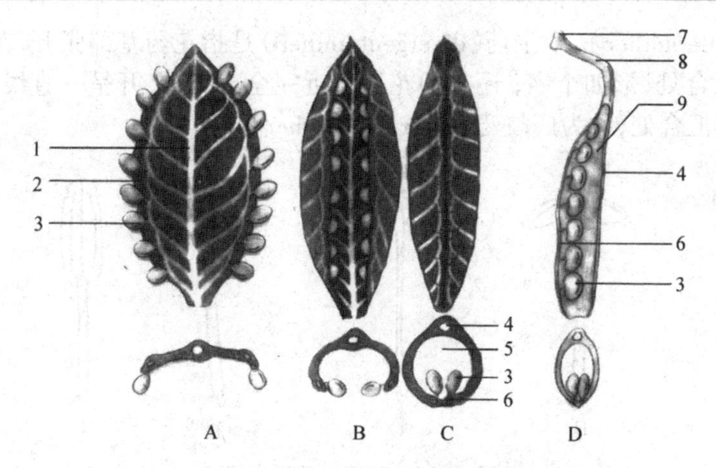

图 4-46　心皮(变态叶)形成雌蕊的示意图

A ~ D. 变态的叶逐渐卷合起来形成子房,叶边缘愈合的部分形成腹缝线,上面着生胚珠;叶主脉的部位形成背缝线

1—主脉;2—侧脉;3—胚珠;4—背缝线;5—子房室;6—腹缝线;7—柱头;8—花柱;9—子房

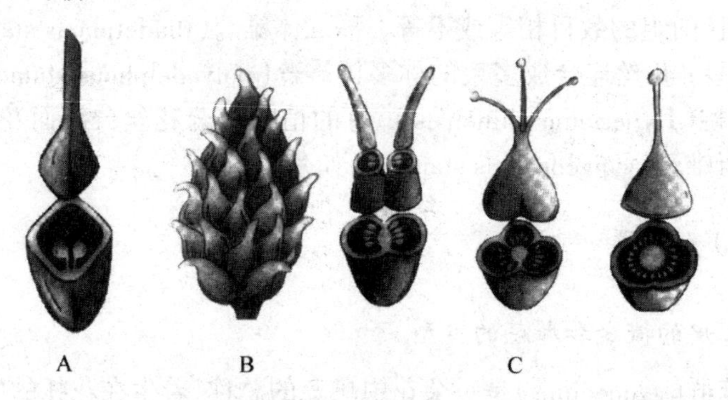

图 4-47　雌蕊的类型

A. 单雌蕊;B. 离生心皮的雌蕊群;C. 不同程度联合的复雌蕊;

2. 雌蕊的结构

雌蕊由柱头(stigma)、花柱(style)和子房(ovary)3 部分组成。

柱头位于雌蕊的顶端,多有一定的膨大或扩展,是接受花粉的部位。柱头表皮细胞呈乳突状、短毛状或长形分支毛茸状。

花柱是连接柱头与子房的部分,分为空心的与实心的两类。空心花柱中空,中央是花柱道(stylar canal),管道的周围是花柱的内表皮或为 2 ~ 3 层分泌细胞,如百合。实心花柱中央是引导组织(transmitting tissue),花粉管穿过引导组织进入子房,如棉、烟草、番茄等大多数双子叶植物的花柱。

子房是雌蕊基部膨大的部分，着生于花托上。由子房壁、子房室、胎座和胚珠组成。子房仅底部与花托相连，称为子房上位（superior ovary），若花托隆起，这样的花称为下位花（hypogynous flower），如玉兰；若花托凹陷，这样的花称周位花（perigynous flower），如月季、蔷薇等；若花托凹陷包围子房壁并与之愈合，称为子房下位（inferior ovary），而花称为上位花（epigynous flower），如苹果、梨等；若子房壁下半部与花托愈合，为子房半下位（half-inferior ovary），花称为周位花，如虎耳草，如图 4-48 所示。

上位子房下位花

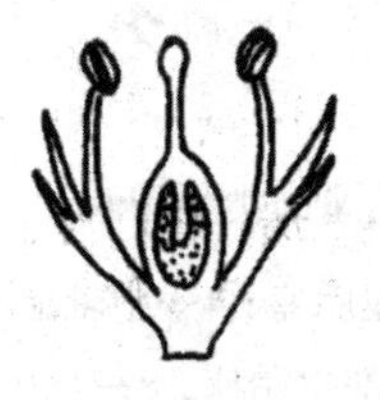

上位子房周位花

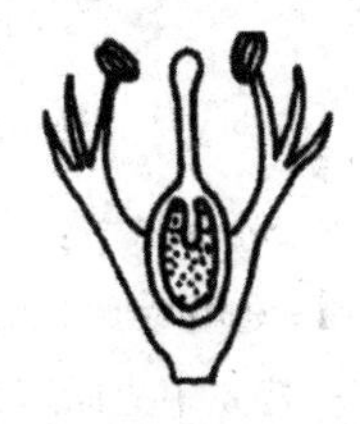

半下位子房周位花

下位子房上位花

图 4-48　子房的位置

不同植物子房室的数目不同，单雌蕊和离生雌蕊的子房仅 1 室，合生雌蕊的子房可 1 室或多室。合生雌蕊 1 室子房有两种情况：一种是多枚心皮仅在边缘愈合形成；另一种是多室子房的室隔消失，仅在子房中央留下一个中轴的结构。多室子房的子房室数与心皮数目相同，这是因为多室子房是所有心皮边缘在中央汇集形成了一个中轴，心皮的两侧愈合部分形成子房室隔的缘故。

3. 胎座及其类型

胚珠（ovule）通常沿心皮的腹缝线着生在子房上，即子房室内心皮腹缝线处或中轴处着生胚珠，胚珠着生的位置称胎座（placenta）。[①] 根据心皮数目和连接情况，可以把胎座分为不同的类型，如图 4-49 所示。

边缘胎座（marginal placentation）：单雌蕊 1 心皮 1 室，胚珠沿腹缝线着生，如蚕豆、日本樱花等。

中轴胎座（axile placentation）：合生雌蕊多室子房、胚珠着生在中轴上 .，如百合、橙、金鱼草等。

侧膜胎座（parietal placentation）：合生雌蕊心皮边缘愈合形成 1 室子房、胚珠着生在腹缝线上，如花菱草、黄瓜、三色堇等。

① 王爱芝 . 花楸有性生殖过程及败育机制研究 [D]. 哈尔滨：东北林业大学博士论文 ,2012.

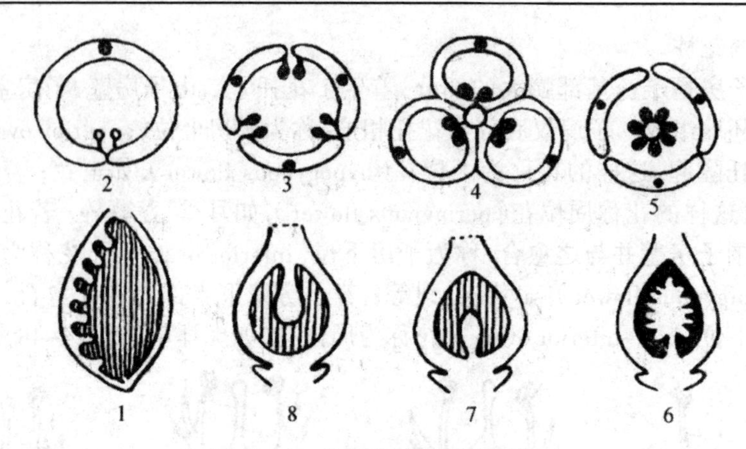

图 4-49 几种胎座的类型图解

1,2—边缘胎座; 3—侧膜胎座; 4—中轴胎座;

5,6—特立中央胎座; 7—基生胎座; 8—顶生胎座

特立中央胎座(free-central placentation): 多室复子房的隔膜消失后,胚珠着生在由中轴残留的中央短柱周围,如卷耳、石竹、报春花等。

顶生胎座(apical placentation): 胚珠着生在子房顶部,如桑。

基生胎座(basal placentation): 胚珠着生在子房基部,如向日葵。

4. 胚珠的类型

胚珠发育时,由于各部生长速度的变化,形成不同类型的胚珠,如图 4-50 所示,主要包括以下几种。

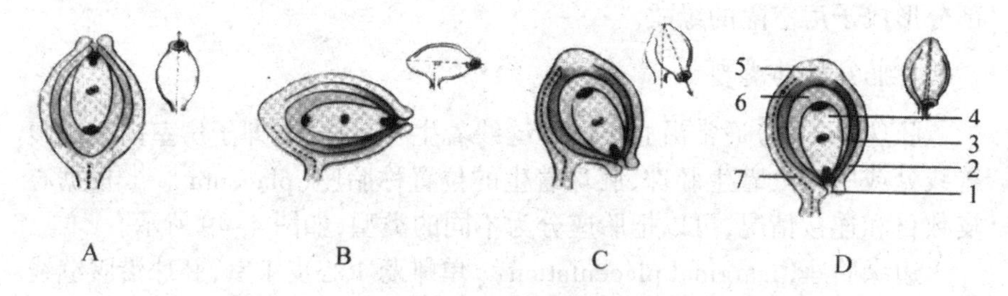

图 4-50 胚珠的类型

A. 直立胚珠; B. 横生胚珠; C. 弯生胚珠; D. 倒生胚珠

1—珠孔; 2—外珠被; 3—内珠被; 4—胚囊; 5—合点;

6—珠心; 7—珠柄所连成的直线与珠柄成直角,如锦葵的胚珠

直生胚珠(atropous ovule): 各部均匀生长,珠孔、珠心纵轴、合点和珠柄成一直线,如野荞麦的胚珠。

横生胚珠(amphitropo us ovule): 一侧生长较快,胚珠横卧,珠孔、珠心纵轴和合点

弯生胚珠(campylotropo us ovule): 下部直立,上部略弯,珠孔偏狭,珠孔、珠心纵轴和合点不在一直线上,如油菜、豌豆等的胚珠。

倒生胚珠(anatropo us ovule): 珠孔、珠心纵轴、合点都在一直线上,但珠孔向下靠近珠柄,合点向上,外珠被与珠柄贴合的部分很长,形成一条外隆的纵脊,称为珠脊。这种类型的胚珠广泛存在于被子植物中,如棉花、蓖麻、水稻、小麦等。

二、花芽分化

花和花序皆由花芽发育而来。花器官的产生是种子植物个体从营养生长向生殖生长转变的结果,相应的分生组织经历了从营养型向生殖型的不可逆转变,即顶端分生组织从无限生长变成有限生长,常成为一个顶端分生组织的最后一次活动,丧失了产生叶原基和腋芽原基等能力。

不同植物的成花年龄不同。一年生植物如茄,播种后一个月便开始花芽分化。二年生植物如白菜,第一年主要是营养生长,第二年继续生殖生长。多年生木本植物如桃 3 年、梨 4 年、梅 5 年、竹数十年才开始花芽分化。大多数多年生植物到达成花年龄后能年年成花,但竹类一生中只能开花一次,花后植株往往死亡。

许多果树在开花前数月花芽已分化完成,如苹果、梨等一些落叶果树,从开花前一年的夏季便开始花芽分化,以后进入休眠,至翌年春季,未成熟的花继续发育直至开花。柑桔等春夏开花的常绿果树,其花芽分化多在冬季或早春进行。冬季开花的种类如茶等则在当年夏季进行花芽分化。

花芽的发育是一个典型的形态建成的例子,顶端分生组织在花芽分化时较营养生长时扩展较宽而深度较小,较宽的顶端上有一分生组织细胞构成的套层,覆盖着不再向上生长的基本组织区域。花器官原基的分化顺序,大多是由外向内进行,依次为萼片原基、花瓣原基、雄蕊原基和雌蕊的心皮原基,它们所在的区域称为轮,一般花具 4 个轮。由于植物种类不同,花的形态各异,花器官原基的分化顺序也有一定的变化。

图 4-51 和图 4-52 分别为桃和小麦的花芽分化过程。

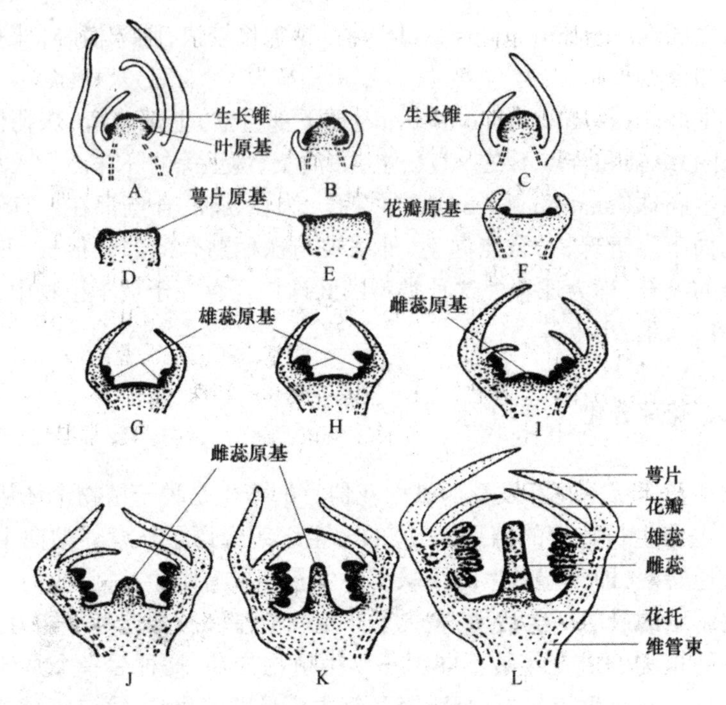

图 4-51　桃的花芽分化

A. 营养生长锥；B，C. 生殖生长锥分化初期；D，E. 萼片原基形成期；F. 花瓣原基形成期；G，H. 雄蕊原基形成期；I ~ L. 雌蕊原基形成期

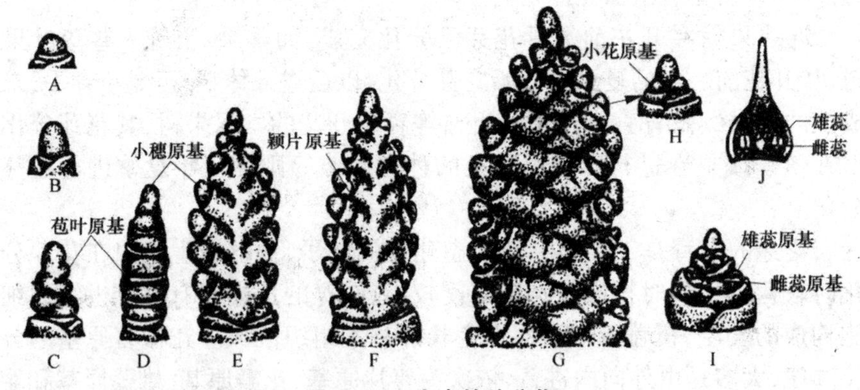

图 4-52　小麦的穗分化

A. 生长锥；B. 生长锥伸长期；C. 单棱期；D. 二棱期开始；E. 二棱期末期；F. 颖片分化期；G. 小花分化期；H. 二个小穗正面观；I. 雄蕊分化期；J. 雌蕊形成期

三、雄蕊的发育与结构

（一）花药的发育及花药壁的结构

花药(即小孢子囊)是雄蕊的主要部分，是产生花粉(pollen)或小孢子(mierospore)的地方。多数被子植物的花药是由4个花粉囊所组成，分为左、右两半，中间由药隔相连，药隔中含有一个维管束白花丝通入。[①]也有少数种类花药的花粉囊仅2个，如棉花。花粉囊外由囊壁包围，内生许多花粉粒。花药成熟后，药隔每一侧的两个花粉囊之间的壁破裂消失，花粉囊相互沟通。裂开的花粉囊散出花粉，为下一步进行传粉做好准备，如图4-53所示。

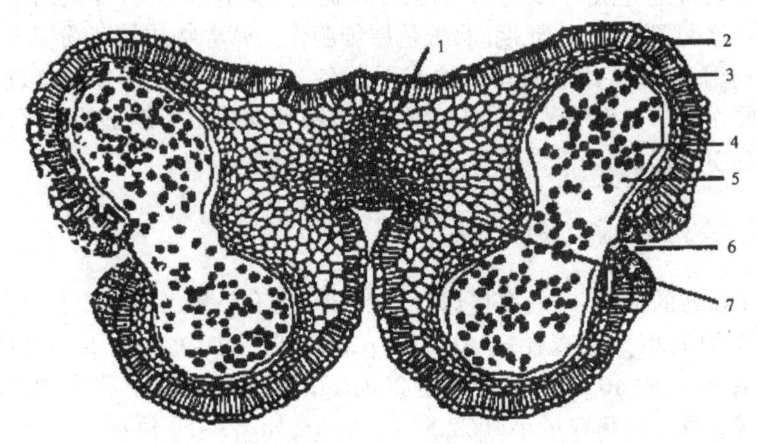

图4-53　花药的横切面

1—药隔内的维管束；2—表皮；3—纤维层；
4—花粉粒；5—花粉囊；6—花药的裂口；7—药隔

花药的壁在达到完全分化时期，从外到内的细胞层依次为：表皮、药室内壁、中层和绒毡层。这几层细胞在形成和生长过程中发生着各种变化。

表皮(epidermis)是位于花药最外侧的一层细胞，在花药发育过程中，这层细胞可进行垂周分裂增加细胞数目以适应内部组织的迅速增长。随着花药扩大，表皮细胞逐渐扩展成扁长形。表皮上通常具有角质层，有的还有表皮毛，主要行使保护功能。

① 王爱芝．花楸有性生殖过程及败育机制研究[D].哈尔滨：东北林业大学博士论文,2012.

药室内壁位于表皮下方，通常为单层细胞。幼期药室内壁细胞中含有大量多糖，在花药接近成熟时，这层细胞径向增大明显，细胞内储藏物质逐渐消失，细胞壁除外切向壁外，其他各面的壁多产生不均匀的条纹状加厚，加厚成分一般为纤维素，或在成熟时略为木质化。[①]

中层位于药室内壁内方，通常由 1 ~ 3 层细胞组成。在成熟花药中一般不存在中层。但也有的植物如百合，中层最外层细胞像纤维层一样，一直保留至花药成熟时期，而且也发生纤维状加厚。

绒毡层是花药壁最内层细胞，它与花粉囊内的造孢细胞直接毗连。绒毡层细胞较大，细胞器丰富，初期具单核，后来发生核分裂不伴随新壁形成，因此出现双核和多核结构。细胞质浓厚，液泡少而小，含有较多的 RNA、蛋白质和酶，富含油脂、胡萝卜素和孢粉素等物质。当花粉母细胞减数分裂接近完成时，绒毡层细胞开始退化、解体，并一直延续到小孢子后期或雄配子体阶段，此期间，绒毡层细胞作为营养物质被花粉粒发育吸收和利用，绒毡层细胞仅留残迹或不存在。绒毡层在花粉粒发育过程中有重要作用。如果绒毡层发生功能失常，致使花粉粒不能正常发育，就会导致花粉败育，出现雄性不育现象。

（二）成熟花粉粒的形态和结构

花粉粒的形状，一般多呈球形、椭圆形，也有略呈三角形或长方形的。花粉粒的大小一般直径在 10 ~ 50 μm 之间，[②] 如桃约 25 μm；柑桔约 30 μm；油茶约 40 μm；南瓜可达 200 μm；最大的如紫茉莉为 250 μm；高山勿忘草的花粉粒最小，仅 2.5 ~ 3.5 μm，如图 4-54 所示。

花粉粒的细胞壁不同于一般植物的细胞壁，它包括了外壁和内壁两个部分。外壁上保留了一些不增厚的孔或沟，称为萌发孔（germ pore）或萌发沟，花粉萌发时花粉管由萌发孔或萌发沟长出。孔、沟的有无和数量各种植物是不同的，有的只有萌发孔，有的只有萌发沟，有的两者均有。萌发沟的数量变化较少，但萌发孔的数量变化较大，可从一个至多数。

目前利用花粉的特征以鉴定植物种类、演化关系和植物的地理分布，已成为一门专门的学科，称为孢粉学（Palynology）。孢粉学的研究已在植物分类学、地质学、古植物学以及研究植物演替及地理分布、鉴定蜜源植物以至侦破工作等方面得到应用。

---

① 戴圣杰．麻核桃低座果率及脱落酸影响番茄座果的初探[D]．北京：中国农业大学博士论文，2015.

② 王爱芝．花楸有性生殖过程及败育机制研究[D]．哈尔滨：东北林业大学博士论文，2012.

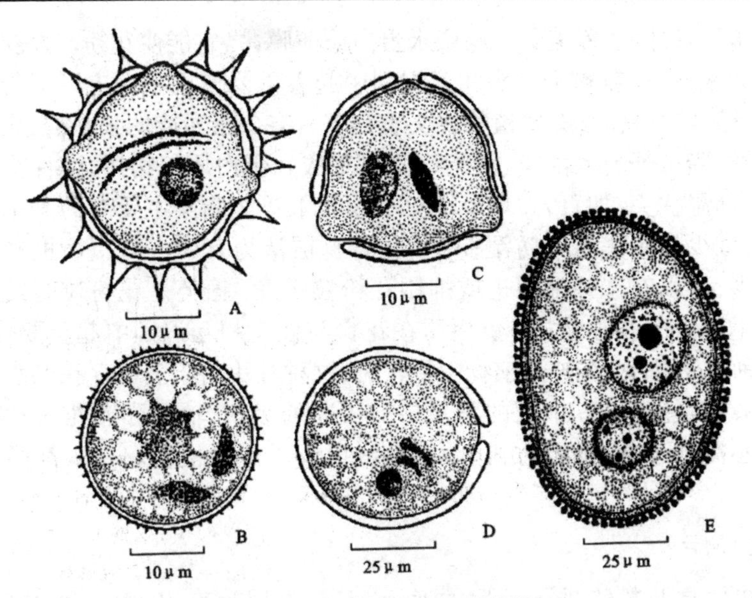

图 4-54　几种被子植物的花粉粒

A. 向日葵；B. 慈姑；C. 烟草；D. 小麦；E. 百合

被子植物的花粉粒是一个非常复杂的而又是独立完整的细胞体系，高等植物的器官以及植物体上的结构大都是多细胞的，只有花粉粒是游离的单个细胞。而其在结构和功能上却显示复杂的特点，如在控制遗传、变异方面，它所具的特殊性和快速性，提供了一个用现代细胞生物学方法研究的理想的实验体系。随着透射电子显微镜和扫描电子显微镜的发展以及新方法的应用，对花粉的超微结构，特别是功能的研究形成一完全新的科学领域，称为"花粉新生物学"。由于花粉中含有丰富的脂肪、蛋白质、淀粉多种维生素、生长调节物、酶和类胡萝卜素等各种营养物质，所以花粉作为营养保健食品及药用的研究有着广阔的前景。

四、雌蕊的发育与结构

（一）雌蕊的结构

雌蕊是由花芽中的雌蕊原基发育而来，雌蕊原基形成后，上部首先伸长，逐渐发育成柱头和花柱，基部形成囊状子房。

1. 柱头

柱头是承受花粉粒和花粉萌发的场所，具有特殊的表面以适应接受花粉。柱头表皮细胞常变为乳突状或毛状，有利于黏附花粉。表皮及乳突的角质膜外,还覆盖着一层亲水蛋白质薄膜,[①]它能使花粉萌发获得所需要的水分,在花粉和柱头相互识别中起着重要作用。表皮以下为基本组织。开花传粉时,有些植物柱头表皮下具有分泌功能的细胞群,大量分泌糖类、脂类、酚类、酸类、激素、酶、氨基酸和蛋白质等物质,使柱头表面湿润,称湿柱头,如百合、烟草、苹果、胡萝卜等。脂类主要有助于粘住花粉粒,减少柱头失水或防湿;酚类化合物被认为有助于防止病虫对柱头的侵害,可以有选择地促进或抑制花粉粒萌发;糖类是花粉粒萌发及花粉管生长时的营养物质;蛋白质在花粉与柱头相互识别中起重要作用。另一种是干柱头,在被子植物中最常见,这种柱头由于表面存在亲水性蛋白质薄膜,能通过其下面的角质层的中断处吸水,辅助黏着花粉和获得萌发必需的水分,如石竹科、十字花科以及禾本科植物的柱头都属于这种类型。

2. 花柱

花柱是花粉管进入子房的通道,其最外层为表皮,内为基本组织。花柱有空心花柱和实心花柱两种类型。空心花柱的中央有一条至数条中空的纵行沟道,叫花柱道(stylar channel),自柱头通向子房。在花柱道表面有一层具有分泌功能的内表皮细胞,称为花柱道细胞。这种细胞呈乳头状,细胞壁较厚,细胞核大,有的是多核,含丰富的细胞器和分泌物,在开花前或传粉时,花柱道细胞的角质层破裂或部分细胞自行解体,将分泌物释放出来,传粉后,花粉粒萌发形成的花粉管就沿着花柱道表皮的分泌物生长,进入子房。如豆科、罂粟科、马兜铃科和百合科等科的一些植物。实心花柱的中央常分化出一种有分泌功能的引导组织(transmitting tissue),引导组织细胞在功能上与花柱道细胞相似,但其形态特征上有很大差异,引导组织的细胞侧壁厚,横壁薄,细胞纵向伸长且常呈浅裂,胞间隙明显,胞内除含丰富的细胞器外,还有大的液泡、脂肪小球和晶体,传粉后,花粉管沿引导组织胞间隙进入子房,如图4-55所示,如白菜、番茄和梅等。但也有一些植物,如垂柳、小麦、水稻等,它们的花柱结构较为简单,无引导组织分化,花粉管则从花柱中央薄壁组织的胞间隙中穿过。

① 袁坤.植物花粉与柱头间识别研究进展[J].江苏林业科技,2004(3):49-51.

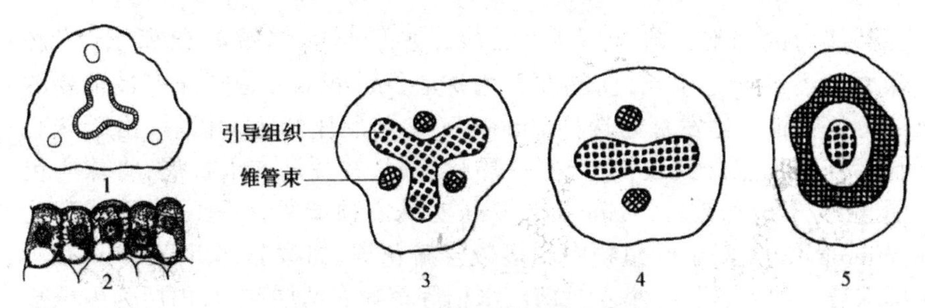

图 4–55　不同植物花柱横切面图解

1,2—中空花柱道及其周围的通道细胞(花柱内表皮);

3 ~ 5—实心花柱中各种组织不同分布

3. 子房

子房是雌蕊基部膨大的部分,其外是子房壁,内部分化出子房室,胚珠着生在子房室内的胎座上,如图 4–56 所示。子房壁内、外两面都有一层表皮(相当于叶片上、下表皮),外表皮上常有气孔及表皮毛,两层表皮之间为薄壁组织(相当于叶肉)和维管束。在背缝线处有一个较大的维管束,在腹缝线处有两个较小的维管束。通常在腹缝线处着生一至多个胚珠。

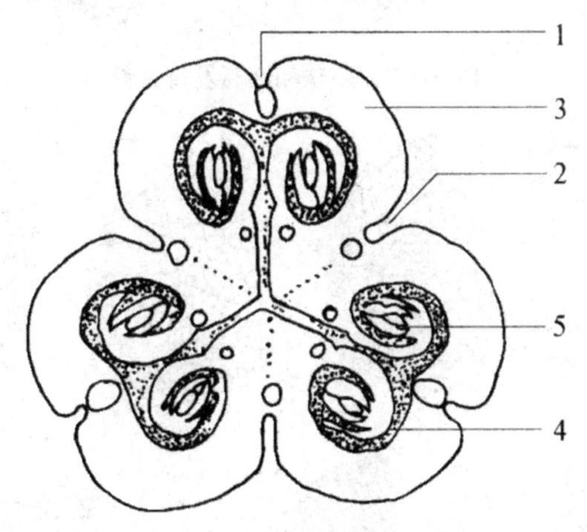

图 4–56　百合子房横切图

1—背缝线;2—腹缝线;3—子房壁;4—子房室;5—胚珠

(二)胚珠的发育与结构

胚珠是由胎座上的胚珠原基发育而成。随着雌蕊发育,子房内腹缝线的一定部位,内表皮下的一些细胞经平周分裂,产生一团具有强烈分裂能力的细胞突起，称为胚珠原基，如图 4-57 和图 4-58 所示。[①] 胚珠原基逐渐向上生长，前端发育为珠心(nucellus)，是胚珠中最重要的部分；基部分化发育为珠柄(funiculus)，与胎座相连。以后，由于珠心基部外围细胞分裂较快，产生一环状突起，并逐渐向上扩展，将珠心包围起来，形成珠被(integument)，珠被在珠心顶端留有一小孔，形成珠孔(micropyle)。双子叶植物中的多数合瓣花类，如番茄、向日葵等只有一层珠被。油菜、棉花、小麦、百合、水稻等植物有两层珠被，内层为内珠被(inner integument)，外层为外珠被(outer integument)。内珠被首先发育，然后在内珠被基部外侧的细胞快速分裂形成外珠被。珠柄与珠心直接相连，心皮维管束通过珠柄进入胚珠。维管束进入之处，即胚珠基部珠被、珠心和珠柄愈合的部位，称为合点(chalaza)。

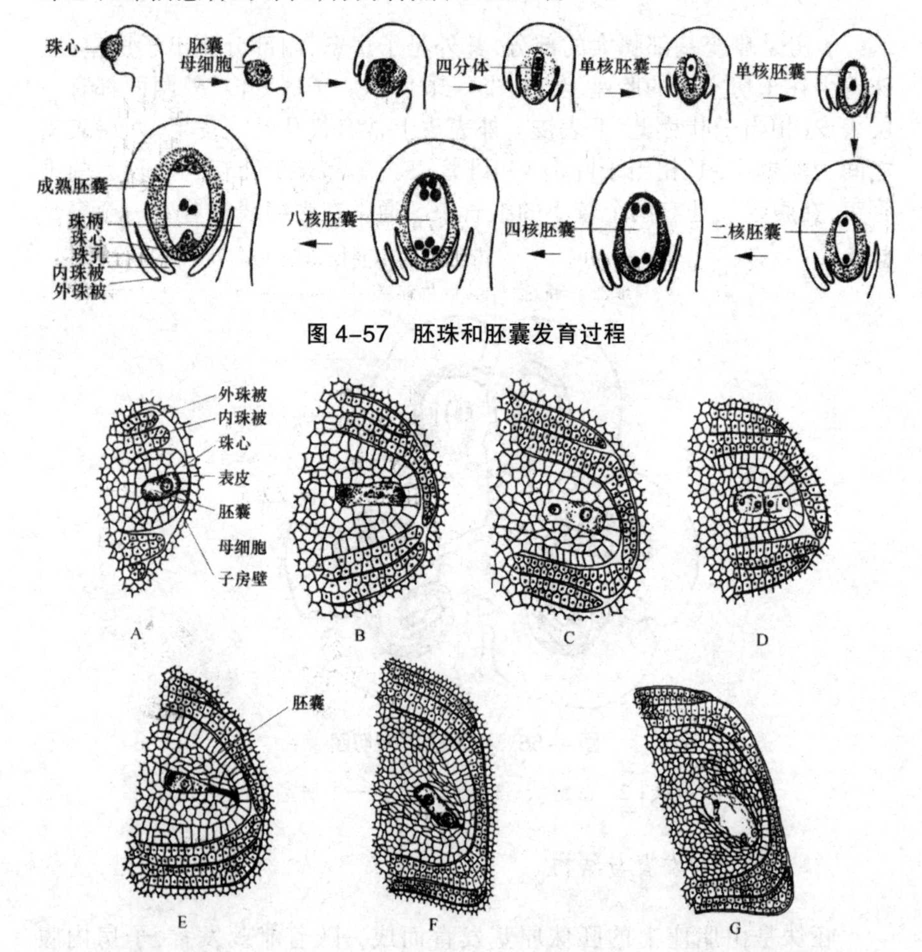

图 4-57　胚珠和胚囊发育过程

① 郭艳平. 褐毛铁线莲开花生物学研究 [D]. 哈尔滨：东北林业大学博士论文，2018.

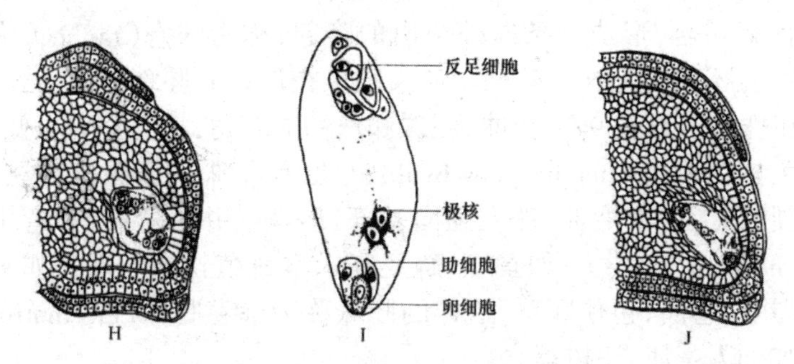

图 4-58　水稻胚珠及胚囊的发育

A. 胚囊母细胞的形成,外珠被和内珠被的发育;B,C. 胚囊母细胞减数分裂的第一次分裂;D. 减数分裂的第二次分裂,形成四分体;E. 四分体近珠孔端的 3 个细胞退化,合点端的 1 个发育;F. 二核胚囊;G. 四核胚囊;H. 八核胚囊;I,J. 成熟胚囊,示卵细胞、助细胞、反足细胞和极核

胚珠在生长时,珠柄和其他各部分的生长速度并不是均匀一致的,因此,胚珠在珠柄上的着生方位不同,从而形成不同类型的胚珠,如图 4-59 所示。

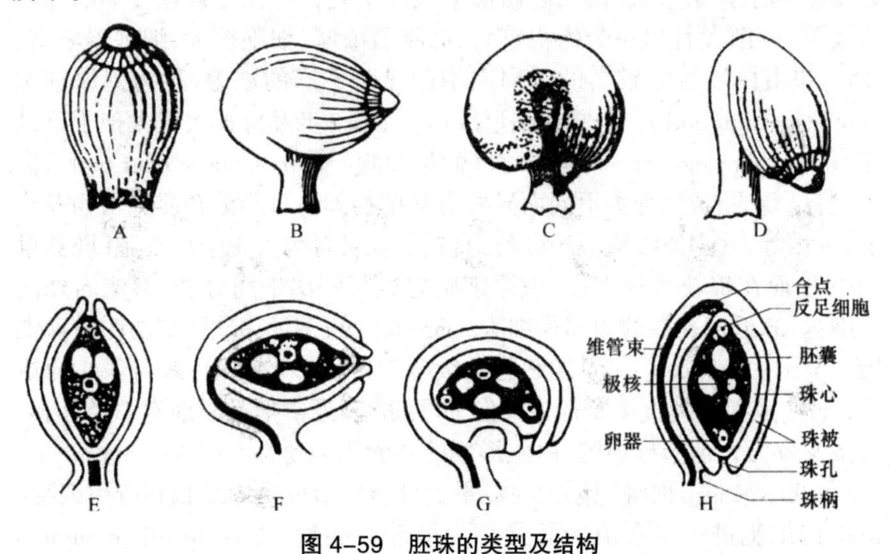

图 4-59　胚珠的类型及结构

A,E. 直生胚珠;B,F. 横生胚珠;C,G. 弯生胚珠;D,H. 倒生胚珠

一种是直生胚珠(orthotropous ovule),胚珠各部分能平均生长,胚珠正直着生在珠柄上,因而珠柄、珠心和珠孔的位置在同一直线上,珠孔在珠柄相对一端,如大黄、酸模、荞麦等的胚珠。另一种类型是倒生胚珠(anatropous ovule),这类胚珠的珠柄细长,整个胚珠 180° 扭转,呈倒悬状,但珠心并不弯曲,珠孔的位置在珠柄基部一侧。靠近珠柄的外珠被

常与珠柄相贴合，形成一条向外突出的隆起，称为珠脊(raphe)，大多数被子植物的胚珠属于这一类型。如果胚珠在形成时胚珠一侧增长较快，使胚珠在珠柄上形成90° 扭曲，胚珠和珠柄成直角，珠孔偏向一侧，这类胚珠称为横生胚珠(hemitropous ovule)。也有胚珠下部保持直立，上部扭转，使胚珠上半部弯曲，珠孔朝向基部，但珠柄并不弯曲，称弯生胚珠(campylotropous ovule)。如蚕豆、豌豆和禾本科植物的胚珠。如果珠柄特别长，并且卷曲，包住胚珠，这样的胚珠称为拳卷胚珠(circinotro-pous ovule)，如仙人掌属、漆树等。

(三) 胚囊的发育与结构

胚珠发育的同时，在珠心中产生大孢子母细胞，大孢子母细胞减数分裂产生大孢子，再由大孢子发育形成胚囊，其内产生雌配子——卵。

1. 大孢子的形成

胚囊发生于珠心组织中，最初，珠心是一团均匀一致的薄壁细胞，在珠被原基刚开始形成时，珠心内部细胞发生变化。在靠近珠孔端的珠心表皮下，逐渐发育出一个体积较大、细胞质浓厚、细胞核大、细胞器丰富、RNA和蛋白质含量较高的与周围细胞显著不同的细胞，称为孢原细胞(archesporium cell)。孢原细胞形成后，则进一步发育长大成大孢子母细胞(megaspore mother cell)，也称胚囊母细胞(embryo sac mother cell)，但其发育形式随植物种类不同而异。有些植物如向日葵等合瓣花植物及小麦、水稻等，其孢原细胞不经分裂，直接长大发育为大孢子母细胞(胚囊母细胞)；而在棉花等植物中，孢原细胞先进行一次平周分裂，形成内外两个细胞，靠近珠孔端的叫周缘细胞(parietal cell)，远离珠孔端的叫造孢细胞(sporogenous cell)。周缘细胞继续分裂产生多数细胞，参与珠心的组成；而造孢细胞则直接发育为大孢子母细胞。通常把孢原细胞不经分裂，直接发育为大孢子母细胞，由此形成的胚囊称为薄珠心胚囊(tenuinucel-late embryo sac)，而将孢原细胞经平周分裂后形成周缘细胞和造孢细胞，由造孢细胞进一步形成的胚囊称为厚珠心胚囊(crassinucellate embryo sac)。如果珠心组织中形成的孢原细胞不只是一个，而是多个，仍然只有一个可以继续发育，成为大孢子母细胞。

2. 成熟胚囊的结构

虽然胚囊发育形式不同，但大多数被子植物成熟胚囊的结构是一致的。成熟胚囊内具有7个细胞8个核，即1个卵细胞、2个助细胞、1个含有两个核的中央细胞和3个反足细胞，如图4-60所示。

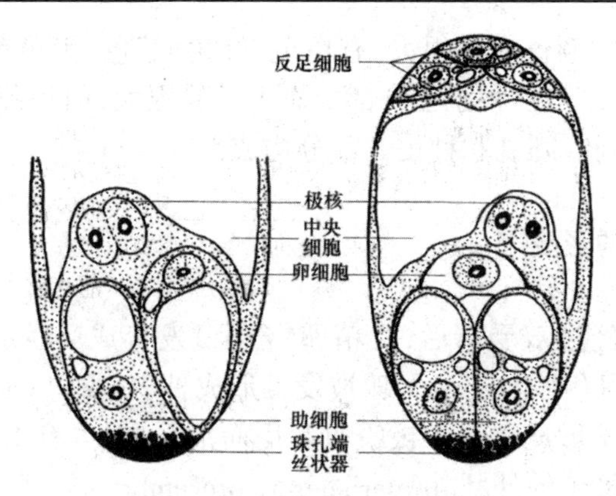

图 4-60　成熟胚囊的构造

要注意，大多数被子植物助细胞的壁与卵细胞的相似，仅在珠孔端有壁的存在，从珠孔端至合点端逐渐变薄，在合点端与卵细胞和中央细胞之间只以质膜相隔，没有细胞壁，或者合点端有壁但变为蜂窝状。助细胞在珠孔端的细胞壁向细胞腔内生出一些指状突起，称为丝状器（filiform apparatus）。丝状器与传递细胞的壁类似，它也增加了细胞质膜的表面面积，具有将珠心和珠被细胞内营养物质转运给胚囊，特别是转运给卵细胞的短距离运输作用。另外，丝状器还可能具有将助细胞所产生的某种化学物质分泌到珠孔或与珠孔相邻近的珠心细胞中去的作用，这种化学物质具有引导花粉管准确到达胚囊的功能。助细胞存在时间较短，在受精后很快就解体了，有些植物的助细胞甚至在受精前就已经退化。

第五节　种子的形成与发育

种子是种子植物特有的结构，也是种子植物的繁殖单位。植物种子一般由种皮、胚乳和胚 3 部分组成。[①] 根据成熟种子有无胚乳，可分为有胚乳种子和无胚乳种子两种类型。根据胚的子叶数目的不同，又可分为双子叶植物种子和单子叶植物种子。根据种子萌发时，子叶出土与否，可分为子叶出土幼苗和子叶留土幼苗。

不同植物的种子在形状、大小、颜色等方面差别较大。椰子的种子很大，直径可达 15 ~ 20cm，芝麻、萝卜的种子较小，烟草的种子更小，犹如微细沙粒。大豆、菜豆的种子为肾形，花生的种子为椭圆形，蚕豆的种子

① 杨俊红，褚治德，顾惠军，诸凯，江菊元，郭健．蔬菜种子干燥中种皮的效应与优化传热传质机理 [J]. 工程热物理学报，1997（6）：721-724.

为扁形。种子的颜色变化很大,有白色、红色、黄色、黑色等,也有具花纹的,如蓖麻种子。虽然种子在外部形态上差异很大,但是种子基本结构是一致的,一般由胚、胚乳和种皮 3 部分构成。

一、种子的形成

被子植物经过双受精后,受精卵(合子)发育成胚(embryo),初生胚乳核发育成胚乳(endosperm),珠被发育形成种皮(seed coat)。大多数植物的珠心在种子形成过程中被吸收利用而消失,但也有少数植物的珠心继续发育成为种子的外胚乳(perisperm, prosembryum),整个胚珠发育形成种子。

二、种子的发育

(一)胚的发育

胚的发生源于合子,经过原胚(proembryo)和胚分化发育的各个阶段,最后成为成熟的胚,整个过程称为胚胎发育(embryogenesis)。

合子通常需要经过一段休眠期,休眠期过后,合子经多次分裂,逐步发育形成胚。合子是一个高度极化的细胞,它的第一次分裂通常为不均等的横裂,形成两个细胞。靠近合点端的细胞较小,称为顶细胞(apical cell);靠近珠孔端的细胞较大,称为基细胞(basal cell)。顶细胞和基细胞两个细胞间有胞间连丝相通,但在形态结构与生理功能上差异很大。[①]顶细胞原生质浓厚,液泡小而少,具有胚性;基细胞具有大液泡,细胞质稀薄,不具有胚性。这种细胞的异质性,是由细胞生理极性或细胞学的分化决定的。第一次分裂后,顶细胞再进行多次分裂形成胚体,基细胞分裂或不分裂,主要形成胚柄(suspensor),或部分参与形成胚体。

胚柄具有固着和支持的作用,通过胚柄的伸展把胚伸向胚囊内部,以利用胚在发育过程中吸收周围营养物质;胚柄还具有营养物质的吸收和运输作用,供胚生长和分化的需要;另外,胚柄在激素合成和分泌、胚的早期发育方面也有调节作用。胚柄在胚发育过程中并不是一个永久结构,随着胚的发育,胚柄也逐渐被吸收退化。

胚在没有出现分化之前的阶段称为原胚。由原胚发育为成熟胚的过

① 徐鹏程.几个葡萄品种胚与果实发育及落粒果实品质的研究[D].南京:南京农业大学,2015.

程，在双子叶植物和单子叶植物之间存在差异，这里不再赘述。

（二）胚乳的发育

胚乳（endosperm）是被子植物种子中贮藏营养物质的组织。双受精时，极核受精形成三倍体的初生胚乳核（primary endosperm nucleus）。初生胚乳核通常不经过休眠，就开始发育而形成胚乳。所以，胚乳比胚的发育时间早，这有利于给胚的发育提供营养。

胚乳的发育方式一般有核型（nuclear type, non-cellular type）、细胞型（cellular type）和沼生目型（helobial type）3 种。其中以核型方式最为普遍，而沼生目型则比较少见，这里不再介绍。

1. 核型胚乳（nuclear endosperm）的发育

核型胚乳发育特点是初生胚乳核首先进行的多次核分裂都不伴随细胞壁的形成，形成的这些众多的细胞核，也称胚乳核。各个胚乳核呈游离状态，分散于中央细胞的细胞质中，呈现出一种多核的现象，此时期被称作是游离核形成期（free nuclear formation stage）。游离胚乳核的数目因植物种类而异，多的可达数百个，甚至可达数千个，如胡桃、苹果等。而少的却只有 8 个或 16 个核，最少的可少到 4 个核，如咖啡。随着核的数目增加，出现中央大液泡，核和原生质被挤向胚囊的边缘，并大多数集中分布在胚囊的珠孔端和合点端，而在胚囊的侧方仅分布成一个薄层。核一般以有丝分裂方式进行分裂，但也有少数，特别是靠近合点端分布的核会出现无丝分裂。

当核分裂进行到一定时期后，即向细胞时期过渡，这时游离的胚乳核之间形成细胞壁，而进行细胞质分裂，于是便形成了一个个胚乳细胞，如图 4-61 所示，整个组织称为胚乳。核型胚乳的这种发育方式在单子叶植物（如水稻、小麦和玉米等）和双子叶离瓣花类植物（如棉花、油菜和苹果等）中普遍存在，是被子植物中最普遍的胚乳发育方式，约占 60%。

2. 细胞型胚乳（cellular endosperm）的发育

细胞型胚发育过程是初生胚乳核第一次分裂以及在后续的每一次核分裂后立即伴随胞质分裂和细胞壁形成。所以胚乳白始至终都是细胞的形式，不出现游离核时期，整个胚乳为多细胞结构，如图 4-62 所示。大多数合瓣花类植物属于这一类型，约占 40%。

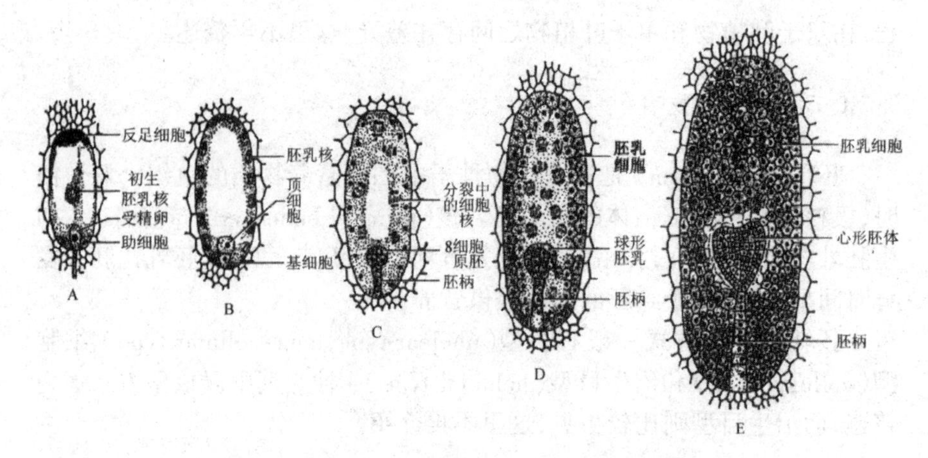

图 4-61　双子叶植物核型胚乳发育过程示意图

A. 初生胚乳核开始分裂；B. 游离核时期，胚乳核继续分裂，在胚囊周边产生许多游离核，同时合子开始发育；C. 游离核增多，由边缘逐渐向中部分布；D. 游离核时期向细胞时期过渡，由边向内逐渐形成细胞；E. 细胞时期，胚乳发育完成，胚继续发育

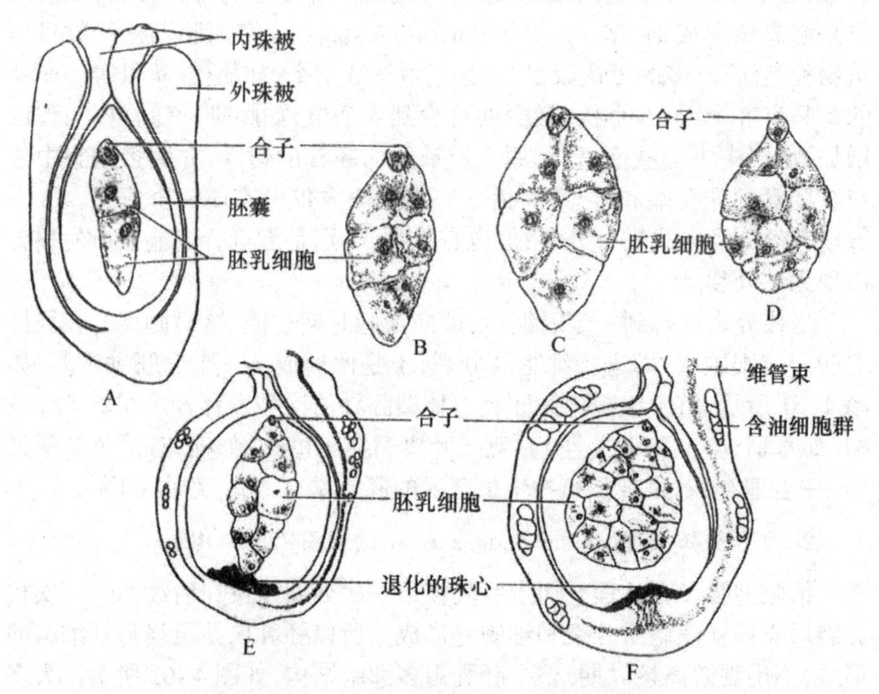

图 4-62　Degeneria 细胞型胚乳的发育

A. 胚珠纵切面，示合子与 2 细胞时期的胚乳；B ~ D. 胚乳发育的几个时期，示胚乳细胞；E，F. 胚珠纵切面，示胚乳细胞继续发育增多，合子仍处于休眠期间

（三）种皮的发育

在胚和胚乳发育的同时，珠被发育形成种皮，包在胚和胚乳之外，起保护作用。珠被有一层的，发育形成的种皮也只有一层，如向日葵、胡桃等；具有两层珠被的，通常形成的种皮也有两层（外种皮和内种皮），如蓖麻、油菜等。但也有一些植物，一部分珠被组织和营养被胚吸收，所以只有剩余部分珠被发育形成种皮，例如，大豆、蚕豆的种皮是由两层珠被中的外珠被发育而成，而小麦、水稻的种皮是由两层珠被中的内珠被发育而来。

有少数植物的种皮外面还有由珠柄、胎座等部分发育而来的假种皮，常含有大量油脂、糖类和蛋白质等储藏物质。如龙眼、荔枝的肉质可食部分就是由珠柄发育而来的假种皮。

种皮的结构，在不同植物中差异很大，这一方面取决于珠被层数，另一方面也取决于种皮在发育中的变化。下面以小麦种皮的发育情况为例加以说明。

小麦有两层珠被，最初每层珠被都包含 2 层细胞；合子进行第一次分裂时外珠被开始退化，细胞内原生质逐渐消失，后来这些细胞被挤压而失去原来的形状，最终消失；内珠被起先还保持原有形状，并且增大体积，到种子乳熟时期内珠被的外层细胞开始消失，内层细胞短期内还存在，但到种子成熟干燥时它已起不了保护作用，后来作为保护种子的组织层主要是果皮，如图 4–63 所示。

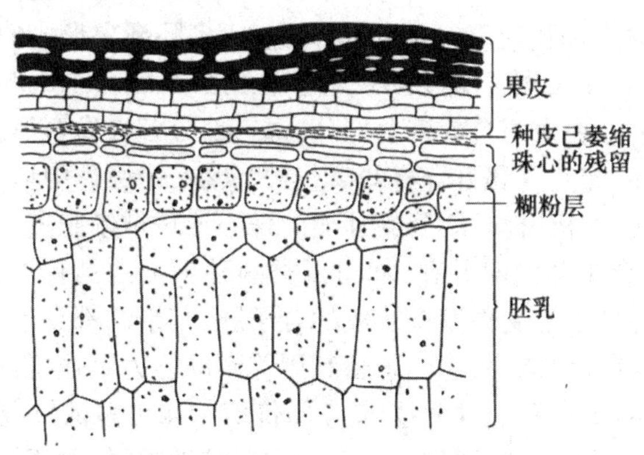

图 4–63　小麦颖果横切

少数植物在种子形成过程中，从胚珠珠柄的近端部生出一圈突起物围绕着胚珠向上生长，最后把胚珠或多或少地包被起来，这种结构叫作假种皮（aril）。假种皮通常肉质化并常含有大量油脂、蛋白质、糖类等贮藏物质,如荔枝、龙眼的肉质多汁的可食部分就是假种皮;南蛇藤(*Celastrus orbiculatus* Thunb.)的假种皮呈鲜红色。假种皮的来源有多种,可以由外珠被的外层转变而来,也可由珠柄或合点发育而成,通常是在受精后随着胚珠发育而形成。假种皮具有帮助种子借动物传播的作用。另外,还有些植物的种子,它们的种皮上出现毛、刺、腺体、翅等附属物,这些结构有助于种子的传播。

(四)无融合生殖和多胚现象

1. 无融合生殖

通常情况下,被子植物的胚是有性生殖的结果,即由胚囊中的精、卵细胞结合发育而来。但有些被子植物不经过雌雄性细胞的融合(受精)也可形成胚,这种现象称为无融合生殖(apomixis)。无融合生殖发生于有性器官中,却无两性细胞的融合,但仍然以具胚的种子形式而非营养器官进行繁殖,有的学者认为它是介于有性生殖和无性生殖之间的一种特殊形式,也有学者认为是无性生殖。

无融合生殖现象已在被子植物36个科的300余种植物中发现,其形式多样,依据胚囊是否经过减数分裂及其来源,可分为单倍体无融合生殖和二倍体无融合生殖两大类。

2. 多胚现象

正常情况下一个种子中只有一个胚。一个种子中产生两个或两个以上胚的现象称为多胚现象(polyembryony)。多胚现象形成的原因较为复杂,常见的有以下几种情况:①裂生多胚(cleavage polyembryony),受精卵发育过程中分裂为两个或多个部分,每一部分各自发育形成胚,有时也称其为真多胚,如兰科和百合科的某些种。②一个胚珠中形成两个胚囊,而出现多个胚,如桃、梅。③胚囊外面的珠心或珠被细胞直接分裂形成不定胚,它们与合子胚同时并存,如柑橘类的种子常常具有4~5个胚,其中只有一个胚是正常受精发育而成的合子胚,其余的都是不定胚。通常,珠心胚无休眠期,出苗快,比合子胚利用养料的能力更强、苗更强壮,并能基本保持母本的性状,在生产上有应用价值。④更多的情况是除了正常的合子胚外,胚囊中的助细胞(如菜豆)和反足细胞(如韭菜)也发育成胚。

第六节　果实的发育和结构

一、果实的结构

（一）真果

真果的结构较简单，外层为果皮，内含种子。果皮由子房壁发育而成，可分为外果皮（exocarp）、中果皮（mesocarp）和内果皮（endocarp）3层。果皮的厚度不一，视果实种类而异果皮的层次有的易区分，如核果；有的互为混合，难以区分，如浆果的中果皮与内果皮；更有禾本科植物如小麦、玉米的籽粒和水稻除去稻壳后的糙米，其果皮与种皮结合紧密，难以分离。

（二）单性结实和无籽果实

正常情况下，植物受精以后才开始结实。但有一些植物，不经过受精作用也能结实，这种现象叫单性结实。单性结实有两种情况：一种是天然单性结实，即子房不经过传粉或任何其他刺激，便可形成无籽果实的现象，如香蕉、葡萄和柑橘等。另一种叫刺激单性结实，即子房必须经过一定的人工诱导或外界刺激才能形成无籽果实的现象，如以爬山虎的花粉刺激葡萄花的柱头、马铃薯的花粉刺激番茄花的柱头或用某些苹果品种的花粉刺激梨花的柱头、用某些生长调节剂处理花蕾、用低温和高强光处理番茄等，都可诱导单性结实。

单性结实必然产生无籽果实，但无籽果实并非全由单性结实产生，如有些植物的胚珠在发育为种子的过程中受到阻碍，也可以形成无籽果实；另外，三倍体植物所结果实一般也为无籽果实。单性结实可以提高果实的含糖量和品质，且不含种子，便于食用，因此，在农业生产中有较大的应用价值。

（三）假果

假果的结构较真果复杂，除由子房发育成的果实外，还有其他部分参与果实的形成。例如，梨、苹果的食用部分，主要由花萼筒肉质化而成，中部才是由子房壁发育而来的肉质部分，且所占比例很少，但外、中、内3层果皮仍能区分，其内果皮常革质、较硬（图 4-64）。在草莓等植物中，果实的肉质化部分是花托发育而来的结构；在无花果、菠萝等植物的果实中，果实中肉质化的部分主要由花序轴和花托等部分发育而成。

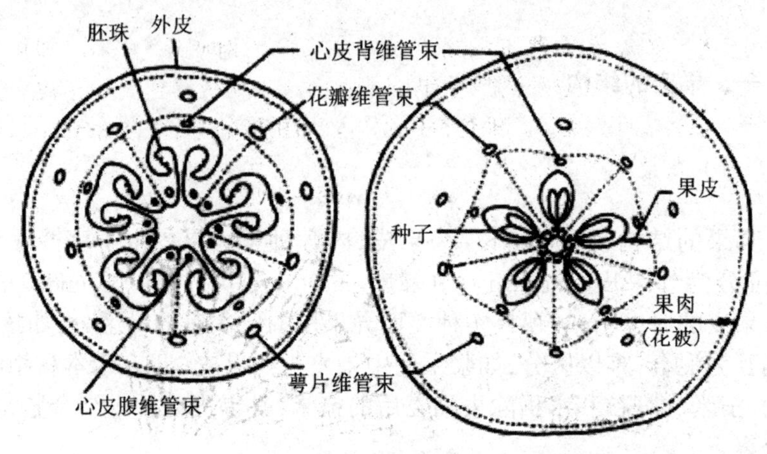

图 4-64　苹果幼果（左）和成熟果实（右）的横剖截面图

二、果实的发育

受精后花的各组成部分发生显著的变化：花萼枯萎或宿存（如茄、柿、茶），花冠和雄蕊一般凋谢，雌蕊的柱头以及花柱也都枯萎，仅子房或者子房以外其他与之相连的部分一同生长发育，膨大为果实。

果实的生长发育一般要经过三个阶段，即细胞分裂阶段、细胞体积增大与分化阶段、果实成熟阶段。第一阶段一般比较短暂，仅为开花后数周，也就是说只在果实发育的早期才进行细胞分裂，以增加果实细胞的数量。此后的较长时间则是果实细胞体积的增大与分化阶段，而果实的增大主要是由这一阶段果实细胞体积的增大来实现的。例如，西瓜幼果细胞在细胞分裂结束时其直径仅为 29.6 μm，而到果实成熟时果肉细胞的直径则可增大到 700 μm，肉眼就可以看到。当果实细胞的体积增大与分化完成后，即当果实的生长达到了一定的形状和大小后，便进入了果实的成熟阶段。现将被子植物从花到果的发育过程总结成图 4-65 所示。

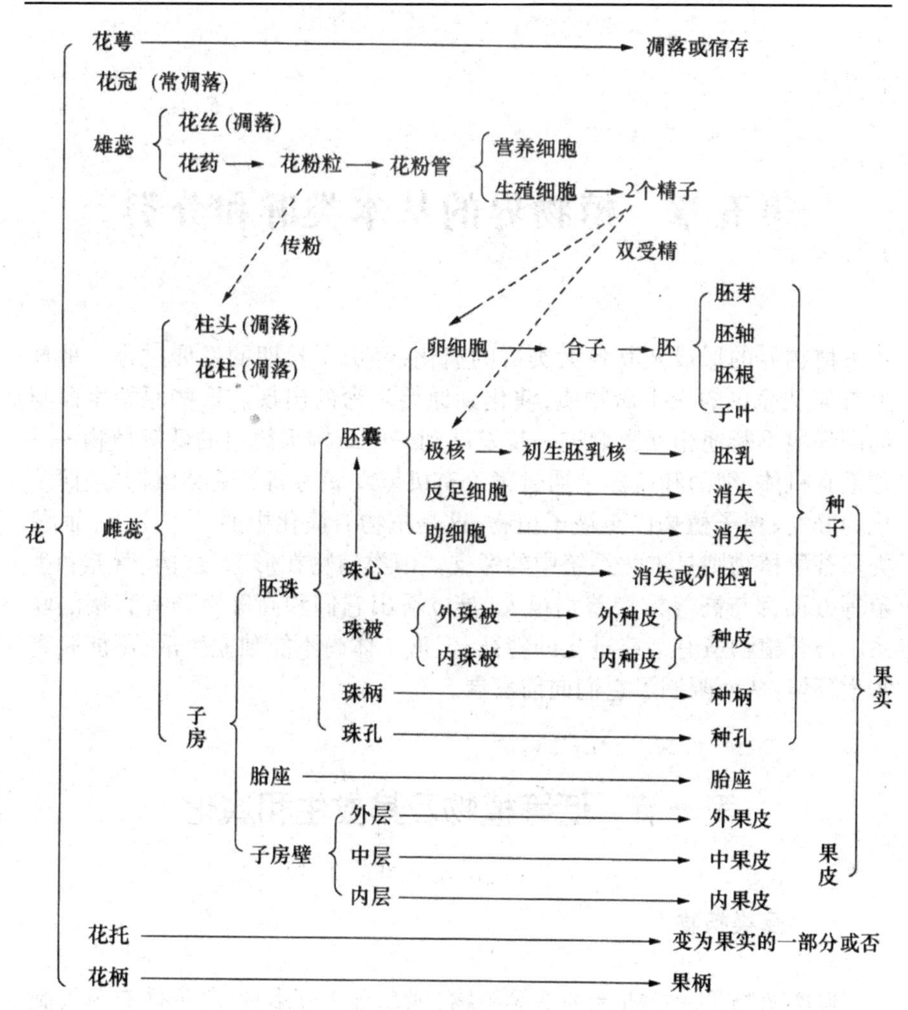

图 4-65　被子植物从花道果实的发育过程

第五章　植物界的基本类群和分类

植物界的形成及其各大类群的演化，经历了长期的发展过程。地球上首先从简单的无生命物质，演化到原始生命的出现。这些原始生命与周围环境不断地相互影响进一步发展到一些结构很简单的低等植物——鞭毛有机体、细菌和蓝藻。通过鞭毛有机体发展为高等藻类植物，进而演化为蕨类、裸子植物以至被子植物，这是植物界演化中的一条主干；而菌类和苔藓植物则是进化系统中的旁支。菌类植物在形态、结构、营养和生殖等方面都与高等植物差别很大，难以看出它们和高等植物有直接的联系。苔藓植物虽有某些进化的特征，但孢子体尚不能独立生活，不能脱离水生环境，从而限制了它们向前发展。

第一节　低等植物及其发生和演化

一、藻类植物

藻类植物是一群古老的低等植物，现存有 2 万多种，其形体有单细胞的、群体的和多细胞的，最小的要在显微镜下才能看见，最大的巨藻则长在 100cm 以上。藻类植物细胞含有叶绿素，属自养植物，大多数水生，少数陆生；繁殖方式有营养繁殖、无性繁殖和有性繁殖。

（一）藻类植物的特点

（1）具有叶绿素，能进行光合作用，无根、茎、叶的分化，无维管束，无胚的叶状体植物，又称原植体植物，一般生长在水体中。

（2）有性生殖器官一般都为单细胞，有的可以是多细胞，但缺少一层包围的营养细胞，所有细胞都直接参与生殖作用。

（二）藻类植物的分类

藻类植物具有色素，能自养（极少数种类共生或寄生），多数生于水中或池沼，少数陆生，根据所含色素及贮存的养料以及细胞壁成分等进行分类，一般分为蓝藻门、眼虫藻门、金藻门、甲藻门、绿藻门、褐藻门、红藻门等。藻类植物种类繁多，下面仅对一些经济价值较高的门作一些简单介绍。

1. 蓝藻门

简单的藻类植物，约1500种，分布很广，多生于淡水。植物体有单细胞、群体或丝状体。细胞无真正的细胞核，原生质体分化为周质和中心质两部分。含叶绿素a和藻蓝素（藻胆素），所以一般呈蓝绿色。常见的如发菜。

2. 绿藻门

约有8600种，为藻类最大一门。藻体有单细胞、群体、丝状体、叶状体、管状多核体等各种类型。细胞壁由纤维素构成。细胞内各有一定形态的叶绿素，如杯状、环状、星状、网状等；叶绿体中含有和高等植物一样的叶绿素a、叶绿素b、胡萝卜素和叶黄素，故植物呈绿色。常见的如衣藻、团藻、水绵等。

3. 轮藻门

主要特征植物为多细胞枝状体；以单列细胞分支的假根（rhizoid）固着在水底淤泥中。主枝分化成“节”和“节间”，“节”的四周轮生有“短枝”，“短枝”又称为“叶”，也有“节”和“节间”。所有主枝顶端都有一个半球形的顶端细胞，植物的生长源自顶端细胞不断分裂。雌、雄生殖器官构造特殊，合子萌发经过原丝体阶段。繁殖为营养繁殖和卵式生殖。分类仅轮藻纲、轮藻目、轮藻科，约300余种。常见有轮藻属，主要为淡水产。

代表植物轮藻属，植物常生于淡水，在缓流或静水的水底大片生长，少在微盐性水中。植物体为多细胞枝状体，高10 ~ 60cm，有一直立的主枝，主枝顶端有1个半球形的顶细胞，顶细胞不断分裂形成藻体，有节与节间之分，每节上生一轮侧枝，有些种类侧枝上轮生有短枝。主枝基部长有假根，伸入泥土中。轮藻雄性生殖器官叫精囊球（spermatangium），雌性生殖器官叫卵囊球（oogonium），皆生于小枝的节上。精囊球生于刺状突起的下方，卵囊球生于刺状突起的上方。

精囊球圆形，成熟时呈现橘红色，肉眼可见，其外面是8个三角形的盾细胞（shield cell）构成的外壳，内生许多具2条等长鞭毛的细长精子。

精囊球成熟时,其盾细胞相互分离,放出精子,游入水中。

卵囊球长卵形,外围有5个螺旋状的管细胞和其顶端的冠细胞组成,内含1个卵细胞。卵囊球成熟时,冠细胞裂开,精子从裂缝中进入与卵结合。合子分泌厚壁,落至水底,经休眠后萌发,先减数分裂为4个核,3核逐渐退化,1个核进行分裂,发育成原丝体(pro-tonema),长出数个新植物体。

4. 红藻门

主要特征绝大多数水生(淡水与海水),少数为气生,主产于温带海洋。除少数种类外,植物体多数是多细胞的丝状体、叶状体或枝状体;稀为单细胞。细胞壁内层由纤维层组成,外层为胶质,由琼胶和卡拉胶组成;原生质具有高度黏滞性,细胞核一个,少数种幼时单核,老时多核。载色体中含叶绿素a、叶绿素d、胡萝卜素和叶黄素,还含有藻红素和藻蓝素,植物体常为红色或紫红色,少数为蓝绿色。贮藏物是红藻淀粉(floridean starch);繁殖方式有营养繁殖、无性生殖和有性生殖。生活史有两种:一种是生活史中虽有两种单相植物体出现,但无世代交替;另一种是生活史中有明显的世代交替。无性生殖产生不动孢子,有单孢子(monospore)和四分孢子(tetraspore);有性生殖是卵式生殖。分类红藻门分为红毛菜纲(Bangiophyceae)和红藻纲(Rhodophyceae),约有500属,近4000种。

代表植物紫菜属(*Porphyra*)隶属于红藻纲、紫菜亚刚,植物体是叶状体,形态变化大,边缘有皱褶,以固着器固着于海滩岩石上。藻体薄,紫红色,单层细胞或两层细胞,细胞单核,一枚星状载色体,中央有一蛋白核。

5. 褐藻门

主要特征褐藻多生活在海水中,是藻类植物中形体最大、构造最复杂的一类多细胞藻类。植物体为分枝的丝状体,直立或匍匐;丝状体内部具有“表皮”“皮层”和“髓”等组织的分化;外形上有假根、假茎和假叶的分化,并具有顶端生长和居间生长特性;细胞中有核及粒状的色素体,色素体中含有叶绿素a和叶绿素c及胡萝卜素和叶黄素,由于胡萝卜素和叶黄素的含量超过叶绿素,使藻体呈褐色;光合作用主要产物是褐藻淀粉(褐藻糖)和甘露醇。有的种类(如海带),其体内含碘量很高。褐藻的繁殖方式有营养繁殖、无性生殖和有性生殖。有些种类以断裂方式进行营养繁殖;无性生殖产生游动孢子和不动孢子;有性生殖有同配、异配或卵配生殖。游动孢子和配子都具有侧生的两根不等长的鞭毛。多数褐藻生活史中具有明显的世代交替现象，孢子体发达，生活时间长，配子体小，经历时间短。

分类褐藻门通常分等世代纲（Isogeneratae）、不等世代纲（Heterogeneratae）和无孢子纲（Cyclosporae）3个纲，约有250属，1500种。

代表植物海带（*Laminaria japonica Aresch.*）隶属于不等世代纲、海带目，大多分布在北方温度较低的浅海中。植物体长达十几米，分为三部分：上部是平扁的带片，为食用部分，下部为杆状的柄，在柄和带片的连接处有居间分生组织，其活动使植物体得以增长。其组织分为表皮、皮层和髓，髓中有类似筛管的构造，其功能为运输养分，基部为分枝的根状固着器，有些种类呈盘状。

海带藻体发育到一定时期，约在晚夏或早秋，带片的两面丛生出许多棒状孢子囊，孢子母细胞经减数分裂产生许多单倍体的游动孢子，孢子离开母体直接萌发，分别形成丝状的雌配子体或雄配子体。雌、雄配子体均小，雄配子体细长，分支多，枝端细胞形成精子囊，1个精子囊产生1个精子；雌配子体粗短，一至数个细胞，顶细胞发生卵囊，其中产生1个卵，在卵囊口精卵结合，合子不离母体，再萌发成新的孢子体（小海带）。所以，海带的世代交替为异形世代交替。

（三）藻类植物的多样性

1. 营养丰富的螺旋藻属（*Spirulina*）

螺旋藻是蓝藻门植物。数百年前非洲一些部落就将螺旋藻制成藻饼食用。近几十年来，科学家发现螺旋藻是人类迄今为止所发现的最优秀的纯天然蛋白质食品源，并且是蛋白质含量最高，可达60%～70%，相当于小麦的6倍，猪肉的4倍，鱼肉的3倍，鸡蛋的5倍，干酪的2.4倍，且消化吸收率高达95%以上。其特有的藻蓝蛋白，能够提高淋巴细胞活性，增强人体免疫力，因此对胃肠疾病及肝病患者康复具有特殊意义。其中维生素及矿物质含量极为丰富，包括维生素 B_1、维生素 B_2、维生素 B_6、维生素 B_2、维生素E、维生素K等，并含锌、铁、钾、钙、镁、磷、硒、碘等微量元素，其生物锌、生物铁比例基本与人体生理需要一致，最容易被人体吸收，能快速改善小孩厌食症，提高食欲。其类胡萝卜素含量是胡萝卜的1.5倍，维生素 B_{12} 含量是猪肝的4倍，铁含量是菠菜的23倍，是铁含量最丰富的食物，因此，螺旋藻对防治贫血有积极意义。螺旋藻含有大量的γ-亚麻酸，这是一种人体必需的不饱和脂肪酸，是健脑益智、清除血脂、调节血压、降低胆固醇的理想物质。螺旋藻中的螺旋藻多糖具有抗辐射损伤和改善放、化疗引起的副反应作用。螺旋藻中叶绿素含量极为丰富,对促进人体消化、中和血液中毒素及改善过敏体质、消除内脏炎症等都有积极作用。螺旋藻中脂肪含量只有5%,且不含胆固醇,可使人体在补充必要蛋白时避免摄入过多热量。

经国内外大量科研试验证明,螺旋藻在养胃护肝、增进免疫和调整代谢机能等方面都有积极作用,被联合国粮农组织和联合国世界食品协会推荐为“21世纪最理想的食品”。目前,国内外有很多螺旋藻产品。

2. 昂贵的“发菜”(*Nostoc flagelliforme*)

发菜为蓝藻门植物,贴生于荒漠植物的基部,因其形如乱发,颜色乌黑,得名“发菜”,也被人称之为“地毛”。因发菜跟“发财”谐音,港、澳、台同胞和海外侨胞特别喜欢它,不惜以重金购买馈赠亲朋或制作佳肴。在美国价格已达到300美元/千克。发菜每百克干品含蛋白质20.3g,碳水化合物56g,钙高达2560mg,铁20mg,均高于猪、牛、羊肉类及蛋类。它突出特点是脂肪含量极少。发菜性味甘、寒,具有清热消滞、软坚化痰、理肠除垢的功效。发菜还具有降血压、调节神经等多种作用,是高血压、冠心病、高血脂病患者的理想食物。①

然而,搂发菜对生态环境的破坏极大,经调查计算,产生1.5 ~ 2.5两发菜,需要搂10亩草场,导致草场10年没有效益。国家每年因搂发菜造成的环境经济损失近百亿元,而发菜收益仅几千万元,同时给环境带来了无法弥补的破坏。代价太大,得不偿失。

国务院已于2000年6月14日下达文件《国务院关于禁止采集和销售发菜制止滥挖甘草和麻黄草有关问题的通知》。

3. 产生水华的微囊藻属(*Microcystis*)

微囊藻是蓝藻门的一属,又名多胞藻属。群体为球形、长圆形,形状不规则网状或窗格状,微观或肉眼可见。群体无色、柔软而具有溶解性的胶被。细胞球形或长圆形,多数排列紧密;细胞淡蓝绿色或橄榄绿色,往往有气泡(假空胞)。自由漂浮于水中,或附着于水中的各种基质上。多数生活于各种淡水水体,罕生于海水或盐水中,某些种大量繁殖时,往往在水面形成一种绿色的粉末状团块,称作水华,水华常被称为“湖泊癌症”。②该属很多种形成蓝藻水华,其中有一些种,例如铜锈微囊藻的毒

---

① 刚洁,王洪军,郑玉楠,等.绿色蔬菜——野生发菜生产技术[J].农村科学实验,2005(12):13.

② 安阳.持续性垂直混合对微囊藻浮聚功能调控因子的影响机制[D].上海:上海交通大学,2013.

株，含有微囊藻毒，致死的最低剂量是每千克体重 0.5mg，不少动物吞食后中毒。

4. 可能成为宇宙食物的小球藻属（*Chlorella*）

把鱼缸置于阳光充足的地方，不久可以看到上面布满一片浮游生物，形成一片翠绿晶亮的“绿世界”。在显微镜下观察时，可在这些浮游生物中找到有“绿色魔术师”之称的小球藻，一种缺乏运动性的单细胞植物。由于小球藻中所含的叶绿素远比其他植物多，其光合作用也比其他植物大数十倍。小球藻的成分除了小球藻精以外，还包含 50% 的蛋白质，20% 的碳水化合物，5% 的叶绿素，另外还有微量的矿物质、维生素 A、维生素 B_1、维生素 B_2、维生素 B_6、维生素 C、泛酸、叶酸、核酸等。小球藻精是小球藻独特的成分，对维持健康与治疗疾病发挥功效。小球藻能使酸性体质变成弱碱性体质，预防感冒或病毒所引起的疾病，还具有解毒作用。

小球藻可以进行强烈的光合作用，宇航员呼出的二氧化碳正好是小球藻进行光合作用的重要原料，而它在光合作用过程放出的氧气正好能供给宇航员呼吸用。有人计算过，1 克小球藻 1 天之内可以放出 1 ~ 1.5g 氧气。这样，如果把小球藻放在飞船的特殊装置中，它们就可以迅速繁殖，进行光合作用，充当飞船舱内特殊的“空气净化器”，而且这种活的空气净化器可以循环使用。另外，再设法解决小球藻作为宇航员特殊需要而又能及时供应的食物问题，不就可以一举两得了吗？因此，小球藻最有希望成为未来的宇航食物。60 年代初，苏联科学家曾试验把小球藻载入可操纵的宇宙飞船“东方 5 号”，进入宇宙遨游。试验证明，小球藻可以在完全失重的条件下进行生长发育，这就更加坚定了人们把小球藻当作宇宙食物的信心。

5. 海中蔬菜——海带（*Laminaria japonica*）

海带也称为昆布，属于褐藻类，是一种海生藻类植物，藻体可达 2 ~ 3m。我国沿海养殖海带的数量很大，但真正认识到海带价值的要数日本人。他们自古以来爱吃海带，并将它誉为“长寿食品”。

海带的营养丰富，特别是含有人体所需的多种氨基酸，且含量较高，每 500g 即有 40g 以上。海带也是一种常用中药。海带的含碘量在所有食物中名列第一，号称“碘的仓库”。早在唐代，即已用来治疗瘿瘤、水肿等病。“瘿瘤”俗称大脖子病，主要是指因缺碘引起的“地方性甲状腺肿”。胎儿的器官、组织分化需要充足的碘，假如孕妇缺乏碘，后果更为严重，孩子从出生起就是白痴，并丧失生殖能力。对于甲状腺功能亢进症，食用海带,也可以暂时降低新陈代谢率,减轻症状。至今,海带仍然是提取碘的重要原料。

海带中含大量的褐藻胶,即海带中的黏性物质。褐藻胶清除有毒物质、也是各种膳食纤维中有良好的抗污染食品。深受污染之苦的工人、经常在计算机前工作以及与放射线接触的人,应当多吃些海带。

6. 巧夺天工的硅藻(*Bacillariophyta*)

一滴海水,晶莹透亮,肉眼看上去,里面什么也没有,把它放到显微镜下,可就不一样了,有像闪光的“表带”,有像细长的“大头针”、扁平的“圆盘”,甚至像精致的“铁锚”……令人眼花缭乱。这些浮游生物60%以上是硅藻。

硅藻的名字,来源于它们的细胞壁含有大量的结晶硅。硅藻的形体犹如一个盒子,它由一大一小的两个半片硅质壳套在一起。在显微镜下,壳的表面纹饰真是一个巧夺天工的万花筒世界。单细胞的硅藻为圆盒形、六角形、多角形等。

硅藻还可借助胶质黏结成群体,有扇形、链条状、星状等,真是千姿百态、美不胜收。

硅藻约有8000余种,分布广泛,是海河湖泊中浮游植物的重要成员,它们对渔业及海洋养殖业的发展起了至关重要的作用。大量硅藻遗骸沉积海底形成硅藻土,是化学工业极好的吸附剂及催化剂的载体,也是建筑磨光、隔热、隔音、造纸、橡胶、化妆品和涂料等的原料,化石硅藻在石油形成和富集中做出了重要贡献。美丽的硅藻还为工艺美术、纺织印染及食品工艺提供了大量的参考图案。

诺贝尔奖的创始人阿尔弗雷德·诺贝尔(Alfred Nobel)发现将不稳定的硝化甘油放入硅藻所产生的硅土后可以稳定地成为可携带的炸药。

二、菌类植物

菌类植物是一类古老的低等植物,菌类植物体不含叶绿素,除极少数细菌外都不能进行光合作用,生活方式为异养,根据体内细胞的形态、构造、繁殖方式和贮存的养料成分等区别,可分为细菌门、黏菌门和真菌门。

(一)菌类植物的分类

1. 细菌门

主要特征细菌是一类单细胞低等微小原核生物。约有2000种,分布极其广泛,水中、土壤、大气和生物体内都有细菌存在。

细菌有三种主要基本类型: 球菌(coccus)、杆菌(bacillus)及螺旋菌(spi-rillum),之间还有许多过渡类型。球菌直径0.15 ~ 2μm,杆菌长度1.5 ~ 10μm,直径0.5 ~ 1.5μm。有些细菌成单列细胞的丝状,有时分叉,菌丝呈无隔分枝状的丝状细菌,称为放线菌。

细菌具有细胞壁、细胞膜、细胞质、内含物、核质,无明显的细胞核。有些细菌分泌黏性物质,累积在细胞壁外,叫作荚膜(capsule),对细菌本身有保护作用; 许多细菌在生活史中有一个时期常生有鞭毛,能游动。绝大多数细菌为异养生活方式,包括腐生、寄生和共生。少数细菌自养,包括化能合成自养和光合合成自养(光能合成菌: 细胞内含细菌叶绿素和红色素,能够利用光能制造有机物,行自养生活)。

细菌的繁殖方式有无丝分裂、出芽、形成芽孢。细菌在固体培养基上裂殖,结果是许多细菌堆积在一起,形成肉眼可以看到的群体,称为菌落。出芽是细胞上长出一个芽体,发育为新细胞; 芽孢繁殖是在不良环境下,原生质集聚在细胞的一端或中间,在细胞壁内另生新壁,形成圆形或椭圆形的芽孢,又称为内生孢子,成熟时,原有的细胞壁溶解。芽孢抵抗力强,能耐 -253℃低温和 100℃水中 30h,当条件适宜时萌发。所以必须用高压灭菌,才能彻底消灭内生孢子。

代表植物放线菌(*Actinomycetes*),放线菌是细菌的高级类型。是一类不具鞭毛的杆状细菌,不游动,以孢子或菌丝存在,菌丝具有显著的无隔分枝和分生孢子,分生孢子脱离菌丝,萌发、生长、分枝形成菌丝。从细胞的结构看是细菌,从分枝丝状体看则像真菌,故有人认为它是细菌和真菌的中间形态。广泛用于生产抗生素(常见的有链霉素、四环素、土霉素等)、维生素与酶类,甾体转化、石油脱蜡、烃类发酵、污水处理等。

2. 真菌门

真菌是一类不含叶绿体和色素的异养植物,其植物体比细菌大,细胞结构比较完善,有明显的细胞核,除少数单细胞的种类外,大多数营养体是由一些分枝或不分枝的丝状体构成,称为菌丝体。菌线体有的疏松如网,有的紧密坚硬如木。储藏的营养物质为肝糖和脂肪。真菌的生活方式为寄生、腐生或共生。真菌的繁殖方式多种多样,可由菌丝断裂进行营养繁殖; 或产生各种类型的游动孢子、孢囊孢子、分生孢子进行无性繁殖; 有性繁殖的方式也很多样。真菌的种类很多,分布很广,陆地、水中及大气中均有。根据营养体的形态和生殖方法不同,通常分为壶菌纲、接合菌纲、子囊菌纲、担子菌纲和半知菌纲。

(1)接合菌纲。

有性生殖通过配子囊接合形成形状各异的接合孢子。多数腐生,分布于土壤、有机物和粪便上,少数寄生于人、动物、植物和真菌上。毛霉目的毛霉属、根霉属和犁头霉属中许多真菌是重要的工业菌种,可生产有机酸、酶制剂和乳腐等发酵食品,并可转化甾族化合物等。最常见的为黑根霉,又称为面包霉,多腐生于含淀粉的食品如面包、馒头和其他食物上,这些发霉体上成层的白色茸毛状物就是它们的菌丝体,会引起谷物和其他农产品霉烂,少数还会使人体和动物致病。

(2)子囊菌纲。

已知有4万多种。除酵母菌为单细胞外,都有发达的菌丝体,有性过程中形成了子囊,产生子囊孢子,因而称为子囊菌纲。本纲最常见的为青霉属,常生长在腐烂的水果、蔬菜、肉类、衣服及皮革的有机物上,有些种能分泌抗生素,即青霉素,可用于治疗疾病。

(3)担子菌纲。

已知有4万多种,担子菌纲最重要的特征是菌丝为分枝的多细胞,子实体显著,具有伞形(蘑菇)、片状(木耳)、球状(马勃)等特殊形状,子实体上产生一种棒状的菌丝称为担子,担子上长有4个孢子称为担孢子。担子菌纲常腐生于森林中的朽木败叶上,其中伞菌类植物如蘑菇、香菇、猴头菇是常见的食用菌。真菌在自然界中的作用很大,能使林下的枯枝落叶分解为无机物,能与藻类共生成地衣,能与植物根共生成菌根。真菌与人类的关系也很密切,许多真菌可供食用和药用,如木耳、银耳、竹荪、冬虫夏草、灵芝、茯苓等均属于真菌。许多真菌则是林木和农作物的病原菌,有的还能使人和动物致病。

3. 黏菌门

主要特征黏菌是介于动物和植物之间的生物,它们的生活史中一段是动物性的,另一段是具植物性的。营养体无叶绿素,为裸露的无细胞壁、多核的原生质团,称变形体(plasmodium),其构造、行动与摄食方式与原生动物中的变形虫相似;在繁殖时期产生孢子,孢子有纤维素的壁,具植物的性状。黏菌大多数为腐生,生于潮湿的环境里,如树的孔洞或破旧的木梁上。但有少数寄生,使植物发生病害,例如白菜、芥菜、甘蓝根部组织受黏菌寄生,根部膨胀,植物生长不良,甚至死亡。黏菌门分为3个纲,集胞菌纲、黏菌纲和根肿菌纲,约有500种。

代表植物发网菌属(*Stemonitis*),隶属于黏菌纲(*Myxomycetes*),是黏菌门中分布广泛的常见类群。发网菌的营养体为裸露的原生质团,称变形体。变形体呈不规则的网状,直径数厘米,在阴湿处的腐木上或枯叶上缓缓爬行。

（二）菌类植物在自然界中的作用及经济意义

1. 菌类植物在自然界中的作用

细菌对物质的矿化作用，固氮细菌的固氮作用，在自然界碳、氮循环中至关重要。

2. 菌类植物的经济意义

（1）工业原料。在工业上生产的乙醇、丙酮和乙酸等产品，都是利用细菌发酵制成的；在酿造业上，利用酵母、曲霉和根霉等菌种造酒。在食品工业上，利用酵母制作面包、馒头等发酵食品。利用细菌发酵制成我们日常食用的酱油、醋、泡菜和酸菜，细菌、真菌也广泛应用于化学、造纸、制革等生产中。

（2）食用。香菇、猴头菌、木耳、银耳和羊肚菌都是人类的美味食品，我国可食用的真菌总计已超过 300 种。食用菌中含有大量维生素和丰富的总脂肪酸，是人体必需的营养物质，也是健康食品的重要组成。不过，有些真菌有剧毒，误食可致死亡。如豹斑鹅膏 [*Amanita pantherina*（*DC. ex Fr.*）*Secr.*]

（3）药用。黄青霉（*P.chrysogenum Thom.*）、点青霉（*P.notatum Westt.*）等真菌，是人类制取青霉素的重要材料；冬虫夏草是名贵中药，能补肺益肾、止咳化痰，可治多种疾病；木耳、银耳有益气、活血、强身、补脑、提神等功效；真菌中的猪苓 [*Polyporus umbellatus*（*Pers.*）*Fries*]、灵芝等，含有水溶性真菌多糖，能抑制肿瘤的生长，提高免疫功能，具有极高的药用价值。香菇中含有的香菇多糖，经动物实验证明，具有较强的抗癌作用。

（4）农作物病原菌。许多病原真菌，能导致人及经济动、植物病害发生，如水霉寄生在鱼体上，使鱼致死，危害养鱼业；匍枝根霉的孢子可从伤口侵染甘薯，引起甘薯软腐病，造成甘薯腐烂；幼苗立枯病菌能寄生于稻、麦、豆、棉和马铃薯等 40 余种栽培和野生植物上，使幼苗枯萎；白菜霜霉菌寄生于白菜、油菜、甘蓝和萝卜等十字花科植物叶片上，使其变黄干枯，大面积坏死，严重影响生长；青霉菌常是引起橘子、梨、苹果等腐烂的重要病原菌。

此外，利用放线菌生产生物杀菌剂，已成为植物病害防治上的重要措施。如以小金色放线菌产生的抗生素，可防治稻瘟病。从放线菌中提取的链霉素、金霉素、土霉素等数十种抗生素，都是和人畜病害做斗争的有力武器。

三、地衣植物

地衣植物,就是真菌和藻类共生的一类特殊植物,无根、茎、叶的分化,能生活在各种环境中,被称为“植物界的拓荒先锋”。共生的真菌大多是子囊菌,少数是担子菌,能吸收水和无机盐,并包被藻体;共生的藻类主要是蓝藻(细菌)和绿藻,能进行光合作用,制造有机物。共生过程中,菌类吸收水分及无机盐供给藻类,并在环境干燥时保护藻的细胞不至干死,藻类进行光合作用制造有机物质供给菌类做养料,他们之间彼此互利,是一种共生关系。地衣对空气污染极为敏感,常用来作为空气污染的监测植物。地衣的适应能力很强,分布很广,通常生长在岩石、树皮和土壤的表面,也能生长在其他植物不易生长的岩石绝壁上、沙漠中、北极寒冷地带和热带高温地区。

(一)地衣的形态

按生长型,地衣的形态基本上可分为三种类型。

1. 壳状地衣

地衣体是一种具有色彩的多种多样的壳状物,菌丝与基质紧密相连,有的菌丝还伸入基质中。因此,地衣体与基质很难剥离。壳状地衣约占全部地衣的80%。如生活于岩石上的茶渍衣属和生于树皮上的文字衣属。

2. 叶状地衣

地衣体扁平,有背腹之分,呈叶片状,四周有瓣状裂片,下方(腹面)以假根或脐固着在基物上,易与基质剥离。如生活在草地上的地卷衣属、脐衣属和生在岩石或树皮上的梅花衣属。

3. 枝状地衣

地衣体直立或下垂,呈树枝状或柱状,多数具分枝,仅基部附着于基质上。如直立地上的石蕊属和悬垂分枝生于云杉、铁杉、冷杉树枝上的松萝属(*Usnea*)等。枝状地衣的生长速度比壳状、叶状地衣快很多。大量的松萝属地衣悬在树上,会导致树木的死亡。另据报道,松萝地衣是滇金丝猴的主要食物,由于滇金丝猴食物单一,灭绝的可能性很大。

（二）地衣的结构

根据藻细胞在真菌组织中的分布状态，地衣可分为同层地衣和异层地衣两类。同层地衣原植体中藻细胞和菌丝混合成为一体，无藻胞层和髓层之分。异层地衣原植体的横切面通常可分为三层：藻胞层、髓层和皮层。皮层可分为上皮层和下皮层，都由致密交织的菌丝构成。髓层介于上、下皮层之间，由一些疏松的菌丝和藻细胞构成，藻细胞聚集在上皮层下方，称藻胞层。在下皮层上常产生一些假根状突起，使地衣固着在基质上。

（三）地衣的繁殖

地衣植物主要进行营养繁殖和无性生殖。营养繁殖时，地衣植物产生断片繁殖。无性生殖时产生粉芽（soredium）或珊瑚芽（isidiar）繁殖。粉芽是在叶状体表面或特殊的分枝上几根菌丝缠绕着一个或数个藻细胞构成，粉芽从母体脱落后，条件适宜时萌发生长。有性生殖是由共生真菌和藻类独立进行的，具体生殖方式因种类不同而异。

（四）地衣的分类

地衣一般分为子囊衣纲、担子衣纲、藻状菌衣纲，约有 2.6 万余种。

（1）子囊衣纲（Ascolichens）。地衣体中的真菌属于子囊菌，本纲约有 18 个目，数目占全部地衣总数的 99%。常见的有松萝属、梅衣属（Parmelia）、茶渍属（Placopsis）、石蕊属、石黄衣属（Xan-thoria）和皮果衣属（Dermatocarpon）等。

（2）担子衣纲（Basidiolichens）。地衣体中的真菌属于担子菌纲，主要分布于热带，种类很少。

（3）藻状菌衣纲（Phycolichens）。本纲已知的只有 1 属 *Cystocoleus*，产于中欧。

（五）地衣在自然界中的作用和经济意义

地衣是植物界的开路先锋，对岩石风化和土壤形成可起促进作用。地衣（特别是壳状地衣）常生长在裸露的岩石和峭壁上，能分泌地衣酸，腐蚀岩石，加上地衣死亡后的遗体有机质，在岩石表面逐渐形成土壤，为以后高等植物如苔藓植物等的生长与分布创造了条件。

地衣有不少种类具经济价值,如松萝(*Usnea subrobusta*)、石蕊(*Cladonia cristutella*)等可供药用。许多种类的地衣酸具有抗菌作用。最近发现多种地衣体内的多糖有抗癌能力。石耳(*Gyrophara esculenta*)、石蕊、冰岛衣(*Cetraria islandica*)等可供食用,并可提取地衣淀粉、蔗糖、葡萄糖和酒精。有的种类可作饲料,如冰岛衣等是北极鹿的饲料;红粉衣(*Ochrolechia tartarea*)提取的地衣红靛,可染毛织品和作为医学上的杀菌剂等;染料衣(*Roccella tinctoria*)可提取石蕊,作为化学指示剂。此外,多种地衣对 SO_2 反应敏锐,可作为城市大气污染的监测指示植物。

地衣也有危害性的一面。某些地衣生于茶树或柑橘树上,其菌丝侵入树皮,或者导致其他真菌侵入引起病害,危害树木生长,对森林树种云杉、冷杉等也有类似的危害。

第二节　高等植物及其发生和演化

除苔藓植物外,植物体一般都有根、茎、叶和维管组织的分化;生殖器官由多细胞构成;受精卵形成胚,再发育成植物体;生活史中有明显的世代交替;绝大多数陆生。

一、苔藓植物

(一)苔藓植物的主要特征

苔藓植物(Bryophyta)是一类结构比较简单的高等植物。它除了具有一些较高级的藻类植物所具有的"植物体多细胞、具明显的世代交替"等特征外,还具有明显区别于低等植物的特征。

(1)植物体出现了茎、叶的分化,但尚无真正的根。苔藓植物是一类小型的多细胞绿色植物,没有产生真正的根,根为单细胞或单列细胞所组成的假根,有吸收水分、无机盐和固着的作用。低等种类为片状构造的叶状体(thallus);高级的种类,在外形上已有类似茎和叶的分化,称为拟茎叶体。叶多数只有单层细胞的鳞叶或拟叶,既能进行光合作用,又能直接吸收水分和养料;无叶脉,只有一群厚壁细胞构成的类似于中脉的构造,称为中肋。苔藓植物没有维管组织(维管束)的分化。输导能力不强,因此,植物体矮小,最大的也只有数十厘米。

(2)配子体占优势,独立生活,雌、雄生殖器官是由多细胞组成的颈卵器和精子器。苔藓植物的营养体为配子体(即习见的植物体),独立生活,植株矮小,为叶状体或拟茎叶体。其雌、雄生殖器官生于配子体上,由多细胞组成。

(3)合子发育成胚。苔藓植物的受精作用必须借助于水,卵细胞成熟时,颈沟细胞和腹沟细胞解体,精子游到颈卵器附近,通过解体的颈沟细胞和腹沟细胞而与卵结合形成合子,合子不经休眠在颈卵器内先发育成胚,再发育成孢子体。在植物界的进化中,苔藓植物首先有了胚的结构,胚是孢子体的早期阶段,即孢子体的雏形。颈卵器和胚的出现是苔藓植物由水生向陆生过渡的重要进化性状。

(4)孢子体寄生于配子体上,孢子萌发经过原丝体阶段。苔藓植物的孢子体通常分为三个部分,上端为孢子囊,又称孢蒴(capsule),是孢子体的主要部分,其内的造孢组织分裂形成大量孢子母细胞,孢子母细胞经减数分裂形成4个孢子。孢蒴下有柄,称蒴柄(seta),细长的蒴柄将孢蒴举在空中,利于孢子散发。蒴柄最下部有基足(basal foot),基足深入配子体的组织中吸收养料,以供孢子体的生长,故苔藓植物孢子体不发达,寄生在配子体上。孢子成熟后散布于体外,在适宜的条件下萌发,首先形成片状或丝状的构造,称为原丝体(protonema),其上生出芽体,芽体进一步发育成配子体。

(5)苔藓植物的生活史有明显的世代交替现象。苔藓植物的生活史具有明显的世代交替。配子体在世代交替中占优势,孢子体寄生在配子体上,这一点不同于其他高等植物。

苔藓植物不能算是真正的陆生植物,它一方面已经获得了适应于陆生生活的特征,如产生数目众多的不动孢子,有帮助孢子散发的结构等;另一方面还保留着许多水生植物的特点,如无真根,无维管组织,精子具鞭毛,必须以水为媒介才能到达卵细胞等。[①]

(二)苔藓植物的分类

1. 苔纲

包括除角苔纲外所有有茎与叶分化的苔类和叶状体苔类植物,简称苔类。原丝体不发育。通常只产生单个植物体。配子体有茎与叶的分化,茎不具中轴,叶多为单细胞层,无中肋,或配子体为叶状,由多层细胞所组成,部分属种具中肋,腹面多数着生鳞片。假根单细胞,蒴柄延伸在孢蒴

① 魏志颖.山墙藓配子体再生体系的建立[D].齐齐哈尔:齐齐哈尔大学,2015.

成熟之后。颈卵器壁不形成分离的蒴帽。孢萌成熟后多数纵长开裂,无萌齿,不育细胞多形成弹丝。常见的如地钱。

地钱(*Marchantia polymorpha L.*),分布我国南北各地,喜生于阴湿的土地上,常见于林缘、井边、墙隅等地。常见地钱是它的配子体,为叉状分支的叶状体,生长点位于分叉凹陷处。叶状体有背腹两面,背面有气孔,腹面有多细胞的鳞片和单细胞的假根。

地钱为雌雄异株,有性生殖时,在雌、雄株上分别生出雌、雄生殖器托,形如伞状,分为托柄和托盘两部分。雌器托的托盘边缘深裂,具8 ~ 10条指状芒线。芒线之间有倒悬的瓶状颈卵器。雄器托的托柄较长,托盘边缘浅裂,内生有许多精子器腔,腔内有1个近似球形精子器,内生很多具卷曲鞭毛的精子。精子成熟后,借助于水游入颈卵器内,与卵细胞结合形成合子,在颈卵器中发育成胚,胚进一步发育成孢子体。

孢子体由孢萌、萌柄和基足组成。孢蓟内的孢子母细胞经过减数分裂形成孢子。孢蓟内黄色的弹丝有助于孢子散出。孢子在适宜的环境中,萌发成原丝体,进而分别形成雌、雄配子体。

地钱除有性生殖外,其配子体主要靠胞芽(gemmae)行营养繁殖,胞芽生于叶状体上表面的绿色胞芽杯(capule)中,长圆形片状,两侧各有一凹陷为生长点,幼时以细柄着生,成熟时胞芽由柄处脱落,散发于体外,落地生长,发育为新个体。

苔类曾用作装饰品,尤其用于女帽,在拉丁美洲用于圣诞节装饰。有些苔用于美化环境,尤其是日本的苔园(如京都者),因森林类型不同,其中苔类组分亦异,故苔类可用作森林类型的指示植物。在某些森林中,树木种子在苔类形成的地被中更易萌发。苔类与藓类、地衣、藻类常是先锋植物。苔类又能促进岩石风化、促进断木分解、防止水土流失。

苔又是螨、昆虫的栖所及鸟巢的材料,旅鼠等以大型苔的孢萌为食。

2. 藓纲

(1)主要特征。配子体为有茎、叶区别的拟茎叶体。有的叶具中肋。假根由单列细胞构成,往往产生分枝。孢子体的结构复杂,蓟柄发达,常在孢子成熟前伸长,坚挺;孢萌内有发达的蓟轴,无弹丝;成熟时多为盖裂,裂口处常有萌齿,有助于孢子散发;多数种类有萌帽。孢子萌发后,原丝体时期发达,每一原丝体常形成多个芽体,形成多个植株。

藓类植物的种类繁多,遍布世界各地,由于它比苔类植物耐低温,因此在温带、寒带、高山、冻原、森林和沼泽常能形成大片群落。

代表植物葫芦藓(*Funaria hygrometrica Hedw.*),常分布于阴湿的泥地、林下或树干上,植物体直立,丛生,高约1 ~ 2cm,为拟茎叶体,无真正的根、茎、叶的分化。拟茎短小，通常分化为表皮、皮层和中轴三部分，基部生有单列细胞组成的假根。拟叶螺旋状着生，具1条明显的中肋。整个拟叶的叶片除中肋外均由单层细胞组成。

葫芦藓为雌雄同株异枝植物。生殖器官在冬季发生，初春生长，雄枝顶端拟叶的叶形较大、外张，形如一朵小花，为雄器苞。雄器苞中央有许多精子器和侧丝，精子器基部有小柄，呈棒状，内生有精子，精子具两条鞭毛。精子器成熟后，顶端开裂，精子逸出。侧丝由1列细胞构成，呈丝状，顶端细胞明显膨大。侧丝分布于精子器之间将精子器隔开，从而能保存水分并保护精子器。雌枝顶端形如芽状，其内有颈卵器数个。

在生殖季节里，成熟的精子借助于水游到颈卵器附近，进入成熟的颈卵器内，与卵结合形成合子。合子不经休眠，直接在颈卵器内发育为胚，胚逐渐分化形成基足、蒴柄和孢蒴而成为孢子体。基足深入配子体内吸收养料，萌柄快速生长，将膨大的孢菊顶出颈卵器之外，颈卵器在腹部被撕裂为上下两部分，上部附着在孢蒴外形成蒴帽（calyptra），因此蒴帽是配子体的一部分，而不属于孢子体，孢子体成熟时萌帽自行脱落。萌柄顶端膨大，形成孢萌，外形似歪斜的葫芦。孢蒴内有孢子母细胞，进行减数分裂形成孢子。孢子成熟后散出，在适宜的环境中萌发成原丝体。原丝体由绿丝体（chloronema）、轴丝体（caulonema）和假根构成。假根的机能是固着与吸收，绿丝体的机能是进行光合作用，轴丝体的机能是产生具有茎叶的芽，芽发育成有茎叶的配子体。

藓纲中其他常见的种类有泥炭藓属（*Sphagnum*）、小金发藓属（*Pognatum*）、真藓属（*Bryum*）的一些种类。

（2）苔藓植物在自然界中的作用及经济价值。苔藓植物是植物界的拓荒者之一，它在生长的过程中，能不断地分泌酸性物质，溶解岩面，为其他高等植物创造了生存条件；苔藓植物一般都有很大的吸水能力，尤其当密集丛生时，吸水量可高达植物体干重的15～20倍，而蒸发量只有静水表面的1/5，具有防止水土流失之功能；苔藓植物有很强的适应水湿的特性，如泥炭藓属、湿原藓属（*Calliergon*）和镰刀藓属（*Drepanocladus*）等，在湖泊、沼泽中大片生长时，上部藓层逐渐扩展，下部死亡，可使湖泊、沼泽干枯，逐渐陆地化。

苗木培养或包装运输，可用苔藓作基质或用来保鲜。还可利用苔酶作为大气污染的监测植物。

（三）苔藓植物的多样性

提起苔藓植物，人们会联想起生长在潮湿田园、路旁墙角的矮小绿色植物。其实苔藓是作为由水生向陆生过渡的高等植物的重要门类，分为藓纲、苔纲和角苔纲三大类。全世界有近200科，1200多属，约21000种。苔藓是“先锋植物”，在严寒的南北极、干旱的沙漠荒地、高山裸露的岩石上均有它的“足迹”。

苔藓植物形形色色，可在除海洋之外的各种生态系统中生长。在热带雨林中，树枝上悬挂着丝丝苔藓，树干上“披”着成片的附生苔藓，甚至叶面上可见“斑斑点点”的叶附生苔，可谓“苔藓精彩世界”。在温带地区沼泽湿地中，有大片“五颜六色”的泥炭藓，森林地面长着“形态各异”的大型指示藓类，高山苔原上主要为耐寒苔藓所覆盖，呈现不同景观。

苔藓植物的多样性远比人们一般了解的要丰富。下面让我们走进丰富多彩的苔藓世界。

1. 最原始的苔藓植物——藻苔（*Takakia lapidozioides*）

20世纪苔藓植物学有过不少重大发现，藻藓的发现就是其中之一。20世纪50年代，日本人Takaki采到了一份标本，细小植物体上伸出条条细丝，酷似“藻类”，后来发现丝基间有“精子器”，1959年命名为“藻苔”。直到1993年，在美国阿拉斯加发现了它的“孢子体”，有蒴柄和孢蒴，孢蒴成熟后纵向开裂，散发孢子，与藓类中黑藓相像，认为应为“藻藓”。目前进一步研究表明，藻藓是最原始的苔藓植物，结构简单，染色体数仅为4～5，兼有苔和藓的特征，可能是绿藻向苔藓植物进化的证据。

2. 植物体结构最复杂的苔藓植物——金发（*Polytrichum comunune*）

金发藓是苔藓植物中结构最复杂的大型类群。最大的巨发藓植物体高达60cm以上。它的叶面上有一排排绿色细胞组成的“栉片”，茎中有类似“维管束”的水分、养分输导组织。但是金发酶的孢上萌齿却是由细胞组成，属于原始的“线齿类”。

因此，对金发藓是原始还是进化类型，尚有不同观点，有的把金发藓放在藓纲最前面，有的则置于最后。最近，在不少种金发藓中已测定出有抗癌效果的化学成分，作为药用植物正在被研究开发。

3. 会发荧光的苔藓——光藓（*Schistostega pennata*）

在北半球温带地区的欧洲、日本、西伯利亚、北美洲等地有一种专门长在阴暗潮湿洞穴、悬崖石缝和倒树根下的苔藓植物，它能发出金绿色的荧光，被称为光藓。

1999年，在中国的长白山原始森林中的洞穴内也找到了光藓的分布，已被列为中国的濒危苔藓植物之一，加以重点保护。光藓为什么会发荧光？一般认为是因为它发达的原丝体,常常呈圆球状,经对光线的反折射而发出绿光。是否光藓植物叶细胞具特殊的费光素,有待深入研究。

4. 沼泽水生中的特殊藓类植物——泥炭藓（*Sphagnum palustre*）

在沼泽湿地中生长着一类特殊藓类植物——泥炭藓。这种藓类植物"五颜六色",有的白绿色,有的粉红色,有的黄褐色,有时镶嵌生长,犹如"彩色地毯"。由于其具特殊水孔和大型空白细胞结构,泥炭藓密度很小,具极大吸水能力,可吸收植物体干重 10 ~ 16 倍的水分,又可以通过离子交换,使周围环境酸化, pH 达 5 ~ 6,具一定杀菌作用。第一次世界大战期间,曾代替当时严重缺少的脱脂棉处理伤口。泥炭藓作为重要植物资源,在土壤改良、生态恢复、苗木运输及园林建设中被广泛应用。

5. 适应虫媒传孢的特化藓类——壶藓科（*Splachnaceae*）

绝大多数的苔藓植物的孢子是通过风和大气流动来传播的,但生长在有机质丰富的基质上的壶藓科植物,却常常依靠蚊子等昆虫来进行传孢。

适应其生长环境,壶藓科植物产生孢子的孢萌台部逐渐膨大,色彩变得鲜艳,最后形成金黄色、紫蓝色等花瓣状的膜状台部。此外,它们的孢子多聚集在孢的口部,并能分泌出具特殊气味的黏液,以吸引昆虫进行孢子传递。这是植物界中协同进化的典型例子。

6. 治疗心血管病的"回心草"——大叶藓（*Rhodobryum roseum*）

如果你到云南去旅游,在当地土特产和药用植物摊上,常可买到小塑料袋装的"回心草"。其实,"回心草"就是真藓科中的大叶藓。这种藓类多生长在森林内阴湿的腐殖质丰富的地面,植物体高达数厘米,呈莲花状。据研究,其植物体内含的黄酮类等成分,对治疗心血管疾病有一定疗效。目前,有的药厂已开发出"开心通"。

7. 分子生物学研究的"模式植物"——小立碗藓（*Physcomitrium patens*）

近年来,科学家在苔藓植物葫芦藓科中找到了一种分子生物学研究的优良的"模式植物"——小立碗藓。实验证明,这种苔藓是陆生植物中转基因同源重组效率最高的,其同源重组频率与酵母差不多,比种子植物中的"模式植物"拟南芥高 1000 倍,是研究植物功能基因组和转基因工程的好材料,被称为"绿色酵母"。目前,德国一个专门研究小立碗酶的实验室,正在开发转基因工程药物,成为医药研究中心。

二、蕨类植物

(一)蕨类植物的主要特征

蕨类植物(Pteridophyta)又称羊齿植物。它和苔藓植物一样,都具有明显茎、叶的分化和世代交替现象,无性生殖产生孢子囊和孢子,有性生殖时产生精子器和颈卵器,受精卵发育成胚。既属于高等植物,又是孢子植物,还是颈卵器植物。

但它与苔藓植物相比,有许多进化的特征。

(1)孢子体独立生活、发达,出现了真根和维管组织蕨类植物的孢子体远比配子体发达,常见的植物体就是独立生活的孢子体,有根、茎、叶的分化,多数为多年生草本,少数为木本,如桫椤 [*Alsophila spinulosa* (*Wall.ex Hook.*) *Tryon*.]。除少数原始类群仅具假根(如松叶蕨)外都是真根,为吸收能力较好的不定根。植物体出现了维管组织的分化,它们按一定的方式聚集成中柱;中柱类型多为较原始的原生中柱、管状中柱和网状中柱,极少为真中柱。一般没有形成层,不能进行次生生长。木质部含有运输水分和无机盐的管胞,韧皮部中含有运输养料的筛胞。原始类群具直立的地上茎(气生茎),大多数为根状茎。蕨类植物的叶根据形态结构和起源可分为两类:一类是小型叶(microphyll),没有叶柄和叶隙,只具有单一不分枝的叶脉,如松叶蕨、石松等的叶;另一类是大型叶(macrophyll),有叶柄,叶隙有或无,叶脉多分枝。仅进行光合作用的叶称营养叶(sterile leaf);能产生孢子和孢子囊的叶称孢子叶或能育叶(sporophyll, fertile leaf);营养叶和孢子叶不分,称同型叶(homomorphic leaf);有孢子叶和营养叶之分,称异型叶(heteromorphic leaf);在系统演化过程中,小型叶朝着大型叶,同型叶朝着异型叶的方向发展。

(2)孢子叶常集生成孢子叶穗,孢子囊常集生成孢子囊群、孢子果或孢子囊穗。较原始的小型叶蕨类如石松和木贼,其孢子囊单生在孢子叶的叶腋或基部,孢子叶聚集成穗状或球状,称孢子叶穗(sporophyllspike)或孢子叶球(strobilus);较进化的真蕨类(大型叶蕨类)其孢子囊常成群聚生在叶的背面或边缘或集生在一个特化的孢子叶上,往往由多数孢子囊集成群,称为孢子囊群或孢子囊堆(sorus),也有的(如瓶尔小草)集生在一个特化的孢子叶上称孢子囊穗(sporangiate spike);还有的水生真蕨(如槐叶萍)其孢子囊集生在特化的孢子果(或称孢子荚, sporocarp)内。大多数蕨类植物产生的孢子大小相同,称为同型孢子(isospory),萌发成两性配子体；而卷柏和少数水生真蕨的孢子有大小之分，称异型孢子（heterospory），分别发育成雌雄配子体。

（3）配子体大多数能独立生活。原始类群的配子体为块状或圆柱状，埋于或部分埋于土中，通过菌根获取营养，如石松；多数蕨类植物的配子体为扁平的具有背腹分化的微小叶状体，称为原叶体（prothallus），有假根和叶绿体，能独立生活。在高等植物中孢子体和配子体都能独立生活的只有蕨类植物，但有少数蕨类（如卷柏和水生真蕨等异型孢子种类中）配子体在孢子体内部发育，向失去独立生活的方向发展。配子体腹面着生精子器和颈卵器，精子器产生的精子（多鞭毛）借助于水到达颈卵器与卵结合，受精卵在颈卵器内发育成胚，幼孢子体长大时配子体死亡，孢子体独立生活并占优势地位。

蕨类植物有明显的世代交替，孢子体占优势，配子体为微小的原叶体，能够独立生活；在受精时不能脱离水环境，因而蕨类植物的发展和分布仍受到一定的限制；受精卵发育成胚，寄生在配子体上，长大后配子体死亡，孢子体独立生活。

蕨类植物虽出现了维管组织，但维管组织还较原始，木质部大多无导管，韧皮部无筛管和伴胞，因此输导能力不强；无形成层，故不能进行次生生长；产生孢子，不产生种子；精子有鞭毛，受精还离不开水等，这些特征又有别于种子植物。因此蕨类植物是介于苔藓植物和种子植物之间的一个类群，既是高等的孢子植物，又是原始的维管植物。

凡是有维管系统（vascular system）的植物都称维管植物，包括蕨类植物和种子植物。维管植物大多为陆生植物，只有少数其受精过程需要借助水进行。生活史中，维管植物孢子体占优势，只在幼小的时候（即胚胎阶段）才依赖配子体而生存；配子体不发达，常较小。植物体高度分化形成复杂的根、茎、叶系统，存在维管组织，形成中柱或维管柱。中柱指高等植物根、茎、叶的中轴部分，包括维管组织及基本组织，如髓、射线等薄壁组织。苔藓植物的中柱只有基本组织，没有维管组织；种子植物茎的皮层与中柱之间界限不明显，常称维管柱。维管束由木质部和韧皮部组成，有的两者之间生有形成层。由初生木质部和初生韧皮部所组成的维管组织是一种初生结构，也是中柱的基本结构。由于维管组织排列方式的不同而形成多种类型的中柱，一般分为5种类型。根据中柱的结构及类型可以判断植物类群之间的亲缘关系。

原生中柱（protostele）包括3种类型：单中柱（monostele）、星状中柱（actinostele）和编织中柱（plectostele）。

单中柱其中央由圆柱状木质部组成，无髓部，外侧为圆筒状韧皮部。

单中柱是最简单的中柱,也是最原始的类型,最早出现于泥盆纪的化石中。具有单中柱的维管植物有时可见到与角苔属相似的蒴轴结构,这也说明其原始性。

星状中柱指木质部向四周生长出辐射排列的脊状突起的原生中柱。

编织中柱指原生中柱的木质部分裂成许多小而分离的片状,互相平行或辐射状排列,其间为韧皮部,即木质部与韧皮部相嵌重复排列。原生中柱常见于裸蕨类、石松类及其他植物的幼茎中(有时也见于根中)。

管状中柱(siponostele)在蕨类植物中普遍存在,特点是木质部围绕中央髓部形成圆筒状。包括两种类型:双韧管状中柱(amphiphloic siphonostele)和外韧管状中柱(ectophloic siphonostele)。若韧皮部在木质部的内外两侧都出现,则称之为双韧管状中柱,也称疏隙中柱(solenostele),存在于很多蕨类及双子叶植物中。若韧皮部围绕于木质部的外侧表面,则称之为外韧管状中柱。

网状中柱(dictyostele)由管状中柱演变而来。由于茎的节间甚短,节部叶隙、枝隙密集,从而使中柱木质部、韧皮部产生许多裂隙,从横剖面上看,中柱的木质部、韧皮部被分割成一束一束,整体上类似网状,属分体中柱;每一束中央为木质部。木质部外围一周为韧皮部,而韧皮部外围为内皮层,不少蕨类属于此类。茎节上由于枝的形成,茎维管束出现分枝,起点处至进入新分枝基部处经过皮层的一段则称为枝迹,横切面上其内侧或向心一侧的薄壁组织区则为枝隙。茎枝节上由于叶的形成,茎枝维管束出现分枝,起点处至进入叶柄基部处经过皮层的一段则称为叶迹,横切面上其内侧或向心一侧的薄壁组织区则为叶隙。

在原生中柱、管状中柱、网状中柱之间有一些特殊的类型,如:多体中柱,柱心为多个单体中柱的原生中柱;多环管状中柱,两个或两个以上的同心环状排列的管状中柱;多环网状中柱,两个或两个以上的同心环状排列的网状中柱;具节中柱,具有关节结构的中心柱,以中央空腔和原生木质部空腔的存在为特征,节处为实心,常在蕨类木贼属(Hippochaete)中出现。

真中柱(eustele)木质部与韧皮部并列或扭转,多束形成一圈,由外韧管状或外韧网状中柱形成,韧皮部仅在外侧保留。多数裸子植物、被子植物具有这种中柱。

散生中柱(atactostele)木质部与韧皮部并列成多束,散生在茎内,韧皮部在外侧。主要存在于单子叶植物中。

中柱类型的发生、分化及演化与髓形成作用密切相关。若原生中柱的中央木质部被薄壁组织所取代,则发展成管状中柱。其证据是在髓部中会出现木质部的成分(如管胞)等,说明髓部原是木质部,这种分化过程被称为髓形成作用;另外在比较原始的化石及现代蕨类中亦发现管胞、薄壁组织同时在髓部出现。由于叶隙的大量出现和节间的缩短,使管状中柱演化成真中柱和散生中柱,亦是在种子植物中所见到的中柱的最高级的形式。

(二)蕨类植物分类

现代蕨类植物约 12000 种,其中大多数为草本植物,广布于世界各地,多生长于阴湿和温暖的环境中。我国约有 2600 种。对于蕨类植物的分类系统,植物学家的意见颇不一致,通常作为一个自然类群而被列为蕨类植物门,门下以往大多分成 4 纲或 5 纲。本书采用已在世界上被广泛接受的我国蕨类植物分类学家秦仁昌于 1978 年提出的分类系统,将其划分为 5 个亚门,即石松亚门(Lycophytina)、水韭亚门(lsoephytina)、松叶蕨亚门(Psilophytina)、楔叶亚门(Sphenophytina)和真蕨亚门(Filicophytina)。

其中前 4 个亚门为小型叶蕨类,又称为拟蕨类植物(fern allies),是一些较原始而古老的蕨类植物,曾经在地球上占统治地位,但现存的种类很少。真蕨亚门为大型叶蕨类,是进化的类型,也是现代极其繁茂的蕨类植物。

1. 石松亚门

石松亚门孢子体有真根,茎多为二叉分枝,通常具原生中柱。小型叶,常螺旋状排列,有时对生或轮生,仅 1 条叶脉。孢子囊单生孢子叶腋或近基部,孢子叶通常集生于枝端形成孢子叶穗。孢子同型或异型。

本亚门植物在石炭纪时最为繁盛,有高大乔木及草本,后绝大多数相继灭绝,现存的只有石松目和卷柏目,均为草本。

石松目(Lycopodiales)叶螺旋状排列,无叶舌,孢子同型。孢子萌发形成原叶体(配子体),配子体全部或部分埋在地下,依靠菌根吸取营养,原叶体上产生精子囊和颈卵器,受精后,合子在颈卵器内发育成胚,长大为孢子体。本目 2 科,约 210 种,广布世界各地,我国有 60 余种。常见的有石松科的石松(*Lycopodium clavatum* L.),孢子体为多年生草本,具匍匐茎及直立茎,具不定根,常叉状分支,多分布于酸性土壤。全草可入药。石杉科的蛇足石杉 [*Huperzia serrata* (Thunb.) Trev.] 分布遍及全国,全草入药,治疗老年性痴呆。

卷柏目(Selaginellales)孢子体通常匍匐,腹面有时生有细长的根托

(rhizophore),是主茎上特殊的分枝,一般无叶,其先端丛生不定根;叶鳞片状,螺旋排列或交叉互排成四行,上面两行小,下面两行大。有中叶和侧叶之分,具叶舌。分枝顶端产生孢子囊穗,由大孢子叶和小孢子叶组成,孢子异型。小孢子萌发产生雄配子体,形成精子囊,产生精子。

大孢子萌发产生雌配子体,形成颈卵器,产生卵。受精作用在有水的条件下完成。

本目仅1科约600种,我国有50多种。常见的有卷柏(俗称还魂草)(*Selaginella tamariscina* (*Beauv.*) *Spr.*),极耐旱,干燥时枝叶内卷,呈干枯状态,遇水展开继续生长。

深绿卷柏(*S.doederleinii Hieron.*)及翠云草[*S.uncinata* (*Desv.*) *Spring*]等,可作药用,或作地被植物绿化用。

2. 水韭亚门

水韭亚门孢子体为草本,茎粗短块状,具原生中柱。叶线形丛生似韭菜,具叶舌。孢子有大小之分。

水韭亚门现仅存水韭属(*lsoetes*),有50余种,绝大多数为水生或沼生。我国有4种,其中中华水韭(*I.sinensis Palmer*),分布于长江下游地区,由于适宜的生境受到人为干扰,植株已十分稀少,为国家一级重点保护植物。

3. 松叶蕨亚门

松叶蕨亚门植物也叫裸蕨类,是原始的陆生植物类群。孢子体仅有假根。气生茎二叉分枝,叶为小型叶,无叶脉或仅有单一叶脉,孢子囊2~3枚聚生于枝端或叶腋,孢子同型。配子体雌雄同株,生地下,无叶绿体。

本亚门植物大多已绝迹,现存仅1目1科2属,我国只有松叶蕨属(*Psilotum*)的松叶蕨(*P.nudum* (*L.*) *Grised.*),分布于南方。

4. 楔叶亚门

楔叶亚门又称木贼亚门。茎具明显的节和节间,节间中空,由管状中柱转化为具节中柱。小型叶,鳞片状,轮生。孢子叶盾状,特称为孢囊柄,下生多个孢子囊,在枝顶聚生成形似毛笔头的孢子叶球(穗),孢子同型,具弹丝。

本亚门植物在石炭纪时曾盛极一时,有乔木及草本,生于沼泽多水地区,后大都灭绝,现仅存木贼目(Equisetales)木贼科(Equisetaceae)的2个属,即问荆属(*Equisetum*)和木贼属(*Hippochaete*),共约30种,我国有9种。

问荆属问荆孢子体为多年生草本，具根状茎和气生茎，气生茎有营养枝（sterile stern）和生殖枝（fertile stem）的区别。营养枝在夏季生出，节上轮生许多分枝，绿色，不产生孢子囊；生殖枝在春季生出，短而粗，棕褐色，不分枝，枝端生孢子叶球；其孢子产生各一半的雌、雄配子体。

此外，常见的有木贼属的节节草（*H.ramosissimum Desf.*）和木贼（*H.hiemale L.*），分布全国各地，为常见杂草。

5. 真蕨亚门

真蕨亚门孢子体发达。茎除了树蕨外，均为根状茎，有各式中柱。叶为大型叶，幼叶拳卷状，长大后平展，分化为叶柄和叶片两部分。叶片为单叶或一至多回羽状分裂或复叶。孢子囊常聚集成孢子囊群生于叶边缘或背面，也有的生于特化的孢子叶上，有或无囊群盖（indusium），孢子同型，一些水生真蕨的孢子囊则生于特化的孢子果内，孢子异型。

配子体为心脏形的叶状体，长宽一般不超过1cm，绿色，有假根。精子器和颈卵器均生于腹面。

真蕨是现今最繁茂的蕨类植物，有1万种以上，广布全世界；我国有近2000种，广布全国。根据孢子囊的发育方式、结构及着生位置等，可分为厚囊蕨纲、原始薄囊蕨纲和薄囊蕨纲。

（1）厚囊蕨纲（Eusporangiopsida）。孢子囊由一群细胞发育而成，囊壁为多层细胞，环带有或无，环带（girdle band）为孢子囊壁上一列内壁及侧壁加厚的细胞，有助于孢子囊的开裂和孢子的散布。孢子同型。本纲包括瓶尔小草目（Ophioglossales）和观音莲座目（Marattiales）两个目。常见的有瓶尔小草（Ophioglossum vwulgatum L.），单叶幼时不拳卷。孢子囊穗自不育叶基部生出。全草可药用，具清热解毒、消肿止痛之功效。

（2）原始薄囊蕨纲（Protoleptosporangiopsida）。孢子囊壁由一个原始细胞发育而来，而囊柄可由多个细胞发生。孢子囊壁由一层细胞构成，仅在一侧有数个加厚的细胞形成的盾形环带，孢子同型，配子体为长心形的叶状体。仅有紫其目（Osmundales），常见的有紫其（Osmunda japonica Thunb.），孢子体的根状茎粗短，直立或斜生，外面包被着缩存的叶基。叶簇生于茎的顶端，幼叶拳卷并具棕色茸毛，成熟的叶平展，茸毛脱落。一至二回羽状复叶，叶异型，有营养叶和孢子叶之分，孢子叶的羽片缩成狭线状，红棕色，无叶绿素，不能进行光合作用，孢子囊较大，生于羽片边缘，孢子囊成熟后孢子叶即枯死，该类植物为酸性土的指示植物。

（3）薄囊蕨纲（Leptosporangiopsida）。孢子囊由一个细胞发育而来，通常聚生成各式孢子囊群，着生在孢子叶的背面、边缘或特化的孢子叶边缘，囊群盖有或无，孢子少，有定数，孢子同型，很少为异型。孢子囊壁仅一层细胞，有各式环带，是一行不均匀增厚的孢子囊壁细胞。本纲通常分水龙骨目（Polypodiales）（或真蕨目，Filicales）、苹目（Marsileales）、槐叶苹目（Salviniales），是现存蕨类植物中种类最多的一类。

满江红 [*Azolla imbricata*（*Roxb.*）*Nakai*] 又称红萍，隶属槐叶萍目（Salviniales）、满江红科（Azollaceae）、满江红属。生水田或静水池塘中。植物体小，呈三角形、菱形或卵圆形，漂浮水面。茎横卧，羽状分枝，须根下垂水中。叶无柄，深裂为上下二瓣，上瓣漂浮水面，进行光合作用；下瓣斜生水中无色素，呈覆瓦状排列茎上，内侧的空隙中含有胶质，并有鱼腥藻共生其中。孢子果成对生在侧枝的第一片沉水叶裂片上，有大小之分，满江红的叶内含有大量的红色花青素，幼时绿色，到秋冬时，转红，在江河湖泊中呈现一片红色，因此称它为满江红。它与有固氮能力的鱼腥藻共生，常放养作绿肥或饲料。

本纲植物在亚热带地区习见的种类还有：里白科的芒萁 [*Dicranopteris dichotoma*（*Thunb.*）*Bernh*]，常为马尾松林下草本层的建群种；乌毛蕨科的狗脊蕨 [*woodwardia japonica*（*L.f.*）*Smith*]，为山地阔叶林下的优势种，可作耐阴绿化植物；海金沙科的海金沙 [*Lygodium japonicum*（*Thunb.*）*Sw.*]，广布中国暖温带、亚热带和热带。叶具二型羽片，二至三回羽裂，叶轴可伸长，似缠绕藤本。桫椤科的桫椤特产我国，为现存蕨类中的木本类型，局限分布在西南地区，为保护植物。

（三）蕨类植物的多样性

蕨类植物又称羊齿植物，是介于苔藓植物和种子植物之间的一个大类群。蕨类植物分布广泛，除了海洋和沙漠外，无论在平原、森林、草地、岩缝、溪沟、沼泽、高山和水域中都有它们的踪迹，尤以热带和亚热带地区为其分布中心。

蕨类植物具有根、茎和叶。茎多为根状茎，仅少数直立或匍匐。叶有小型叶和大型叶两类。小型叶类者，叶小形，茎较叶发达，如石松纲和木贼纲的植物；大型叶类者，叶大形，单叶或分裂成羽片，如蕨纲的植物。有的种类，一部分叶片完全成为能育叶，而另一部分叶则成为营养叶或不育叶。蕨类植物的根通常为不定根，形成须根状。

现在在地球上生存的蕨类约有 12000 多种，其中绝大多数为草本植物。我国约有 2600 种，多分布在西南地区和长江流域以南及台湾岛等地，仅云南省就有1000多种，在我国有"蕨类王国"之称。

1. 蕨类植物之王——桫椤（*Cyathea spinulosa*）

在距今3亿多年前的桫椤蕨类植物极为繁盛的古生代晚期，高大的蕨类巨木比比皆是。后来由于大陆的变迁，多数被深埋地下变为煤炭。现今生存在地球上的大部分是较矮小的草本植物，只有极少数木本种类幸免于难，生存至今。树蕨是桫椤科植物的泛称。该科属于真蕨亚门，只有4属、600种左右，主要分布在热带、亚热带山区。中国有2属、20种树蕨，产于西南、华南及华东等地。

桫椤高可达8m，被国家列为一类重点保护植物。从外观上看，彬，有些像椰子树，其树干为圆柱形，直立而挺拔，树顶上丛生着许多大而长的羽状复叶，向四方飘垂，如果把它的叶片反转过来，背面可以看到许多星星点点的孢子囊群。孢子囊中长着许多孢子。

桫椤虽然长成了树形，但与裸子植物和被子植物中的树木相比，耐旱能力极差，也不耐寒，只能生长在夏无烈日灼烤、冬无严寒侵袭、降雨丰富、云雾多的特殊环境中。中国南方的深山老林，尤其是潮湿的溪流旁，是桫椤的"乐园"，但这样的环境已经越来越少了。因此，桫椤虽然分布较广，台湾、福建、广东、海南、广西、贵州、四川、云南都有，但却比较罕见。

桫椤也有不少用途。其茎富含淀粉，可供食用，又可制花瓶等器物。而且入药，中药里称之为飞天擒崂、龙骨风。有小毒，可驱风湿、强筋骨，清热止咳。桫椤体态优美，是很好的庭园观赏树木。

2. 用途广泛的木贼（*Equisetum hiemale*）

木贼是木贼亚门植物，在北半球温带地区的山林原野中很常见。这类植物的外形颇为奇特：一支支圆柱形、细长、带纵棱的茎拔地而起，高几十厘米甚至1m以上。木贼的茎绿色、中空，有十分明显的节，节上轮生着很小的鳞片状膜质叶。夏秋季，在木贼的茎枝顶部生出纺锤形的孢子叶穗，看上去犹如一支头朝上的毛笔，下面中空的茎好像笔管，上面的孢子叶穗形似笔头。

因此，人们又称这类植物为笔管草、笔头草。木贼属常见的种类还有问荆、节节草、笔管草等。

木贼属植物多有地下横长的茎，茎节上易萌生新的植株，因此往往成片生长。这类植物如果侵入农田就会对作物造成危害，而且不易清除。但木贼属植物几乎都可以入药，有清热利尿、止血、明目等多种功效，自古就为中医所用。此外，木贼等植物还具有一些奇特的功用，如它们的茎上具有粗糙的纵棱，而且茎内含有丰富的硅质，在民间常被用来打磨木器、金属,或擦去器皿上的污垢,因此又享有锉草、擦草、磨草等别称。

木贼类植物多生长在地下水位较浅处,可作为寻找地下水源、打井的指示植物。其中的问荆还有奇特的“聚金”本领,生长在金矿附近的问荆,每吨干物质中含金量可达140g,所以地质工作者可根据问荆的“指示”去寻找金矿。

3. 旱不死的卷柏(*Selaginella tamariscina*)

在蕨类植物中,虽然没有像仙人掌那样能生长在沙漠中的类群,但也有一些非常耐旱的种类,卷柏就是其中的佼佼者。卷柏属于石松亚门,是一种矮小的草本植物,高不过十几厘米。在直立短粗的茎顶部,密密地丛生着许多扁平的小枝,小鳞片状的叶分四行排列在小枝上,看上去很像一簇柏树小枝插在了地上。卷柏靠孢子进行有性生殖,在生殖季节由小枝顶部生出四棱形孢子囊穗,上面分别生有大、小孢子囊。

由于这种植物有极强的耐旱本领,因此多扎根于裸露的岩石上和悬崖峭壁的缝隙中。在干旱少雨的季节,卷柏吸收不到足够的水分时,它向周围辐射伸展的小枝便纷纷向内卷,如同握起的拳头。如果较长时间得不到水分供应,卷柏枝叶的绿色便逐渐褪去,变得枯黄、萎蔫,似乎植株已经死去。但只要恢复水分供应,“死”了的卷柏又会复生,枯黄卷曲的枝叶再度伸展、变绿,显出勃勃生机。在长期无水供应卷柏体内的含水量只有5%时,仍能“死而复生”。因此,民间给这种植物起了许多形象的名称,如九死还魂草、回阳草、长生草、见水还阳草、万年青等。

4. 酸性土壤的指示植物——芒萁(*Dicranopteris dichotoma*)

芒萁是多年生草本,常匍匐状,茎有密生的褐色毛茸,蔓性藤本,有假二叉分枝,中央分枝休眠,休眠芽在主轴顶端。芒萁分布于长江以南,大量生长于酸性红壤的山坡上,是酸性土壤指示植物。该植物对生态条件的考察具有重要意义。芒萁全草或根状茎入药,清热利尿,化瘀,止血。外用治创伤出血,跌打损伤,烧烫伤,骨折,蜈蚣咬伤。晒干,可以当作柴火烧。还有它的叶柄可以拿来编织成各式各样的篮子或其他精巧的手工艺品。

5. 观赏植物——铁线藏(*Adiantum capillus-veneris*)

在观叶植物中,有一类具纯朴天然的绿色——蕨类植物以其古朴、典雅、清纯、线条和谐为特点独树一帜。蕨类植物的千姿百态,独特的耐阴习性以及清新的格调博得越来越多人的欣赏,被逐渐用于园林栽培、室内盆栽、垂吊等特殊形式的栽培以及切花配叶应用等,如凤尾蕨、铁线蕨、铁角蕨、巢蕨、鹿角蕨、波士顿蕨、肾蕨、石韦、阴地蕨、卷柏、翠云草、贯众等。

铁线蕨又称美人粉、铁丝草，属于真亚门铁线蕨科。多年生草本。

株高 15 ~ 40cm。植株丛生，根状茎横走，叶柄光亮乌黑，纤细如铁丝，故而得名。叶片薄，为二回羽装复叶，绿色小羽叶斜扇形，栽培变种有荷叶铁线莲，叶片近圆形，状似荷叶，非常漂亮，但人工栽培较困难，为国家重要保护植物之一。鞭叶铁线，叶扇形近革质，鞭叶近圆形，叶纸质，一回羽状复叶，叶片很长，先端下垂，落地能生根，栽培较为容易。

6. 绿肥植物——满江红（*Azolla imbricata*）

农田杂草一向被视为作物的大敌，但在中国江南水乡，农民们却希望自己经营的稻田中有一种名叫满江红的水生杂草“光顾”，以至于特意在水田中放养这种植物。有了满江红的帮助，稻田不仅可以少施肥，而且还能抑制其他有害杂草生长，使水稻增产。

满江红是一种水生藏类植物，属于真蕨亚门，几乎分布在世界各地的淡水水域中。满江红的相貌独特，看上去像一团粘在一起的芝麻粒浮在水面上，水下有一些羽毛状的须根。如果仔细观察就会发现，这些“小芝麻粒”就是满江红的叶。它们无叶柄，交互着生在分枝的茎上，又好似一串串小葡萄。每一片叶都分裂成上下两部分。上裂片绿色，浮在水上；下裂片几乎无色，沉在水中，上面生有大、小孢子果，分别产生大、小孢子。满江红能增加水田肥力的奥秘就在它那芝麻粒大小的叶子中。在满江红叶的上裂片下部，有一空腔，腔内有一种叫鱼腥藻的蓝藻共生。这种蓝藻通过自己奇特的固氮本领，将空气中的氮素变成“氨肥”供满江红享用，使这种水生蕨类植物成了赫赫有名的“绿色肥源”。

满江红除进行有性生殖外，还能通过侧枝分离进行营养繁殖。只要环境适宜，满江红生长和繁殖十分迅速，虽然体形小，却通过极大的个体数量布满整个水面，好像在水面上盖了一层红彤彤的地毯，景色十分动人。

三、种子植物

能产生种子。种子的出现，是长期适应陆地生活的结果。种子植物是地球上适应性最强、分布最广、种类最多、最进化的植物类群。根据种子有无果皮包被，将种子植物分为裸子植物和被子植物两大类。

（一）裸子植物

二叠纪早期，亚洲、欧洲和北美洲部分地区出现干旱的气候环境，在石炭纪繁盛的造煤蕨、种子蕨和科得狄等，不能适应环境的变化，逐渐衰落和灭绝。裸子植物正是适应这种环境变化而逐渐繁荣发展起来的一类种子植物。

裸子植物是介于蕨类植物与被子植物之间的维管植物，它的配子体退化，寄生在孢子体上，能形成花粉管、胚、胚乳及种子，但仍和蕨类植物一样具有颈卵器。由于缺乏包被种子的果皮，因此称为裸子植物。有苏铁纲，银杏纲，松杉纲，买麻藤纲等。

1. 裸子植物的分类

（1）苏铁纲（Cycadopsida）。

常绿木本，茎干粗壮无分枝。叶有2种，鳞叶小且密被褐色毛，早落；营养叶为大型的羽状复叶，集生于茎的顶部，幼时拳卷（与蕨类植物共有原始特征）。雌雄异株，雄球花（male cone）和雌球花（female cone）生于茎顶端。精子具多数鞭毛。

苏铁纲是原始的裸子植物，现仅存苏铁科（Cycaceae）等3科，约有11属200余种。分布于热带和亚热带地区。我国原产的只有苏铁属（Cycas），约8种，常见的有苏铁（*C.revoluta Thunb.*）和华南苏铁（*C.rumphii Miq.*）等。

苏铁，又称铁树，茎不分枝，羽状复叶丛生茎顶。雌雄异株，大、小孢子叶球分别着生于茎顶叶丛中。苏铁的大孢子叶球球形，大孢子叶密被淡黄色绒毛，上部羽状分裂，下部成狭长的柄，柄的两侧生有2～6枚胚珠。胚珠有1层珠被，珠心顶端有花粉室，与珠孔相通，珠心中的大孢子母细胞经减数分裂形成胚囊（大孢子），进而胚囊形成2～5个颈卵器，颈卵器位于珠孔下方，颈部短小，通常由2个细胞组成，腹部是1个中央细胞。受精前几天，中央细胞的核分裂为2，形成两个细胞，上方是一个腹沟细胞，不久解体，下方是一个卵细胞。小孢子叶球长椭圆形，由鳞片状的小孢子叶螺旋状排列而成，每个小孢子叶的背面生有许多由3～5个小孢子囊（花粉囊）组成的小孢子囊群。小孢子囊中的小孢子母细胞（花粉母细胞）经减数分裂，形成小孢子，小孢子在小孢子囊内萌发形成1个营养细胞、1个生殖细胞和1个吸器细胞（管细胞）组成的成熟小孢子。成熟的小孢子进入花粉室，管细胞生出花粉管，生殖细胞分裂为柄细胞和体细胞（造精细胞），造精细胞，在花粉管中形成2个陀螺形、有多数鞭毛的精子，精卵结合后形成合子，发育成胚，种子成熟时为红色。

苏铁为优美的观赏树种，公园、庭园常见栽培。茎内髓部富含淀粉，可供食用；种子含油和淀粉，微有毒，供食用和药用，有收敛、止咳及止血之效。

（2）银杏纲（Ginkgopsida）。

落叶乔木，枝有长枝和短枝之分。叶在长枝上互生，在短枝上簇生，叶片扇形，先端二裂或波状缺刻，二叉脉序。孢子叶球单性，雌雄异株，精子多鞭毛。种子核果状，具3层种皮，胚乳丰富。

银杏纲是单目、单科、单属和单种，现仅存银杏（*Ginkgo biloba L.*）一种，我国特产，是世界著名的孑遗植物。世界各地均有栽培。

代表植物银杏。目前仅浙江西天目山及贵州务川可能还存在野生状态的银杏。落叶乔木，枝分顶生营养性长枝和侧生生殖性短枝；叶扇形，二叉状叶脉。雌雄异株，小孢子叶球呈葇荑花序状生于短枝顶端的鳞片腋内，有短柄，柄端有2个（稀为3～7个）悬垂的小孢子囊组成的小孢子囊群，成熟的小孢子为小舟状，具1条宽深的槽，精子有多数鞭毛。大孢子叶球通常仅有一长柄，柄端具有2个环形的大孢子叶称为珠领（collar），其内各生有1个直生胚珠，通常只有1个胚珠成熟。种子近球形，成熟时，外种皮黄色，肉质；中种皮白色，骨质；内种皮红色，薄纸质，胚乳肉质。胚具2枚子叶。

（3）松柏纲（Coniferopsida）。

常绿或落叶乔木，稀灌木，茎多分枝，常有长短枝之分，茎的髓部小，次生木质部发达，由管胞组成，无导管，具树脂道。叶针形、鳞状、条形，少数钻形、刺状或披针形，单生或成束，螺旋状着生或交互对生，稀轮生。因叶多为针形，松柏纲植物称为针叶树或针叶植物，叶的表皮通常具有较厚的角质层及下陷的气孔。孢子叶球单性（通常称雌球花和雄球花），常呈球果状。雌雄同株或异株。精子无鞭毛。大孢子叶常宽厚，称珠鳞（种子成熟时叫种鳞或果鳞），每一珠鳞的下面有一苞鳞，珠鳞和苞鳞离生、半合生或完全合生。种子有翅或无翅，胚乳丰富，子叶2～10枚。

松柏纲植物是现代裸子植物中种类最多、分布最广的类群。分为松科、柏科、杉科和南洋杉科（Araucariaceae），约44属，400多种。我国是松柏纲植物的起源地，也是资源最丰富的国家，尤其富有特有属种和第三纪孑遗植物。共有3科，23属，约150余种，分布几乎遍及全国。

代表植物有：

①松科（*Pinaceae*）。叶针形或条形，叶和大小孢子叶均螺旋状排列；小孢子叶具2个花粉囊，小孢子多数有气囊；珠鳞与苞鳞分离，每珠鳞具2枚胚珠，发育成2粒种子。种子常有翅。松科共10属约230种，我国10属，约100种。

松属（*Pinus*）孢子体为常绿乔木，单轴分枝，主干直立，冬芽显著。叶有两型：鳞叶（原生叶）单生，螺旋状着生，幼时为扁平条形，后逐渐退化成膜质苞片状；针叶（次生叶）螺旋状着生，常2、3或5针一束，基部常有数枚芽鳞组成的叶鞘包围。枝有长枝和短枝之分，长枝上腋内生极短的短枝；孢子叶球单性同株，每年春天，小孢子叶球（雄球花）常多数聚生于新生的长枝近基部，由很多小孢子叶螺旋状排列在小孢子叶球的轴上构成，每个小孢子叶的背面（远轴面）有2个小孢子囊，囊内小孢子母细胞经减数分裂后形成4个小孢子。最后发育形成含有1个生殖细胞、1个管细胞和2个退化原叶体细胞的成熟雄配子体，即4个细胞花粉粒。晚春，小孢子囊破裂，放出大量的两侧具气囊的花粉，随风飘扬进行传播。大孢子叶球1个或几个生于当年生新枝的顶端，初生时呈红色，以后变绿，由许多大孢子叶螺旋状排列构成，大孢子叶由苞鳞和珠鳞两部分组成，其远轴面基部一枚较小的薄片称为苞鳞（bract scale）。近轴面有一枚顶部肥厚的部分称为珠鳞。每1个珠鳞的近轴面基部着生有2枚胚珠。胚珠仅1层珠被，珠心内有1个大孢子母细胞，经过减数分裂，形成4个大孢子，排成一列。但通常只有远珠孔端的1个大孢子发育成雌配子体（胚囊），其余3个退化。翌年春天，在雌配子体顶部分化出数个颈卵器，其余的细胞则为胚乳，可见裸子植物的胚乳是由雌配子体的一部分直接发育而来，它和被子植物的胚乳是由极核受精发育形成有着本质的区别。

被风吹送到雌球花上的花粉，由珠鳞的裂缝降入胚珠珠孔内的花粉室中，半年以后开始生出花粉管，并经珠心组织而向颈卵器生长。在此过程中，生殖细胞在管内分裂为体细胞和柄细胞，体细胞再分裂为2个不动精子，而柄细胞和管细胞则逐渐消失。以后，花粉管生长进入颈卵器，1个精子与卵结合受精发育成胚，另1个精子死亡消失。从传粉至受精，约需一年以上时间才能完成。每个颈卵器中的卵均可受精，但最后只有一个能正常发育为胚。成熟的胚具有胚芽、胚轴、胚根和7～10枚子叶。胚的外面包有胚乳，含有丰富的营养。受精后大孢子叶球发育形成球果，珠鳞木质化而成为种鳞，不脱落，其上的部分表层组织分离出来形成种子的翅。以利风力传播。珠被发育形成种皮，胚珠发育成种子时，珠鳞和苞鳞愈合并木质化，叫作果鳞。整个雌球花急剧长大变硬，称为松球果。种子成熟后，果鳞张开，散出种子，在适当条件下，发育为新的孢子体。

松属约80多种，大多是温带和亚热带针叶林或针阔混交林的建群种或优势种，也是重要用材树种。针叶2枚一束的如油松（*P.tabuli formis Carr.*）、马尾松（*P.massoniana Lamb.*）和黄山松（*P.taiwanensis Hayata*）；针叶3枚一束的如白皮松（*P.bungeana Zucc.et Endl*）；针叶5枚一束的有华山松（*P.armandii Franch.*）红松（*P.koraiensis Sieb.et Zucc.*）和日本五针松（*P.parvi flora Sieb.et Zucc*）等。

本科常见的还有冷杉属(Abies)的臭冷杉[*A.nephrolepis*(*Trautv.*)*Maxim.*]、秦岭冷杉(*A.chensiensis Van Tieghem*)冷杉[*A.fabri*(*Mast.*)*Craib*]、百山祖冷杉(*A.bes-hanzuensis M.H.Wu*)等,为我国特有树种。百山祖冷杉产浙江南部,现仅存3株母树,处于极濒危状态,被列为国家一级保护植物。

②杉科(Taxodiaceae)。常绿或落叶乔木,无长、短枝之分。叶条状披针形、钻形、线形或鳞片状,螺旋状排列或成假二列。大小孢子叶螺旋状排列,稀对生。小孢子叶常具3 ~ 4个花粉囊,小孢子无气囊。珠鳞与苞鳞半合生,珠鳞腹面有2 ~ 9枚胚珠。球果当年成熟,种鳞木质或革质,具2 ~ 9粒种子。约9属,16种,我国有5属,约10种。

常见的有杉木属(*Cunninghamia*)的杉木[*C.lanceolata*(*Lamb.*)*Hook.*],为秦岭以南造林面积最大的用材树种;水杉属(*Metasequoia*)的水杉(*M.glyptostroboides Hu et Cheng*),我国特产,为著名的活化石植物,列为国家一级重点保护植物,自然分布于川东、鄂西及湘西北,现国内外广泛栽培。

本科植物常见的还有:水松(*Glyptostrobus pensilis*(*Staunt.*)*Koch*),产于华南、西南,引自北美的池杉(*Taxodium ascendens Brongn.*)、巨杉(世界爷)[*Seqwoiadendron giganteum*(*Lindl.*)*Buchholz*]等。

③柏科(Cupressaceae)。常绿乔木或灌木,叶鳞形或刺形,交互对生或轮生;大小孢子叶均交互对生,小孢子叶常有2个以上花粉囊,小孢子无气囊;珠鳞与苞鳞完全合生,珠鳞有1至多枚直立胚珠。柏科共22属,约150种。我国产8属,30余种,分布几乎遍及全国。

本科常见的侧柏属(*Platycladus*)的侧柏[*P.orientalis*(*L.*)*Franco*],我国特有,南北均产,为常见的庭园树种,有许多变种;柏木属(*Cupressus*)的柏木(*C.funebris Endl.*),生鳞叶小枝排成一平面,下垂,球果小,直径0.8 ~ 1.2cm。我国特产,分布于黄河以南各地;圆柏属(*Sabina*)的圆柏(*S.chinensis*(*L.*)*Ant.*),原产我国,分布于华北、华东、西南及西北等省区。圆柏是普遍栽培的庭园树种,有龙柏(全为鳞形叶)、塔柏(多为刺形叶)等变种。

(4)红豆杉纲(Taxopsida)。

常绿乔木或灌木。叶条形、披针形、鳞形、钻形或退化成叶状枝,螺旋状着生或对生。孢子叶球单性异株,稀同株。胚珠生于盘状或漏斗状的珠托上,或包于囊状或杯状的套被中。种子具肉质的假种皮或外种皮。

红豆杉纲有3科14属162种,我国有罗汉松科(Podocarpaceae)、三尖杉科(粗榧科)(Cephalotaxaceae)和红豆杉科(Taxaceae)3科,7属

33种。其中三尖杉(*Cephalotaxus fortunei Hook.F.*)、粗 [*Cephalotaxus sinensis*(*Rehd.et Wils.*)*Li*] 和香框(*Torreya grandis Fort.ex Lindl.*)是我国特有的第三纪孑遗植物,有重要的经济价值。

代表植物三尖杉,叶长4 ~ 13cm,宽3.5 ~ 4.4mm,先端渐尖成长尖头;小孢子叶球有明显的总梗,长6 ~ 8mm。分布很广,枝、叶、根、种子可提取生物碱,供制抗癌药物。

红豆杉 [*Taxus chinensis*(*Pilger*)*Rehd.*],为珍稀树种,国家一级保护植物,常绿乔木,多分枝;叶螺旋状排列,无树脂道,气孔带淡黄或淡绿色;孢子叶球单生;成熟种子核果状或坚果状,生于红色肉质的杯状假种皮中。红豆杉全株具紫杉醇,是有效治疗癌症药物的中间体,近年来受到人们的广泛重视。榧树,种子"香框子"为著名的干果,以浙江诸暨枫桥产的最佳。

(5)买麻藤纲(倪藤纲)(Gnetopsida)。

买麻藤纲也称倪藤纲又称为盖子植物纲(Chlamydospermopsida)。是非常特化的一类裸子植物,灌木或藤本,稀有乔木。木质部有导管,无树脂道。叶对生或轮生,鳞片状或为扁平阔叶状,或为肉质长带状,孢子叶球单性或有两性的痕迹,同株或异株,外有类似花被的盖被(pseudoperianth),或称假花被。胚珠珠被1 ~ 2层,有珠孔管。精子无鞭毛,颈卵器高度退化甚至无,胚有2枚子叶。

本纲植物包括3科即麻黄科(Ephedraceae)、买麻藤科(Gnetaceae)和百岁兰科(Welwitschiaceae),3属,约80种。我国有2科2属即麻黄属(Ephedra)和买麻藤属(Gnetum),19种,分布遍及全国。

代表植物草麻黄(*E.sinica Stapf*)隶属麻黄科,植株呈草本状,小枝节间较长;叶退化成鳞片状,对生而基部连合,雌雄异株,大孢子叶球成熟时近圆球形,颈卵器存在,种子常2粒。产于我国东北、华北及西北等省区,是著名的中药材,含麻黄碱,枝叶及根均可供药用。

买麻藤(*G.montanum Markgr.*)隶属买麻藤科,常绿木质藤本,叶卵状椭圆形,对生,雄球花序一至二回三出分枝,排列疏松;雌球花序侧生于老枝上,雌配子体不形成颈卵器,分布于华南及云南。

2. 裸子植物的生态意义与经济价值

(1)生态意义。裸子植物是组成地面森林的主要成分,中国的裸子植物虽仅为被子植物种数的0.8%,但其所形成的针叶林面积却略多于阔叶林面积,约占森林总面积的52%。很多针叶树终年常绿,如雪松、水杉、侧柏和罗汉松等,其树形优美,为美化庭园、绿化环境的常用树种;苏铁、银杏可作行道树及园林绿化的珍贵树种。

（2）经济价值。松柏类是林业生产上的主要用材树种，材质优良。金钱松树皮可提榜胶，入药（俗称土槿皮）可治玩癣和食积等症，种子可榨油；银杏、华山松、红松、香框等的种子可供食用；三尖杉和红豆杉可提取抗癌药物；麻黄更是著名的药材。

（二）被子植物

是植物界种类最多、数量最大、最进化的类群，它的特点是在繁殖过程中产生了特有的生殖器官——花，因为有构造完善的花，特称为有花植物。花中的花被增强了传粉能力，胚珠包裹在子房中，不裸露，使下一代幼小的植物体有更好的生存环境，子房发育成果实，保护着种子的发育，果实有利于种子的传播。被子植物除了多年生外，还有一年生、二年生的种类，其输导组织中有导管和筛管，增强了输导能力，同时其受精作用为双受精，能产生多倍体的胚乳，增加了后代的变异性和适应性。

被子植物根据胚的子叶数又可分为单子叶植物和双子叶植物，两者的区别见表 5–1。

表 5–1　单子叶植物和双子叶植物的区别

纲	根系类型	维管束排列	形成层	叶脉类型	花部数目	子叶数	花粉萌发孔数
双子叶植物纲	直根系	环生	有	网状脉	4 ~ 5 基数	2 枚	3 个
单子叶植物纲	须根系	散生，不能加粗生长	无	平行脉	3 基数	1 枚	1 个

第三节　植物的分类方法和分类检索

一、植物分类的目的与意义

有史以来，人类就从生活实际需要出发，逐渐开始了对植物最初的、原始的分类，如辨别哪些可食，哪些有毒，哪些能治病并用文字记载下来，对植物的形态、性能、名称作一一描述，逐渐发展积累，最后形成了一门独立的植物学学科。

（一）植物分类的目的

植物分类学的目的，除了描述与识别植物，更在于探索与研究植物类群之间的亲缘关系，研究植物系统进化的规律，建立一个基本符合自然发展的系统，继而为鉴别、发掘、利用植物奠定基础。植物分类学不仅是生物科学的重要基础学科，而且在农、林、牧、医药、环保等生产实践中也有着重要的作用。要合理利用植物资源，首先就要正确识别植物种类。例如木兰科八角属（*Illicium L.*）植物有数十种，其中八角茴香（*I.verum Hook.f.*）为著名调味香料，其他种类大多有毒，如莽草（*I.lanceolatum A.G.Smith*）的果实有剧毒。

药用植物也是这样，不同的种类，其成分和药效各不相同。如果误用，不但达不到治病的目的，反而会使患者受害。

搞清植物的亲缘关系，可用于指导杂交育种和基因工程的工作。一般说来，亲缘关系越近的（如同一种作物不同品种间）就越易于进行杂交，人为地创造新品种。亲缘关系较远的植物则不易杂交，但一旦杂交成功，其后代的生命力就更强。此外，还可以根据植物的亲缘关系，来预测某些相似的化合物（如生物碱、芳香油、橡胶等）在植物界的分布，进而开发利用新的植物资源。据研究，我国人参属（*Panax L.*）植物的10个种或变种，均含有三萜皂甙的药用成分，尤以三七、人参、西洋参等3个种的含量较高。在遗传育种和基因工程方面，植物系统和分类学知识是很重要的基础，目前，人们正在努力从栽培种的近缘野生种或野生资源中寻找对人类有用的基因和化学成分，导入栽培种或通过微生物发酵来生产有效成分，为人类造福。

（二）植物分类的意义

1. 人们利用植物的需要

现存于地球上的植物，种类繁多，形态结构非常复杂，要对数目如此众多，彼此间形态千差万别的植物进行科学研究利用，首先就要根据它们的自然属性，由粗到细，由表及里地对它们进行深入研究，找出相同的特性，然后进行分门别类，只有这样人们才能对这些数量众多的植物加以改造和利用，为我们的衣食住行提供物质资源。

通过对植物正确分类，可以依据已知植物特征来寻找更多的植物资源。比如，可以通过已知药用植物的分类位置，来发掘与其亲缘关系较近物种的潜在价值，进而开发新的资源。对植物进行正确分类，有助于准确区分近似种类和科学地描述植物种类的特征，防止名实关系混乱，提高植物的利用价值。

2. 科学发展的需要

植物学在人类的科学发展中起到了非常重要的作用，它可推动其他学科如细胞学、遗传学、基因工程、分子生物学的发展，为这些学科提供理论和基础支持。而人们要认识植物，利用和改造丰富的植物资源，使之更好地为人类服务，就必须掌握植物分类的方法，将它们分门别类，形成系统。

二、植物分类简史

广义的植物分类学（plant taxonomy）是研究植物的系统进化过程及对植物进行具体分类的科学。也可以把研究植物的进化过程和规律的部分划分为植物系统学（plant systematics）而狭义的植物分类学则是研究植物的具体分类，包括种、种以下和种以上的分类。

（一）人为分类系统时期

19 世纪中期以前，受到对植物认识的局限以及“神创论”等思想的影响，多以植物的用途、生境和外部形态等某一个或几个特征为依据，对植物进行人为分类，没有考虑植物的亲缘关系和演化趋势，如明代李时珍所著《本草纲目》将描述的 1000 多种植物分为草、谷、菜、果、木 5 部，又把草部分为山草和芳草等。

1735 年，瑞典植物学家林奈发表了《自然系统》，根据花的构造特点和花各部分数目（尤其是雄蕊数目）将植物分为 24 纲，其中第 1 ~ 13 纲按雄蕊数目区分，第 14 ~ 20 纲按雄蕊长短（如二强雄蕊和四强雄蕊等）、雄蕊和雌蕊的关系以及雄蕊的联合情况区分，第 21 ~ 23 纲按花的性别（如雌雄同株、雌雄异株和杂性花等）区分，第 24 纲称为隐花植物。人为分类系统忽视了植物间的亲缘关系和演化规律。例如林奈的分类系统中，根据雄蕊数目特征划分纲，常会使亲缘关系疏远的种类归到同一纲中。如蓼科的酸模属有 6 枚雄蕊，小檗科的小柴属也有 6 枚雄蕊，它们一同放入第 6 纲，显然不合适。

人为分类方法对人类的生产和生活，尤其在经济植物或野生植物资源的调查和利用上起到了重要作用，并为科学的植物分类积累了丰富的资料和经验。

(二)进化论前的自然分类系统时期

随着人们对植物的认识越来越深入,学者们注意到之前植物分类方法和系统存在许多问题,认识到应该从植物自身的性状和多方面的特征对植物进行分类,力图建立能够反映自然界客观植物类群的分类方法。自然分类方法(natural taxonomy)是以植物自身性状的相似程度来决定植物间的亲缘关系和系统排序的方向。依据自然分类方法(method of natural classification)所建立的分类系统即为自然分类系统(system of natural classification),这一时期,著名的自然系统主要有法国植物学家 A.L.de Jussieu 和瑞士植物学家 A.P.de Candolle 分别在 1789 年和 1813 年建立的系统。此外还有英国学者 Bentham 和 Hooker 建立的系统。

这一时期最具代表性的工作有:1703 年英国人 John Ray(1628—1705)在《植物分类方法》一书中记载了 1800 种植物,分为草本、木本,并利用子叶数目、叶脉类型、花的特征和果实类型等多个性状特征对植物进行了分类。1753 年 Linnaeus(1707—1778)在他的《自然系统》(Systema Naturae)一书中,根据雄蕊的数目、特征以及和雌蕊的关系,将植物分成 24 纲。以性器官来分类在当时是一个首创。1753 年完成的《植物种志》中首次使用了双名法。林奈对分类学的卓越贡献被后人称之为"分类学之父",1789 年,法国植物学家 A.L.de Jussieu(1748—1836)和 Barnard de Jussieu(1699—1777)发表《植物属志》(Genera Planta rum),书中按子叶的有无和单双,将植物分成无子叶、单子叶和双子叶三大门,又以花瓣、花冠的有无、多少和生长的位置而分成纲、目。英国人 Robert Brown(1773—1850)发现种子有裸露和包裹的区别。建立裸子和被子植物两大类群。1883 年德国人 A.W.Eichler 将植物界分为藻类植物、苔藓植物、蕨类植物和种子植物 4 大门。

瑞典植物学家 A.P.de Candolle(1778—1841)在《植物学的基本原理》(TherorieEle-mentaire de la Botanique, 1813)和《植物自然系统》(Prodromus Systematios Naturalis Regni Vegetabilis)中将植物分成 135 目(科),之后,他的儿子 A.Decandolle 发展到 213 科,肯定了子叶的数目和花部特征的重要性,并将维管束的有无及其排列情况列为门、纲的分类特征,还确定了双子叶植物是被子植物的原始类群。

(三)系统发育分类系统时期

现代自然分类系统或称系统发育分类系统(phylogenetic system),是从 19 世纪后半期达尔文创立生物进化论以后开始的,它根据生物进化的原理，力求客观地反映出生物界的亲缘关系和演化规律。现代自然分类系统中以恩格勒和勃兰特的《自然植物志》所述比较完善，它自 1892 年问世以来，即为各方面采用，之后几经修改，也受到过一些批评，但仍不失为一个比较完善的自然分类系统。自此以后，国际上陆续出现了许多不同的自然分类系统。

三、植物分类的主要研究方法

（一）形态分类方法

形态分类方法是植物分类的传统手段，依据植物外部形态特征，对植物全面观察和对比分析，研究其相似性和变异性，区别和确定不同植物类群。

（二）细胞学分类方法

半个世纪以前，科学家就发现不同植物细胞在有丝分裂时其染色体数目、大小和形态均不尽相同。这些资料作为分类学的重要证据，逐渐受到分类学家的重视，并于近期发展成为一门学科，称为细胞分类学。

在不同植物中，植物细胞染色体的数目变化很大，但是就同一个种类的植物而说，其染色体的数目相对恒定。并且某一科（属）植物而言，其染色体数目也存在一定的变化规律，因此可以作为植物分类的依据。目前，对于植物染色体数目计数的工作也取得了前所未有的进展，其中已有 20% 的蕨类植物的染色体数目被报道。种子植物、藓类植物和苔类植物，其完成比例依次为 15% ~ 20%、14% 和 10%.

常见的染色体分析手段主要有以下几种：定量化学细胞方法，主要是通过 DNA 含量及其他的一些化学特征去鉴定染色体；着色区段分析，其着色区段是否相同与其是否为同源染色体有着直接的关系，同源染色体通常具有相同的着色区段；带型分析，根据染色体不同带型，可更精细而可靠地识别染色体的个体性；常规形态分析，是染色体组型分析最传统的手段之一，它主要包括染色体长度的测量，着丝点和主缢痕位置的确定，次缢痕是否存在以及随体的大小、形态和有无等特性的确定。所谓主缢痕，是指在常规压片标本的染色体中，着丝点区域通常不着色或者着色较浅，着丝点一般位于主缢痕内，染色体的臂则位于主继痕的两侧根据两臂长度相同或者不同可将染色体分为等臂染色体、长臂染色体和短臂染色体。在有的染色体中，其压片中有不止一个者色较浅的区域，不同于主缢痕的另外一个浅色区域则称为次缢痕(副缢痕)。随体是指在部分染色体中出现在其末端的一个棒状或球形的突出物,在不同的染色体中,其随体的形态也不尽相同。并且着丝点的位置和染色体的大小也是植物细胞分类中与染色体形态相关的主要指标,根据着丝点位置不同可以将染色体分为六种类型。

植物细胞资料是植物分类的重要证据之一,它在植物属以上、属级类群以及在种级和种级以下类群等分类中均具有广泛的应用。

(三)超微结构分类方法

超微结构分类是利用电子显微镜(电镜)技术对植物的一些组织特征进行观察分析,并根据所观察到的特征进行植物分类研究。20 世纪 60 年代以后,植物组织的超微结构等一些电镜资料逐渐在被子植物分类中得到发展。目前电镜资料更多用于植物的科、目等级分类的修订之中。

在植物超微结构分类研究中,经常利用扫描电镜对植物表皮的结构进行观察分析,可以展示诸如表皮细胞的排列、细胞外貌、外层细胞壁清晰的凹凸以及角质层分泌物等,这些表皮特征的高度多样性为植物的分类提供了全新的、有价值的信息。

(四)数值分类方法

数值分类学又称数量分类学,它是以计算机为依托,采用数量统计学等分析手段考察植物不同性状之间的相似性系数,以所得的相似性系数为参考,评价植物类群之间的相似性并将其进行归类的一门学科。与常规的描述性分类学研究手段不同,该学科更趋向于对植物的分类问题进行定量水平上的研究。

数值分类学的主要研究步骤包括:确定合适的研究对象,即所谓的分类单位,该单位可以是个体,也可以是品系、种、属或更高级的单位,所选择的分类单位应当能够尽可能地代表所研究的对象;性状的选择,应尽量选择相对稳定且保守性强的性状,诸如植物的繁殖器官特征等:性状编码,对所选择的性状进行编码处理,收集相应的数据:相似性运算,性状编码之后所得的数据为原始数据,若所得的原始数据全部为二元数据,则可以直接进行相似性系数运算,若所得的数据为实数,就需要进行数据的标准化变换,然后进行相似性运算;5 聚类运算分析,进行数据标准化变换之后,即可以进行聚类运算,选择合适的聚类策略是整个运算的核心,选择的聚类策略不同,则所得的结果也不同。

（五）化学分类方法

化学分类学在植物分类研究中的应用主要是通过植物提取物的化学特征，来研究植物之间的分类关系，探讨植物间的演化规律。常用于植物化学分类的化学成分主要有糖类、苷类、黄酮类、生物碱、萜类、挥发油、鞣质、酶、蛋白质和核酸等。

近年来，小分子化合物作为一种分类性状已被应用于植物分类中，如库肯索尔（Kukenthal）原本把海滨莎属归为刺子莞亚科中，但是进行醌类色素检测时发现，海滨莎富含醌类色素而刺子莞亚科其他植物均不含该类色素，支持了克恩（Kern）等人关于将其归为藨草亚科的结果。

四、植物分类的等级与植物的命名法则

（一）植物分类的等级单位

植物分类的基本等级单位有界（regnum）、门（divisio）、纲（classis）、目（ordo）、科（familia）、属（genus）、种（species），各分类单位表示大小或等级上的差异并多有次级等级，部分分类单位具有对应的词尾，其中界为最大的分类单位，种是基本的分类单位物种（species），简称“种”，是生物分类学上的基本单位，是具有相同的形态学、生理学特征和一定自然分布的生物群，种内个体间能自然交配产生正常能育的后代，种间存在生殖隔离。物种是生物进化过程中自然选择作用的历史产物，同时又是生物继续进化的基础。

植物种有大种和小种之分：“归并派”主张大种概念，大种又称“林奈种”，是具有明确特征的植物，并且有一定的分布区：“细分派”主张小种概念，又称“约当种”，认为一种的个体之间必须极为相似，任何差异都应认定为另外一种，这种小种概念易造成分类学上的混乱，目前逐渐被摒弃。

（二）植物的学名

瑞典植物学家林奈（Linnaeus）于1753年发表的《植物种志》（Species Plantarum）中比较完善地创立了植物命名的双名法（bionomial system），在双名法的基础上，经过反复修改和完善，制定了《国际植物命名法规》，其中对植物的命名作了详细规定，要点如下：

（1）每种植物只能有一个合法的名称，即用双名法定的名，也称学名。

（2）每种植物的学名必须有两个拉丁词或拉丁化的词构成。第一个词为属名，第二个词为种加词。

（3）属名一般用名词单数第一格，种加词一般用形容词，并要求与属名的性、数、格一致。

双名法的书写形式是：属名的第一个字母必须大写，种加词全为小写。属名和种加词必须排斜体。命名人在任何情况下为正体，并且首字母大写。此外，还要求在种加词后面写上命名人的姓氏缩写，第一个字母也要大写。即：种名（学名）= 属名 + 种加词 + 命名人姓氏

如：银杏　　Gingkgo　　biloba

　　　　　↑（大写）　↑（小写）

变种名：原种名 + var.+ 变种名 + 变种命名人

变型名：原种名 + f.+ 变型名 + 变型命名人

栽培品种名：原种名 +cv.+ ‘品种名’

五、植物的分类检索表

植物分类检索表是识别、鉴定植物不可缺少的工具，它根据二歧分类法的原理以对比的方式把不同植物，根据它们的主要特征分成相对的两个分支，再把每个分支中相对的性状又分成相对的两个分支，依次分下去，直到区分完成。

植物分类检索表有定距检索表与平行检索表两种形式。其中定距检索表是将植物每一特征描述在书面左边的一定距离位置，与此相对应的特征描述在同样的距离位置。每一类下一级特征的描述，则在上一级特征描述的稍后位置开始，如此继续下去，直到检索出某类或某种植物为止。

第四节　被子植物的分类系统

一、恩格勒的分类系统

恩格勒分类系统由德国植物恩格勒（A.Engler）和柏兰特（K.Prant）于 1897 年在《植物自然分科志》一书中发表。他将植物界分成 13 门，而被子植物是第 13 门中的一个亚门，即种子植物门被子植物亚门，并将被子植物亚门分成双子叶植物和单子叶植物两个纲，将单子叶植物放在

双子叶植物之前。恩格勒系统是根据假花说的原理，认为无花瓣、单性、木本、风媒传粉等为原始的特征，而有花瓣、两性、虫媒传粉的是进化的特征。

二、哈钦森被子植物分类系统

英国植物学家哈钦森（J.Hutchinson）于 1926 年在《有花植物科志》一书中提出，1973 年作了修订，从原来 332 科增加到 411 科。该系统认为被子植物是单元起源的，双子叶植物以木兰目和毛茛目为起点，从木兰目演化出一支木本植物，从毛茛目演化出一支草本植物，认为这两支是平行发展的。单子叶植物起源于双子叶植物的毛茛目，并在早期就分化为三个进化线：萼花群（Calyciferae）、瓣花群（Corolliferae）和颖花群（Glumiflorae）。

三、塔赫他间被子植物分类系统

塔赫他间（A.Takhtajan）于 1954 年公布。他认为被子植物起源于种子蕨，并通过幼态成熟演化而成；草本植物由木本植物演化而来；单子叶植物起源于原始的水生双子叶植物的具单沟舟形粉的睡莲目莼菜科。

克朗奎斯特分类系统是美国学者克朗奎斯特（A.Cronquist）于 1958 年发表的。该分类系统亦采用真花学说及单元起源的观点，认为有花植物起源于一类已经绝灭的种子蕨；现代所有生活的被子植物亚纲，都不可能是从现存的其他亚纲的植物进化来的；木兰亚纲是有花植物基础的复合群，木兰目是被子植物的原始类型；莱荑花序类各目起源于金缕梅目；单子叶植物来源于类似现代睡莲目的祖先，并认为泽泻亚纲是百合亚纲进化线上近基部的一个侧支。

五、APG 被子植物分类系统

APG Ⅲ分类法和传统的依照形态分类不同，它主要依照植物的三个基因组 DNA 的顺序，以亲缘分支的方法分类，包括两个叶绿体和一个核糖体的基因编码。

虽然主要依据分子生物学的数据，但是也参照其他方面的理论，例如：将真双子叶植物分支和其他原来分到双子叶植物纲中的种类区分，也是根据花粉形态学的理论。被子植物 APG Ⅱ分类法是被子植物种系发生学组(APG)继1998年APG Ⅰ及2003年APG Ⅱ之后,花了6年半修订的被子植物分类法,于2009年10月正式在林奈学会植物学报发表。

第六章　植物环境及生态适应分析

植物在生活过程中始终与周围环境进行着物质和能量交换，既受环境条件制约又影响周围环境。植物与环境的关系具有两方面含义：一是指植物以其自身的变异适应不断变化的环境，即环境对植物的塑造或改造作用；二是指植物群体在不同环境中的形成过程及其对环境的改造作用。研究植物与环境相互关系的学科称为植物生态学（Plant Ecology）。

第一节　环境的尺度

一、环境的尺度和植物的层次

植物与环境间相互关系复杂，充满变数，如果不在时间上和空间上加以规定，则无规律可循。作为生态系统中的非生命系统，一定的空间、时间范围内生态因子的组合，形成植物的环境。因此，作为主体的植物层次（水平）不同，则环境的尺度大小也就不一。环境的尺度是依植物的层次而划定的。

按生物组织水平，植物可以划分为：植被（全球和区域的）水平、群落水平、种群水平、个体水平、细胞或分子水平。与之相应，环境也可以划分成一系列等级，如宇宙环境、地球环境、区域环境、小环境、微环境、内环境等。不同的层次水平总是有一定的生态现象和生态过程特点。

二、空间和时间尺度

地球环境的基本特征之一为非均一性，因而形成了区域环境。在空间上，因气候的梯度变化而分异为热带（及亚热带）、温带和寒带；又因地势地貌和基质而分异为江河湖海、陆地沙漠、高山、高原和平原。各个区域都是气候和地表性质的综合体，各自具有其显著的自然环境特点，并形成了不同的植被类型,如森林、草原、荒漠、沼泽、水生植被等。区域环境进一步分异形成小环境(Micro-enionment),空间范围缩小,对植物的影响就更为直接和具体,而针对某一植物或群落生长的具体地段的综合环境因子,则称为生境(Habitat)。至于内环境,则是指植物体内组织或细胞间的环境,这种内环境的特点,是植物本身生活活动所形成,是外环境所不能代替的。

关于时间尺度,一般可笼统划分为长期、中期、短期。时间尺度对植物界的影响表现为适时性和阶段性,而且不可逆转。因此,生态因子对植物影响的持续性越强,过程也就越复杂。

就环境系统而言,各因子相互影响、互相制约,而且,每一水平都对其上一级和下一级水平施加影响。例如,太阳系是一个等级系统,其组分是太阳和各种行星。据信,太阳与行星的某些关系影响地球从太阳获得的能量,并导致冰期与间冰期低温和高温的交替出现。温度的变化(与降水量的变化相结合)依次造成气候的多样性,并影响土壤形成与地貌的分布格局。这些又有助于确定时间与空间上的植被类型,并作为进化的选择动力。

当然,在一定尺度范围内,时间和空间总是互相关联的。空间范围的大小和时间的长短,对植物各层次的影响方式也是不同的。既然环境等级与生物的层次相应,则尺度的确定实际上是把生态系统划分为子系统。各子系统都是由大系统分异而成,既相互关联,又相互制约。例如,小环境要受到大环境的制约,短期变化会影响到中、长期环境发展。非生命系统部分如此,生命系统部分也如此。

第二节　植物的环境

研究植物与环境之间的相互关系,不仅要了解植物本身各方面的特性,还要了解它们生活环境方面的特性以及它们之间相互作用的关系。只有对具体植物和具体环境进行具体分析,才能弄清植物与环境的关系。

一、自然环境

生态学中所理解的环境,是指生物机体生活空间的外界自然条件的总和。在这种意义上,生物环境不仅包括对共有影响的种种自然环境条件,而且还包括生物有机体的影响和作用。

植物所需要的物质条件,除了地球本身所提供的一切物质基础之外,最根本的能源动力是由太阳辐射所提供的。有了物质和能源的供应,植物体才能生产出有机物质,将能源继续不断地传递下去。因此太阳和地球是植物最根本的环境基础,可以说一切环境特征,都是由此产生的,这就是植物的宇宙环境和地球环境,奠定了生态学上的宏观概念。

(一)大气圈、水圈、岩石圈、土壤圈

当地球表面第一批生物诞生时,它们遇到的是水、空气和地表岩石的风化壳,以后在生物的活动下,在岩石圈的表层形成了土壤圈。大气圈的对流层、水圈、岩石圈和土壤圈,共同组成了地球的生物圈环境。

1. 大气圈

地球表面的大气圈虽然有一千公里以上的厚度,但直接构成植物的气体环境的部分,只是下部对流层约 16 公里的厚度。大气中含有植物生活所必需的物质,如光合作用需要的 CO_2 和呼吸作用需要的 O_2 等。对流层中还含有水汽、粉尘等,它们在气温的作用下,形成的风、雨、霜、雪、露、雾和冰雹等,一方面调剂着地球环境的水分平衡,有利于植物的生长发育;另一方面也会给植物带来破坏和损害。

2. 水圈

水圈包括地球表面 71% 的海洋,内陆淡水水城,以及地下水等,构成植物丰富的水分物质基础。水体中还溶有各种化学物质、各种溶盐及矿质营养、有机营养物质等提供植物生活上的需要。由于各个地区的水质不同,构成了植物环境的生态差异,例如海水和淡水、碱水和酸水等,都是植物不同的环境。液态水通过蒸发、蒸腾,转为大气圈中的水汽,再成为降水回到地面上,构成物质循环的一个方面。大气中水热条件结合在一起,就会产生风云千变的地区气候特性。

3. 岩石圈

岩石圈是指地球表面 30 ~ 40 公里厚的地壳,是水圈和土壤圈最牢固的基础。岩石圈中贮藏着丰富的地下资源如化石燃料、铁矿、铜矿等,植物生长发育所需的矿质养料也贮藏在岩石圈中。

4. 土壤圈

土壤本身有它自己的结构和化学性质,是介乎无机物和生物之间的一种物质,和其他各自然圈的性质和作用完全不同,不能因为它的数量太少，和其他自然圈很不相称，而把它列为岩石圈的附属部分，而应该根据它的质的特点，列为一个独立的圈层。土壤圈和植物之间的密切关系非常明显，改良土壤，就可以控制和促进植物的生长发育，获得优质高产，这是农业生产措施的一种常识。

以上四个自然圈，是生物圈的物质基础，是地球环境最基本的出发点。

（二）生物圈

生活在大气圈、岩石圈、水圈和土壤圈的界面上的生物，构成一个有生命的生物圈。生物圈中的植物层，叫做植被。植被在地球环境中的作用，具有极其重大的意义。地球上总的生物生产量中，植被占99%。因此，植被在地球上对能量转化和物质循环过程，是一个十分重要和稳定的因素。①

整个水圈的水分，每200万年经过生物的吸收排放再循环一次。其他矿质循环和氮素等元素的循环，在生物的作用下，所需要的时间，更是亿万年的时间了。说明植物与大环境相互影响、相互作用的结果，形成了地球植被所需要的物质条件，也就是大环境的特征。植物对太阳辐射能的转化效率，约占全部辐射能的1%左右，所以太阳能还具有99%左右的生产潜力有待发挥，构成了农业不断增产的最根本的能源基础。

在上述地球大环境之下，又可以划分为各种不同的环境级别，例如区域环境、生境，以及小环境等。

1. 地区环境

在地球表面的不同地区由于五个自然圈互相配合的情况差异很大，所以形成不同的地区环境特点。例如江河湖海、陆地、沙漠、高山、高原和平原，以及热带、亚热带、温带和寒带等，都有各自突出的自然环境特点，形成了不同的植被类型。如森林、草原、稀树草原、荒漠、沼泽、水生植被，以及农田作物等，其中的生物资源，都是人类生存的物质基础。所以地区环境和生物群落之间的相互关系是生态学的主要研究课题。②

2. 生境

植物或群落生长的具体地段的环境因子的综合叫做生境(hahitat)。

植物的分布幅度，受到周围地理环境和生物环境的制约，有其一定的限度。

① 赵昭昞．植被在自然景观中的标志作用[J]. 植物学报，1985(02):39-42.
② 秦雅飞．吉林西部地下水模拟预报及生态效应探讨[D]. 吉林大学，2008.

每一种植物的分布幅度，受到生长环境的限制，在最适分布幅度以内，植物发育最好，向着最大和最小限度两极发展，则逐渐减退，乃至全部消逝。

各种植物的生境有好有坏，如桦树在阳坡上，生长最高、最大、最好，而在阴坡上不能生长，或生长不好。反之，云杉冷杉在阴坡上生长较好，而在阳坡上不能生长或生长不好。各种植物的生境，可以是重叠的、连续的或交叉的；或者是分离的不相连接的。例如，不同山体的阳坡或阴坡，都可以成为不相连接的，但都是相同的阳坡生境和阴坡生境。又如同一类型的湖泊，可以相隔很远，不相连接，但它们的水生植物种类，基本上是相同的。例如，昆明滇池中的海菜花（Otellia yunnanensis），在云南高原上所有湖泊中，都有分布而且生长很好，但是在我国其他低海拔湖泊中，根本绝迹不能生长。

3. 小环境和体内环境

通过对植物种与其生境的研究，才能了解种的生态特性。但这还不够，还要研究植物个体的表面小环境（Micro-environment）和体内环境（Inner environment）。

小环境是指接近植物个体表面，或个体表面不同部位的环境。例如，植物根系附近的土壤环境（根际），叶片表面附近的大气环境如温度、湿度的变化所形成的小气候或微气候，都可以发生局部生境条件的变化。

植物体内又有内环境，例如叶片内部，直接和叶肉细胞接触的气腔、气室，都是内环境的形成场所。叶肉细胞生命活动所需要的环境条件，都是内环境通过气孔与外环境相连通，在气孔的控制下，使气腔和气室具有室内和室外环境的差异。叶肉细胞只有在内环境中生活，但不能在外环境中生活。例如，叶肉细胞对光能的转化，进行光合作用和呼吸作用的生理功能等，都是在内环境中进行的。内环境中的温度、水分条件、CO_2和O_2的供应状况，都直接影响细胞的功能，对细胞的生命活动非常重要。保持比较恒定的温度和饱和的水分，使细胞维持旺盛的生命活动，就能促进转化和输送更多的能流和物流。这种内环境的特点，是植物本身创造出来的，为外环境所不可能代替的。这对生态学的研究提出了新的问题，扩大了植物生态学的领域，形成了污染生态学分支，开拓了对植物的抗污染和净化环境方面新的科学研究方向。

植物生态学研究的植物个体，种群、群落与环境的关系主要是指的自然环境，这是植物生态学研究的本质问题；不过，也不能忽视人为活动对自然环境的影响，包括污染物对生物和环境的影响。

二、人工环境

人工环境，是指在人工控制下的植物环境。例如，薄膜生产（利用薄膜育苗等）可防止夜间低温和霜害，提高土温和气温，促进幼苗生长发育，提前农业季节，争取丰产丰收，是行之有效的人工环境。[①]我国北方土法温室是采用向阳温室的办法，生产各种蔬菜，供应冬季市场，早已行之有效。现代化的温室环境，更是人所共知的人工环境，在温室中培育各种观赏植物，虽在冰天雪地之中，仍可看到热带珍贵植物如树蕨和王莲等花木盛开，满室春色，与室外环境相比完全是两个不同的世界，发挥了人工环境的极大威力。近来阿拉伯干热地带，也有玻璃房生产形式出现，在人工控制的适温和潮湿的优越环境中，有的充分利用可供光能，成功地生产出美味的黄瓜、番茄等，为毫无生产价值的热带沙漠地区，开创了历史上从未有过的先声。说明在任何地区，都能创造出植物所需要的人工环境，为增加植物资源贡献力量。人工环境的发展前途是无限的。

以上五种植物生态环境，是根据植物界的：（1）植被水平；（2）群落水平；（3）植物种群水平；（4）个体植物水平；（5）细胞组织水平划分的。人工环境是植物各种环境水平中最强有力的特殊环境。环境的综合总体，总是互相渗透在一起的，各种类型之间的界限，有时候，有些地方是错综复杂的。

第三节　环境因子的分类

在任何综合的环境之中，都包含着许多性质不相同的单因子。每一单因子在综合环境中的质量、性能、强度等，都会对植物起着主要的或次要的、直接的或间接的、有利的或有害的生态作用。在研究环境与植物间的相互关系中，根据因子的类别通常可划分为下列五类。

（1）气候因子，包括光照、温度大气、降水（湿度）等。气候因子往往被称为地理因子，因为它们依地理位置（经纬度及海拔高度）为转移，它们合在一起，就表明了该地方的气候特征。在气候因子里面，太阳辐射是主要的能量因子，太阳辐射又被称为宇宙因子。

（2）土壤因子，包括土壤温度、土壤水分、土壤空气和无机盐，以及土

① 秦雅飞．吉林西部地下水模拟预报及生态效应探讨[D].吉林大学，2008.

壤生物等，由以上各因子综合形成土壤的物理和化学性质。土壤条件在很大程度上是由气候决定的。大气因子直接透入土壤，成为它的组成部分，确定它的性质：土壤空气、土壤水分、土壤的温度和土壤的气候。土壤也“透入”大气，反射一部分光，辐射热量，蒸发水分，游离那些由植物根的呼吸和土壤微生物的活动所产生的气体。

（3）生物因子，包括动物因子、植物因子微生物因子和它们所形成的生物联系等。植物之间的相互关系，或者是由于争夺资源和生存空间，或者是通过改变环境而相互影响；植物为动物和微生物提供食料与栖息地，由此而引起的相互关系也是十分复杂的。[①]

（4）地形因子，指地面沿水平方向的起伏状况，包括山脉、河流、海洋、平原等，以及由它们所形成的丘陵、山地河谷、溪流、河岸、海岸、各种地貌类型。地形因子并不是植物生活所必需的，而是通过对水、热条件的再分配而影响植物，因而被认为是一种间接起作用的因子。[②]

（5）人为因子，包括耕作因子和人为（直接的和间接的）对于各种生态因子的改变（有意的和无意的）所产生的生态效应。人类的影响力量，超过其他一切因子，其特征是具有无限的支配力。

在以上五类因子中，人为因子对植物的影响远远超过其他所有的自然因子。这是因为人为活动通常是有意识有目的的，可以对自然环境中的生态关系起着促进或抑制、改造或建设的作用。放火烧山、砍伐森林、土地耕作等，都是人为活动影响自然环境的例子。人类在利用自然的过程中，逐步认识自然和掌握环境变化的规律性。但是自然因子也有其强大的作用，非人为因子所能代替的，如生物因子中的昆虫授粉作用，可使虫媒花植物在广阔的地域传粉结实，这就决非人工授粉作用所能胜任的。又如风媒花植物的授粉作用是靠空气因子（风）来传粉，世界上主要的粮食作物，如水稻、小麦等都是靠风媒授粉的。自然因子威力之大，也不是人工因子所能代替的。

第四节　生态因子作用的一般规律

植物和生态因子之间的相互作用关系，存在着普遍性规律。这些规

① 张静．作物—地域多种组合中作物生态适宜性评价与权重配置方法的研究[D]．南京农业大学，2005.

② 于阳．珠峰自然保护区药用植物区系及其关键种分布特征[D]．成都理工大学，2015.

律是研究生态因子的基础，掌握这些规律，将有助于生产实践和科学研究。在分别研究生态因子的过程中，必须注意下面几个基本规律。

（1）生态因子相互联系的综合作用。生态环境是由许多生态因子组合起来的综合体，对植物起着综合的生态作用。[①]通常所谓环境的生态作用，也是指环境因子的综合作用。

各个单因子之间不是孤立的，而是互相联系、互相制约的，环境中任何一个因子的变化，必将引起其他因子不同程度的变化。例如，光照强度的变化，不仅可以直接影响空气的温度和湿度等气候因子的变化，同时也会引起土壤的温度和湿度的变化。因此，环境对植物的生态作用，通常是各个生态因子共同组合在一起，对植物起综合作用。

（2）生态因子中的主导因子。组成环境的所有生态因子，都是植物生活所必需的，但在一定条件下，其中必有一二个因子是起主导作用的，这种起主要作用的因子就是主导因子。主导因子包括两方面的含义：第一，从因子本身来说，当所有的因子在质和量相等时，其中某一个因子的改变能引起植物全部生态关系发生变化，这个能对环境起主要作用的因子称为主导因子；第二，对植物而言，由于某一因子的存在与否和数量的变化，而使植物的生长发育情况发生明显的变化，这类因子也称为主导因子。

（3）生态因子中的限制因子。限制因子（Limiting Factors）指在众多的生态因子中，任何接近或超过植物的耐受极限，而阻止植物的生长繁殖或扩散的因子。[②]限制因子和主导因子在某些情况下是一致的，但在概念上，主导因子着重于植物的适应方向与生存状况，而限制因子则着重于植物对环境适应的生理机制。关于限制因子的研究，著名的是 Liebig 的最小因子定律和 Shelford 的耐受性定律。[③]

最小因子定律（Law of Minimum）：19 世纪，德国化学家 J. Liebig 在研究谷物的产量时发现，谷物常常并不是由于需要大量营养物质而限制了产量，而是取决于那些在土壤中极为稀少，且为植物所必需的元素（如硼、镁铁等）。如果环境中缺乏其中的某一种，植物就会发育不良，如果这种物质处于最少量状态，植物的生长量就最少。[④]以后人们将这一发现称之为最小因子定律。而影响植物生长发育的这个最小因子，就是限制因子。

① 张静．作物—地域多种组合中作物生态适宜性评价与权重配置方法的研究[D]．南京农业大学，2005.

② 蒋满霖．中国农村金融生态优化的制度创新研究[D]．西北农林科技大学，2010.

③ 王亚秋．榆树个体生态场行为的研究[D]．东北师范大学，2005.

④ 孔德议，张向前．基于生态管理理论的创新型人才成长环境研究[J]．生态经济，2012.

耐受性定律(Law of Tolerance):1913年,美国生态学家V. E. Shelford提出了耐受性定律。他指出,一种生物能不能存在与繁殖,要依赖于一种综合环境的全部因子的存在,但只要其中一项因子的量或质不足或超过了某种生物的耐受限度,则会使该物种不能生存,甚至灭绝。[①] 与最小因子定律不同的是,在这一定律中把因子最小量和最大量并提,把任何接近或超过耐受性下限或上限的因子都称为限制因子。

各种植物对每一种环境因子都有一个耐受范围,其耐受下限和上限(即生态适应的最高点和最低点)之间的范围,即为该物种的生态幅(Ecological Amplitude)或称生态价(Ecological Valence)。植物耐受性不仅随种类而不同,就在同一个种的不同个体中,耐受性也会因年龄、季节、分布地区而有不同。耐受性定律允许考虑生态因子之间的相互作用,如因子的补偿作用。当然,对限制因子的确定,要通过观察、分析与实验相结合的途径,仅在野外的观察往往是不够的。

(4)生态因子的直接作用和间接作用。在对植物的生长发育状况和分布原因的分析过程中,必须区别生态环境中因子的直接作用与间接作用。很多地形因素,如地形起伏、坡向、坡度、海拔、经纬度等,可以通过影响光照、温度、雨量、风速、土壤性质等的改变而对植物发生影响,从而引起植物和环境的生态关系发生变化。

第五节　植物的生态适应

一、植物对环境的适应

(一)生态适应的概念

适应(Adaptation)是指植物在生长发育和系统进化过程中为了应对所面临的环境条件,在形态结构生理机制、遗传特性等生物学特征上出现的能动响应和积极调整。针对适应,因研究问题的着眼点不同,有的强调结果,有的强调过程。生理学、生物化学等在讨论适应时,主要是针对适应结果,从功能和效用方面对适应所产生的结果的合理性进行解释和阐述;而在生态学和进化科学中,主要从进化发展的历史着眼,从现有结果

① 单奇华,刘先虎,张建锋,等.铜胁迫下植物与土壤的耦合响应研究[J].水土保持通报,2011(05):90-94.

出发进行比较分析,探讨适应的起源、形成和发展过程,尤其是要分析植物适应形成的机制。[①]

现存生物无论其内部结构和功能差异有多大,都可以认为它拥有一个成功的适应和进化历史。判断生物是否适应,就是看面对所在环境经历一定的时间阶段后能否维持自己生命的连续性,而标志就是能否产生后代。[②]个体适应性的差异在种群中得到了体现,而种群也通过不断地增大适应性更强的个体比例来提高整个种群的适应性。任何适应性都是适应的幅度和与适应的专一性的综合统一。

衡量植物适应性的终极标准是保持生命延续的能力大小。在正常环境中,适应性往往强调竞争力、生活力、生长势,获取的资源越多,则能够保持繁殖性能、维持生命延续的机会就越多;在不利环境中往往强调抵抗性以及对极端环境的忍耐极限。任何植物的生态适应都要同时具备在正常环境中保持较好生长势头、在恶劣环境中维持生命延续的两种基本能力。植物在其一生中,如何平衡这两种能力,就集中反映在植物生活史策略上。

(二)环境与植物的适应性

植物对环境的适应程度可以用适合度来衡量。植物对某个环境因子适应范围,是在其他环境因子相对稳定情况下界定的。当其他环境因子发生变化时,植物的生态幅将发生变化。如当环境的湿度发生变化时,植物对温度的适应范围也将发生变化。当有多种植物共同存在一特定环境中时,因植物之间的竞争会使很多植物的生态幅变小。这时,我们可以把没有其他植物竞争时植物的分布区称为生理分布区(Physiological Distribution Area),而竞争条件下植物的分布区称为生态分布区(Ecological Distribution Area)。前者是理想分布区,或者是潜在的分布区,后者是现实分布区。有的植物对某一生态因子的适应范围较宽,而对另外一生态因子的适应范围很窄。

物种的生态幅大小往往取决于它在临界期(Critical Period)的耐受性。任何植物的生存环境都是比较严峻的。水、肥、气、热组合很好的地方很少,即使组合很好,植物彼此之间还将面临激烈的竞争,生存资源总体上是短缺的,这样,对绝大多数植物而言,时刻面临的都可能是不特别

---

① 巴雷,王德利.松嫩草原羊草与其主要伴生种竞争与共存研究[J].草地学报,2006,14(1):95-96.

② 刘冠志.浑善达克沙地黄柳异速生长与生态适应性研究[D].内蒙古农业大学,2017.

适宜的环境，即胁迫环境（Stress Envionments）。任何植物，都必须具备最基本的抵御胁迫环境的能力。

人们对生态适应的了解和把握很多都是通过研究极端环境条件下生物的特征而获得的。

二、植物的生活史格局

植物的生活史格局（Life History Patterns）指的是植物在生活史中维持生存、生长和繁殖方式的组合。这种组合以资源的获取和配置为核心，以实现最大的繁殖成功为目的，是植物适应环境最集中的体现。

（一）资源配置

每个植物都具有生长（Growth）、维持生存（Maintenance）和繁殖（Reproduction）三大基本功能，而植物有限的资源总量使每个方面的功能只能获得有限的资源，植物必须采取一定的策略来配置这些资源。植物策略本身也是生活史格局的同义语。

资源配置（Resource Allocation）策略是植物长期进化过程中形成的，一方面，个体配置资源的方式主要由遗传属性决定，这种遗传表现自然受到所在环境的修饰和限制；另一方面，即使植物在环境中的表型具有很大的可塑性，这种可塑性本身也受到遗传因素的控制。

植物策略（Plant Strategy）的核心主要强调的是在特定环境中提高生殖、生存和生长能力的组合方式。对有的植物而言，成功的生活史格局是个体自身保存很少而将大多数可利用的资源转移到生殖作用中，而对另外的植物，则是保持较慢的生长却将大多资源放在抵抗食草动物的啃食、病虫害的侵袭和恶劣的非生物环境方面。在同一个环境中常常可以看到不同生活史格局的植物共居在一起。

在一个特定的环境中可以有多种成功的生活史方式，但并不是所有的生活史格局在任何环境中都可以取得同等的成功。例如，在沙漠环境中有少浆液植物、多浆液植物等，但多浆液植物不可能在热带雨林和北极苔原中。

对一类植物而言，资源配置格局不仅在短期内是一个成功的资源配置形式，而且在很长的时间范围内也能维持这种资源配置的方式。但植物资源配置的成功与否往往是由所在的环境所决定的。经常受干扰的环境有利于那些将资源主要配置到生殖过程中的植物。在特别严酷的环境中，经常可以看到的植物主要是那些在整个生活史当中只繁殖一次的植物。相反地,在稳定的森林环境中,大多木本植物主要将资源用于生长,而用于繁殖的资源则较少。

在研究资源的配置中,可以借助经济学原理分析收支状况。植物获取的资源作为收入,这些收入总是围绕生存生长、繁殖三个方面来配置(消费)的。资源的配置可以进行收益-成本分析(Analysis of Beneft Cost, ABC,或益本分析),进而可以预测最优资源配置格局。衡量资源配置优劣的最终指标是生殖成功,而衡量和评价生殖成功是以整个生活史中有效生殖总量为基础的。如果在某个方面配置太多,就意味着在另外方面可利用的资源量减少。例如,配置资源到某个构件的量较多,相应地其他构件获得的资源量就降低了;对当代资源配置如果过多地倾向于繁殖过程,那么就意味着来年的营养生长就受到影响,并进而制约资源的获取,乃至影响以后各个世代种子的数量和质量。已有的事实表明,如果植物在第一年种子产量很高,往往第二年产量显著下降。这就是果树往往有大小年的缘故。极端的情况是,当年挂果太多,甚至导致死亡。竹类植物一旦出现开花,就会大面积死亡。

当然,植物的生活史远比普通的经济过程要复杂得多,植物的基本需求有三个方面,即对碳的同化、对水的吸收、对无机营养的吸收。这三个方面都是不可偏废的,而在植物中却又没有统一的等价物作为标准,也常常很难准确地估算植物收益和成本。如光合作用与光呼吸是性质不同的两个过程;花是一种繁殖支出,但花萼以及某些植物的花冠为绿色,也能进行光合作用。还有,在本质上,植物的资源配置方式由其遗传特性所决定,但是却又受环境条件的影响很大,常常很难分清哪些收益和成本是本应如此,而哪些又是植物进行的自我调整。

虽然植物的益本分析有一些局限性,但目前依然是研究植物如何针对不同的环境、不同功能过程中实现资源最优化配置的重要理论思想。

1. 资源获取的资源配置

为获取资源而进行的资源配置比较成熟的思想是资源比假说。资源比假说,不仅能够预测一般环境中的植物能否存活和发展,而且还能对群落的不同演替阶段的植物发展进行正确的预测。如在演替开始阶段,土壤营养比光的限制作用更强,这时对资源配置倾向于根的植物是有利的;随着植物丰富度的增加和植物对土壤改良作用的加强,地下营养就不再成为最主要的限制因素,这时的环境有利于那些将资源主要向地上部分配置的植物发展。

在资源比假说的基础上,还有多元限制假说。这个假说认为,自然选择使植物能够充分地优化对资源的利用,最理想的适应环境的植物应该是那些能够准确地吸收自身所需物质的植物,这样的话,在一个特定环境里,由于竞争使其中的资源都可能得到较充分的利用,则每一种资源对植物将都是限制性的。正因为如此,在增加二氧化碳、水分和无机营养的供给时,很多植物都会出现加速生长;不少植物往往在某个阶段获取过量的资源,以备随后资源短缺之需。实验表明,植物在根茎比方面具有很大的灵活度。

2. 生存维持的资源配置

根据生活史中繁殖活动的方式,可以将植物划分为一次结实植物和多次结实植物;根据寿命可以将植物划分为一年生植物、二年生植物、多年生植物。这些植物生存方式不同,生存维持的资源配置对策也是不同的。

(1)一次结实植物和多次结实植物。在整个生活史中只进行一次生殖作用就死亡的植物称为一次结实植物(Monocarpie Plants 或 Semelparous Plants),如一年生植物、二年生植物和某些多年生植物。

一年生植物往往把所有的资源都倾注到生殖过程中,而没有存留的资源维持进一步生长。只有为数很少的一年生植物在某些较好的环境中,可以逾越环境的制约,再进一步生长。如蓖麻在北方是一种典型的一年生植物,但种植到南方以后,则成为多年生植物,从典型的草本植物发展成为灌木或小乔木。

在北方森林树木砍伐后,降低了植被的竞争,释放了部分可利用的资源,但形成的林窗受恶劣的气候干扰比较大,生境在一年 中的波动也很大,这时只有那些能够快速生长和繁殖的植物能够生存下来,一般都是林窗演替中的短命植物。

不仅如此,多变、严酷的环境条件往往也青睐一年 生植物。例如,美国加州死亡谷沙漠中,干旱和高温等极端环境大大降低了植物多年生器官存活的可能性但更重要的因素是这里的环境变化特别大,降雨从 19 ~ 94mm 不等,而且往往集中在很短的时间范围中,这样能够给植物提供资源的时段是很短的,只有在很短的时间完成营养生长和繁殖生长的短命植物才能适应这种环境,因而 90% 以上都是一年生植物。 在撒哈拉沙漠中的植物 Boerrhavia repens 从种子到种子只需要 10 天左右的时间。

一年生植物从种子到种子的时间不超过 12 个月,二年生植物大多在一年中进行营养生长,而在第二年完成繁殖后死亡。事实上,自然界很多植物很少是完完全全的二年生植物,它们之所以被划分为二年生植物,是因为植物成花之前需要积累和储藏必要的糖类,在达到必要的积累时,外围环境已经变得比较恶劣,如低温或干旱等,只有等到环境好转时再完成开花、结果过程。这样整个过程需要两个年头。这些植物在条件适合时,也可能在第一年就开花,而条件不好时,不少二年生植物需要 3 年或 3 年以上才完成开花过程。

一次结实的多年生植物或二年生植物所在的环境往往有周期性的不利干扰。这样,生殖过程推迟有明显的优点,这就是可以使植物贮备更多的资源,以利生殖过程的完成和质量的提高。例如,非严格意义上的一年生植物 Calile martina 在竞争上往往优于严格的一年生植物 C.dentula,前者在次年种子生产中比后者更多、更好。对有些植物而言,生长季节越短,越需要通过推迟生殖过程而提高资源的储备。例如,白香草木犀(*Mlilous alba*)在低海拔条件下是一年生植物,但在高海拔环境中生殖作用推迟到第二年完成。

一年生植物将生殖作用推迟到第二年或第三年,面临遭遇恶劣环境致死的危险,但却提高了植物的大小和结实性,后者的收益补偿了前者的风险。植物越冬可能要付出的致死代价,可以通过提高生殖能力得到弥补,也是这个道理。

在生活史中重复进行繁殖作用的植物称为多次结实植物(Polycarpic Plants 或 Iteroparous Plants)。大多数多年生植物为多次结实植物,主要是木本植物。

寿命越长,植物为维持本身存活付出的代价就越高。木本的多年生植物为此形成了维持支持组织的专项投入。Loehle 对北美 159 种植物的生长速率、抵抗性能、生殖作用和寿命进行了比较分析,得到了三点基本结论:其一,成熟年龄与寿命正相关,表明植物在早期的投入主要集中到生长过程和维持自身生存的过程中,而在生殖方面的投入较少;其二,生长速率和寿命呈负相关,意味着长寿植物维持自身的投入高于生长方面的投入;其三,寿命越长的植物投入木材生产方面要比直接投入抵抗腐烂和病害要好。

(2)植物抵抗动物、病害对资源的需求。植物生活史中,程度不同地经受动物的取食和病害的侵袭,抵御动物和病害是植物生存中资源消耗的一个重要方面。

1994 年 Rosenthal 和 Kotanen 将植物抵御取食和病害的资源配置分为两大类:其一是耐受力的提高,包括被啃食或受伤后增加对营养的吸收和加强光合作用,资源集中分配,有大量的植物通过形成皮刺、刚针尖锐的叶刺等,防御动物的啃食;其二是通过化学防御避免动物啃食和病害的侵袭,植物合成大量防御性化学物质,如生物碱、难闻的醇、甙、酚、胺等一系列化学物质，为此所消耗的资源将对植物的生长产生影响，植物为此付出生理代价。至于植物合成化学物质、抵御动物取食对植物的生殖作用产生怎样的影响，目前研究还不多见。推测这种影响主要是消耗了总的资源，从而影响植物资源配置到生殖过程的总量，间接影响植物的生殖过程。

3. 生殖繁衍的资源配置

假定植物在整个生活史中获得最大的种子产量为最高适合度，或者成功繁衍后代并最大程度地将种质基因有效地传递给后代为衡量适应性的终极标准，那么不难想象，有时候对一次结实植物是有利的，而有时候对多次结实植物是有利的。

在自然选择下植物要达到最大种子产量，一种策略是在生活史前期尽最大可能争取高的存活率，而在生命终止前实现最大的生育力，这样就最大程度地把全部资源一次性投入集中生殖，即一次结实的生殖方式。另外一种策略是采用多次结实的生殖方式，即在适合的 RA 值范围内（以较少的生殖投入），来实现较大的存活率和较多的生殖机会（次数），以求在整个生活史阶段产生较多的后代。

为了更进一步比较多次结实和一次结实的生态适应的本质，我们进行如下分析。

一次结实植物的增长可以表示为：

$$N_{t+1}=N_1\times B_m$$

多次结实植物的增长可以表示为：

$$N_{t+1}=N_1\times B_p\times N_t$$

这里出生率 B 表示一年种子的生产总量。m 和 p 分别表示一次结实和多次结实。对上述公式进行变换得：

一次结实植物：$\dfrac{N_{t+1}}{N_t}=B_m$

多次结实植物：$\dfrac{N_{t+1}}{N_t}=B_p+1$

假定一次结实和多次结实的增长速度 $\left(\dfrac{N_{t+1}}{N_t}=\lambda\right)$ 是相等的，则有：

$$B_m+B_p+1\text{，即 }B_m-B_p=1$$

这个公式由 Cole 于 1954 年得到的，称为 Cole 模型。

但是，这个公式有其明显的不合理性，即没有考虑到对于同样存活的植物个体，从幼苗到成熟整个过程中，存活率和繁育能力是不同的。为此，Chamov 和 Schaffer（1973）提出了一个修正模型：

$$B_m = B_p + \frac{P_a}{P_j}$$

式中，P_a 和 P_j 分别表示成熟个体和幼年个体的存活率。

从这个公式可以看到：

①当成熟个体死亡率高而年幼个体死亡率低时，$\frac{P_a}{P_j}$远大于 1，这时 B_m 大于 B_p，即有利于一次结实植物。出现这种情形的环境特征是：越到生活史的后期，生境变得越残酷，植物营养体难以度过不断恶劣的环境状况。处于这种环境的植物常见的是温带和寒带中的一年生植物和干旱和半干旱地区的短命植物等；

②当成熟个体死亡率较低而年幼个体死亡率高时，$\frac{P_a}{P_j}$接近于 0，这时 B_m 接近于 B_p，这时表观看来一次结实和多次结实没有太大差别，但事实上有利于多次结实植物。

对于绝大多数植物而言，幼年个体的生存力都低于成年个体。无论是在环境较好但竞争激烈的森林环境中，还是在很恶劣的极地环境里，对幼年个体的生存挑战都很大。这时植物就要避免一次性地将 全部资源投入而年幼个体却又难以存活导致所有生殖投入化为泡影的危险，而要将这种风险分解到不同的阶段中。显然，最优的策略就是尽可能地延长寿命，多次进行繁殖生育。

一次性结实植物在很多条件下是有优势的：大量植物同时开花，增加了个体间遗传杂交的机会，提高了遗传多样性；一次性大量种子的产生，即使有动物的侵袭也能使一定数量的种子得以存留下来。竹类是不同的，它是多年生、一次性结实的植物，主要靠营养繁殖，一旦开花结实就意味着死亡，这时的种子主要是度过不良阶段的手段。

即使是木本的多次繁殖的植物，繁殖能力和种子的产量在年际之间也不是均等的。当营养条件和气候条件好时，植物生殖作用完成的质量和数量就高，当年种子产生能够保存下来形成幼苗的机会也就越多，幼苗间的竞争也就越激烈，竞争获胜的幼苗发展潜力将更大。

植物生殖过程中消耗的资源是多方面的，从花粉到种子、幼苗整个环节中都需要资源，这些环节之间资源的配置是相互关联的。

生殖繁衍中环节多重而且复杂，在资源总量有限的情况下相互牵制，但对于特定的植物而言总要设法实现生殖过程内资源的优化配置。例如，依靠风传播种子的植物生产出大量的花粉,以确保传粉和受精过程的完成;依靠昆虫和脊椎动物传粉的植物虽然花粉生产中的投入较低,但需要有另外的投入以吸引传粉者,并给予应有的回报。花粉的数量、子房的数量、吸引传粉者的投入、种子的形态和结构果实的附属组织等这几方面之间在植物中需要很好地平衡,每一方面的资源配置都需要其他方面的互动响应,才能确保生殖过程的顺利进行。

种子的大小在不同的物种之间差异很大,最大的如椰子果实达到10kg,最小如兰科的种子几百万粒种子还不到1g。即使每一种植物的种子的大小本身是一个相对稳定的数量性状,但也有很大的变异性。另外,种子的形态、颜色、表面结构、附属组织的多少和形态等都与植物所在的生物环境和非生物环境密切联系,都是植物应对环境资源配置方式差异的体现。

(二)生活史格局的类型

植物的适应都是以最大限度地提高适合度为终极要义,而对适合度的分析只有放到该类植物的生活史当中才有意义。植物种类虽然繁多,适应环境的方式多样,但植物经过漫长的进化历程后在生活史诸多方面具有相似或相近的特征,使我们对植物生活史划分成为可能。

一方面,生长在相似时空尺度的植物具有相似或相近的生活方式,同时由于植物生活史各要素之间具有互补性,从而使不同环境条件下植物的生活史可能相似或相近,这样植物的生活史格局具有同一性的特点;另一方面,影响植物的环境更直接的是微环境,微环境的差异在任何生境中都存在,从而一个区域的植物群落中可能有多种不同生活史样式,这样生活史格局又具有差异性。一个区域植物生活史格局是这种同一性和差异性的统一。

群落的演替和种群的变化使植物生活环境具有某些可预见性,相应地可以预见群体中植物的生活史特征。植物的内在生理过程与生态适应在总体上是一致的 ,这样也可以通过植物的生理特征反映植物的生活型及繁育格局。通过对植物生活史样式的归类有助于我们理解和认识植物的适应性。

1.r- 型和 K- 型生活史对策

R.H.MacAhur 总结了以往很多学者的研究成果,认为生物的生活史样式无非是向生殖过程配置资源两种极端状况中的一种形式。这两种状况是:r- 对策型,K- 对策型。

对于 r- 对策型,植物主要通过最大限度地扩大其内禀增长率 r 而达到对环境的占领,多存在于多变并且难以预测的环境中,有很高的死亡率。对于 K- 对策型,植物个体群在环境最大容量附近波动,主要通过密度制约进行调整。

一般来说,严格意义上的 r- 对策型和 K- 对策型植物是比较少的,大多数植物都在这两种极端状况之间。

2.R-, C- 和 S- 型生活史对策

R-, C- 和 S- 对策型是由英国生态学家 Grime(1979)提出的一种生活史格局。其三种基本形式:杂草对策型(R, Ruderal)、竞争对策型(C, Competitors)、耐受对策型(S, Sress-tolerators)。如果把这三种对策型分别作为三个极端状况分别置于一个三角形的顶端,就可以得到生活史格局的多种样式组合,称为 Grime 模型。

除了三种极端类型外,植物的生活史样式有多种多样的组合或过渡类型。如竞争杂草型主要出现在资源比较丰富的环境中,但干扰剧烈使得高密度的竞争难以形成,同时资源对立地条件下的植物而言也并非十分丰富也使非竞争型的杂草型难以成为主导成分。

应该强调的是,生活史样式是生物长期适应环境的综合体现。由于环境是多种多样的,其变化是绝对的,生物的适应往往又需要一定的过程,而且在适应过程中某一方面的变化必然影响其他性能的变化和植物性能特征的调整,从而适应永远都是一个过程。目前,从生活史样式研究植物适应性的形成过程,适应出现的后果以及生活史对策,是种群生态学、生理生态学、进化生态学的重要前沿问题。

三、植物对极端环境的适应与进化

极端环境是对植物适应能力的最大考验。无论是生活在较优越的环境中,还是生活在严酷的环境中,都存在极端环境,只是对不同的植物所指的极端环境差异较大而已。极端环境对相应的植物都是维持生存和发展的主要瓶颈,对植物的进化产生重要影响。

植物面临的极端环境有两类:一类是自然极端环境,主要指的是光、温、水、气、热配置极差的自然恶劣环境;另一类是人类引起的污染环境。

(一)植物对极端自然环境的适应与进化

(1)极端环境影响植物遗传的表达和表型范围。环境不同,导致植

物表达的基因以及基因表达的速度不同。极端环境使植物应对不利环境的基因得到充分表达，以调动植物内在的所有潜能，度过这种不利时期。

植物的表型是内在的遗传变异和外界环境共同作用的产物。极端环境条件下植物的表型既是植物遗传潜质的表现，也是应对环境的主体对象。植物的表型不同，适应环境的能力就不同，它们个体间表型差异最后就反映在适合度的差异上，通过自然选择，使适合度高的个体在种群中及其后代种群中的比例提高，从而使不同植物的表型在植物群体中得到不同的表现。

极端环境使能够适应该环境中的表型得到保存，个体中存在的遗传变异就能在这些个体间进行重组并传递给后代，增加了种群的遗传变异，进而使这些植物适应极端环境的能力更进一步得到提高。

虽然表型变异是由遗传变异所决定的，但极端环境为遗传变异的表达提供了条件和展现的机会。植物的遗传变异是应对极端环境的决定性力量。

（2）极端环境中的选择作用诞生了很多不利于常规条件下植物生活的性状。极端环境具有高强度的选择作用，植物在这种环境条件下只有调整生存策略才能积极应对。[①] 植物在其遗传控制的范围内改变资源配置方式，调整生活史格局，资源首先用于维持生存，确保基本资源的获取，在繁殖方面的投入降低。如在干旱条件下，植物配置资源主要集中到根部，使根能够获取较多的水分，维持植物新陈代谢所需的基本水分要求，而生长处于停滞状态，种子的生产也大幅度降低。

一个植物，其生活史中即使大多数时间处在较好的生活环境中，而一旦环境变坏，适合度往往显著降低。Cohen（1966）和 Cillespie（1973）研究表明，植物在波动环境中的平均适合度（W）是各阶段适合度（x_i）的几何平均数：

$$W=\sqrt[n]{x_1x_2x_3\cdots x_i\cdots x_n}$$

假设植物 A 在适宜环境中的适合度为 1.0，在恶劣环境中的适合度为 0.4，则植物 A 的平均适合度为 0.83；植物 B 在良好环境中的适合度为 1.0，在不好环境中的适合度为 0.8，则 B 的平均适合度为 0.87。从这可以看出，不利环境中植物的适合度对整体适合度的影响很大。

也正因为如此，即使整个环境不错，而一旦生活史中有一段时间遭遇恶劣环境，植物的整体适应性受这种环境的影响最大，进而为适应这种不

① 任昱，魏春光，郭小宇．鄂尔多斯 6 种植物叶片功能性状比较 [J]．内蒙古林业科技，2019(4):43-46.

利环境,往往植物将形成特有的投入机制一新的保护性组织和器官,而这种组织和器官是正常情况下植物并不需要的。植物的很多异型现象都是这种适应机制的产物。如幼小个体植物的叶片与成熟个体的叶片形态结构的差异性都可从该方面获得解释。

植物应对不良环境所消耗的资源,对正常环境中的植物以及正常状态下的植物是一种负担,但是这种性状特征一旦被遗传固定后,即使在正常环境中,植物也依然保持这种属性。

(3)极端环境影响植物种群大小,既可能加速植物灭亡,也可能加速植物新生。极端环境导致植物死亡率的增加,植物配置到生殖过程中的投入降低,后代产生的数量减少,质量降低,整个种群规模减小。这时种群近亲繁殖机会增加,近交衰败可能性大大增强;同时,由于种群规模减小,遗传漂变增多。这些都可能导致种群规模降低到最小有效种群以下,引起种群乃至物种的灭绝。极端环境导致植物种群灭绝的例子很多。如农业上的重大气候灾害、外来物种的引入使土著种类分布区减小,乃至最后消失。

极端环境强有力的选择作用,使植物种群中能够适应环境的表型得到快速地扩大,相关的遗传基因得到遴选,并在群体中存在的颜率提高,引起整个植物群体遗传结构的定向改变,导致适应性进化快速发生。这种过程在人类有目的地干预下,大大加快了物种的进化进程。如几乎所有的粮食作物及其抵抗极端环境的能力都与其原初状态或自然条件下的特征发生了本质性的变化。

植物在对环境适应的同时,也在改变环境。例如群落在旱生或水生演替中,一批又一批的植物总是不断改善环境的极端状况,使之向中生环境发展。

在这一系列的过程中,环境越来越适合植物的生存和发展,原有植物不断被生产力水平更高的植物所更替。如果从整个地质历史时期环境的变化来看,这个过程就构成了植物的系统进化的图景。

(二)植物对环境污染的适应与进化

1.环境污染不同于“常规的”极端环境

在人类没有左右地球环境的时候,植物面对的极端环境主要是干旱、极端温度土壤贫瘠等极端自然环境,而在人类全球王国时代,其面临的极端环境加上了污染物质、生态破坏等人为极端环境。如果说,生态破坏对植物的影响在本质上类似于自然极端环境的作用,而环境污染特别是大量的化学污染物,则是绝大多数植物在系统发育过程中从未经历过的环境因子。包括植物在内的地球上现存的所有生物,均受控于这种"全新的"和"业已存在"的极端环境,唯有同时适应这两类极端环境的植物才能获得生存和发展。在环境污染全球化的今天,污染的环境对植物的选择作用和植物的响应能力对生物圈的影响更为深刻和久远。

应对污染是植物在进化中面临的全新挑战,植物没有应对污染的遗传贮备,即使有某个基因刚好是抵抗污染的有效基因,也往往因为这种基因在正常情况下是一种遗传负担而在基因库中存在的频率极低。适应污染并不是"正常"植物所必需的能力,所以能够适应污染的植物及其适应能力是有限的。鉴于绝大多数化学污染物是植物从来没有接触过的,其毒害和危险对于这些生物无疑是致命的;越是珍稀濒危的生物对环境污染的敏感性越高,在污染条件下灭亡的可能性越大。污染已经是导致当今生物多样性丧失和物种大灭绝最重要的成因。

2. 植物对污染的抗性和适应

即使在污染比较严重的地方,可能依然有植物的存活,说明植物对污染有一定的抗性和适应性。植物对污染的抗性表现主要有以下几个方面。

(1)植物对污染物的拒绝吸收。植物有多种途径和方法阻止污染物进人生物体内,例如,关闭气孔阻止气态污染物进人体内;分泌有机物质糖类、氨基酸类、维生素类、有机酸类等到根际,通过改变根际环境(pH和 E_h 值)来改变污染物的理化环境和形态,由游离态转变为络合态或螯合态,使污染物的可移动性降低,减少根的吸收;增厚植物的外表皮或在根周围形成根套等。应该注意的是,植物拒绝吸收污染物的同时,也降低了自身获取资源的能力,对污染的适应也是要付出代价的。

(2)植物对污染物的结合与钝化。当植物不能拒污染物于体外时,还可以通过结合钝化污染物使进入体内的污染物变成低毒、安全的复合物,尽可能使污染物不能到达敏感分子或器官,不影响新陈代谢。植物细胞内有大量的糖类、氨基酸、蛋白质、脂类核酸等,均含有极性键或活性集团,可以与大量的污染物结合形成络合物或螯合物。

(3)植物对污染物的分解与转化。不少环境污染物进入植物体后通过生物体内酶促反应,可以转化为低毒或无毒物质,或转化为水溶性物质而利于排出体外,生物对外来毒物的这种防御机制称解毒作用。植物对污染物的分解转化方式主要有:氧化、还原、水解、脱烃脱卤、羟基化、异构化、环裂解、缩合共轭等作用,逐步将污染物代谢成毒性较低或完全无毒的物质。如植物有机污染物酚、氰等分解能力较强,可以降解为 CO_2 和 H_2O;大量研究表明,植物的存在明显增加了蒽和芘在土壤环境中的去除。

（4）植物对污染物的隔离作用。隔离（Compartmentalization）是植物将污染物运输到体内特定部位，以多种方式被结合、固定下来，使污染物不能达到生物体内的敏感位点（靶细胞、靶组织或活性靶分子）。很多超积累植物体内含有大量的有毒重金属元素，但对植物的影响较小，重要的原因就是这些有害元素主要集中在液泡中被隔离起来了。

3. 污染条件下植物的分化与进化

在污染条件下植物会出现快速的分化，并发生微进化。利用分子钟理论研究发现，污染条件下植物的分化速度远远超过了在“自然条件”下的分化速度。例如，曼陀罗 20 年左右的污染经历达到的遗传分化水平，在自然条件下需要 20 万年才能完成（段昌群等，1996）。

污染条件下生物的快速适应与进化是有其原因的。任何植物要在污染条件下保持存活，必须要对这种环境进行快速的应答。这时植物必然要调动可能的方式、动员大量的资源来减少污染产生的影响。没有这种能力的植物被淘汰，而有这种潜力的植物保存下来，并快速在种群中扩展，使整个植物种群发生了快速重建。[①] 在重建过程中，种群的遗传结构发生变化，抗性基因的频率定向地提高。这种现象就是群体水平上的适应进化。

四、植物的趋同适应和趋异适应

在自然界，经常发现这样一些现象：一方面，属于同一个种的植物个体群，因为长期生活在不同的环境中，它们在高度、叶片的大小、开花的时间以及其他相关性状都有或大或小的差异；另一方面，不同种类的植物，由于长期生活在同一环境中，受相同或相近环境因子的影响和制约，它们在形态结构、生理生化特征等方面却很相似或相近。前者称为趋异适应（Divergent Adaptation），后者则称为趋同适应（Convergent Adaptation）。

（一）植物的生态型

植物的趋异适应引起了植物种内的生态分化，形成了不同的生态型。所谓生态型（Ecotype）就是植物对特定生境适应所形成的在形态结构、生理生态、遗传特性上有显著差异的个体群。生态型是同一种植物的不同

① 袁雯. 矿化垃圾园林绿化利用技术研究 [D]. 同济大学，2008.

种群对不同环境条件发生遗传响应的产物。[①]

1. 生态型的内涵发展及其研究意义

自从分类学家 linnaeus 提出物种的概念以后，他的跟随者们发现分类上的物种并不是生物在自然界存在的最小单位，因为同一个物种内部不是完全相同的，其个体在不同的地域、不同的环境中，在高度、大小、形态结构乃至很多方面都有很大的差异。但都认为种内的变化是不能遗传的。

早在 1895 年，植物学家 Kemer 就采取移植栽培的方法对此进行了研究，20 世纪早期，瑞典植物学家 Gote Tureson 通过长期的定位研究，对生长在流动沙丘沙砾、海滨和森林等不同生境中的山柳菊（*Hieracium umbllawmn*）进行了多方面的比较，发现了这些在形态结构方面差异很大的个体群属于同一种植物，它们的差异是可遗传的。Turesson 首次提出生态型这一概念。

Tureson 对欧洲常见的 50 种植物的生态型进行了系统的研究，得出了判断生态型的基本原则：①它们的差异是基于遗传背景上的；②可以通过形态、生理、表型等方面的差异进行判定；③所在的生境有明显的差异；④遗传上的差异是适应不同生境的结果；⑤不同生态型之间杂交是可育的；⑥个体群自身是一个统一体，不同的个体群之间是有区别的。

1922 年细胞遗传学家 Jens Clausen、分类学家 David Keck 和生理生态学家 Williamn Hiesey 以美国的斯坦福大学为基地，在美国太平洋海滨至海拔 3600m 的高山建立了 3 个定位研究基地，开展了长达 16 年的系统研究，分析了 60 种植物在生长、形态、遗传等方面的种内变异。例如，对 Anemisia vulgaris 来说，横穿加利福尼亚中部在海滨生长的、在内陆生长的及在盆地和平原上生长的三个生态型，不仅有显著的形态差异，而且还有染色体数目的变化，染色体的基数分别是 n=9、n=27、n=18。当然，并非所有的生态型分化都涉及染色体数目的变化，如腺萎陵菜（*Potentilla glandulosa*）的分布虽遍及全球，但从温暖地区到北极或高山等众多生态型中，染色体数目并未发生变化。

1946 年，苏格兰生态学家 J.W.Gregor 将海滨区耐盐的与正常草地上不耐盐的两种不同生态型的车前（*Plantago maritim*）种植到两者之间的过渡区（Ecotone），发现这些生态型不同的植物虽然遗传方面有固定的差异，但一种生态型与另外一种生态型之间的极差在变小，出现了很多中间

① 萨础日娜. 内蒙古禾本科(Gramineae)牧草种质资源的研究[D]. 内蒙古师范大学，2006.

类型。Olaf Langlet（1959）在全瑞典590个不同的地点搜集了塞尔维亚松（*Pinus sylvestris*）种子并种植到同一个地点，结果发现不同生态型的塞尔维亚松的差异呈现连续过渡现象，并且提出了生态梯度（Ecoline）这个概念，着重强调一个物种的属性与环境梯度相关联的连续性变化。[①]

生态型这个概念的提出，对植物生态学产生了重大影响，与生态型相关的研究成为个体生态学或生理生态学的重要领域。现在生态型这个概念的内涵与Turesson当初提出时有一些变化。目前，生态型几乎是种群的同义语，一方面不同生态型之间有特定的差异，甚至是同一个生境中的不同个体群之间，也因立地生态因子的细微差异而存在生态型方面的差异；另一方面，不同生态型之间也保持一定的连续性，在特定的环境中都存在或能够发现它们的过渡类型。对它的区分往往因考虑问题的角度不同而有差异。

生态型是研究物种适应、分化、进化的重要切入点，它不仅是生态学中常讲常新的领域，也是现代生物学各种技术，如分子生物学技术、生化遗传手段综合应用到生态学研究的热点领域。这些研究，在理论上可以揭示生物的适应和进化等重要基础理论问题，在实践中可以用到定向育种等生产实践当中。

2. 生态型的划分

在生态型的研究中，往往根据引起植物种内分化的主导因素对植物的生态型进行划分。

（1）气候生态型。气候包括光照、温度、水分等多种生态因子的组合，不同区域中这些组合不同，植物的适应方式也有较大差异，从而形成了众多的气候生态型。

在由多种生态因子综合影响的气候环境中，不同的生态因子在不同条件下对植物的生态影响是不同的，从而形成以某个生态因子为主导因素的生态型。

①光照生态型。水稻的晚稻、中稻、早稻属于光照生态型。水稻是世界上分布面积最大的农作物之一。以我国为例，北至黑龙江、南至海南省，跨越35个纬度，从南到北日照长度差异很大。水稻抽穗时需要短日照。晚、中、早稻自南而北的分布，主要取决于幼穗分化对日照长度的要求。从晚稻到早稻，幼穗分化的临界日长是由12小时到15.5小时逐步递增，这与从低纬到高纬该时期的日照长度依次增加是一致的。在日照长度和

① 萨础日娜．内蒙古禾本科（Gramineae）牧草种质资源的研究[D]．内蒙古师范大学，2006.

气温的双重影响下，我国华中地区能够满足抽穗所需要的短日照时，气温已太低，不能栽种晚稻的迟熟品种，从而水稻有早稻和中稻；相应地，华北地区只有早稻和很少的中稻，东北和西北地区则只有早稻类型。

②温度生态型。小麦的冬小麦和春小麦属于温度生态型。小麦是我国的主要粮食作物之一，分布范围很广。但南北区域种植的小麦品种有很大的差异。一般，北方主要以冬小麦为主，生长期中温度较低，生长周期较长，特别是需要经过低温春化，植物才能从营养生长转变为繁殖生长。由于生长周期较长，北方小麦淀粉积累转化成蛋白质等方面较为充分，品质较好。南方的小麦一般属于春小麦，它的生态属性与冬小麦相反。当然，在西南高原山地上，也因为温度状况与北方比较类似，这里的小麦冬性特点也比较突出。

③水分生态型。水稻和陆稻主要是由于土壤水分条件不同而分化形成的水分生态型。野生稻是沼生植物，栽培到陆地上以后，在陆稻上还保留着适应沼生环境的器官特征，如陆稻的根茎、叶中都有残留的通气组织，使根部能通过气体通道获得空气。这种具有通气组织的特性，在一般陆生植物中是没有的，说明陆稻起源于水稻，适应旱地土壤所分化形成的生态型。陆稻虽然在较大程度上摆脱了对浸泡水的绝对依赖，但也只能生长在降水比较多、空气湿度较大的热带地区，同时也付出了适应代价——陆稻在产量和质量性状上并没有水稻好。

（2）土壤生态型。土壤是植物生长繁衍的主要环境，也是植物所有营养元素的基本来源，除了气候的差异性外，对植物影响最大的就是立地环境中的土壤条件。土壤生态型往往强调因土壤化学性质不同，如酸性程度、盐碱程度、特殊元素组成上的差别起的生态型分化。在蛇纹岩成土的区域，土壤中镍铬的含量很高，在这种有毒土壤中的植物比其他非蛇纹岩地区的植物在很多性状上有很大的差异。

Knuckberg 比较了宝石花（*Streptanthus glandulosus*）耐金属生态型和正常植物的差异，发现它们对镍和铬的耐受剂量差异达到 100 倍以上，而且二者对营养物质的吸收也有较大的差异。

耐金属生态型的形成十分迅速，Bradshaw 等研究发现，正常条件的细弱剪谷颖（*Agrosis myriantha* Hook.）和羊茅（*Festuca ovina*）连续生长在废弃的尾矿上 30 年后就能产生显著的生态分化。段昌群等对连续生长在铅镉锌矿区 10 ~ 20 年的曼陀罗（*Datura stramonium*）和玉米（*Zea mays*）进行了分析，发现经历污染时间越长的植物与从来没有污染经历的同类植物的遗传距离越大，并且在种群的染色体数量和形态、DNA 及基因组的大小上都出现了显著差异。

目前关于重金属抗性生态型的研究已经成为一个重要的研究热点，主要是发现和寻找吸收和积累重金属能力强、生物量比较大的植物，采用植物提取的方式实现对污染土壤的整治。已经发现有很多植物能够吸收和积累重金属，这类植物称为超积累植物（Hyeracumulative Plants）。在超积累植物中，目前还没有发现能够有较高生长性能的植物。从植物的资源配置角度来看，在重金属污染环境中，植物获取资源能力降低，维持生存付出比较高，同时又要保证必要的生殖投入，从而能够用于生长的资源就十分有限，若要同时达到超积累和快速生长两种性能对植物而言是十分困难的。目前，在该方面应用比较多的是利用金属矿指示植物进行植物地球化学找矿、监测环境污染等。

（3）生物生态型。以生物因素为主导因子导致植物出现的生态分化，属于生物生态型。自然界中，植物之间的竞争也导致植物生态型的分化。如稗子（*Echinochloa crusgalli*）在水稻田中秆直立，与水稻同高，与水稻几乎同时成熟，而在其他地方的稗子则秆较矮，分散，开花时间也不太集中。

植物为了抵御动物的啃食，往往也形成了一些特殊的适应性特征，成为牧场生态型（Grazing Ecotype）。这些生态型与一般的同类植物相比，生长比较缓慢，地下部分比较发达，矮化，次生代谢产物比较发达，皮刺、叶刺等保护性组织发育充分。

生物生态型最常见的是人类生态型。所谓人类生态型（Anthropogenic Ecotype）又称为人类诱因形成的生态型，指的是人类活动定向改变了属性的植物类型。人类对植物的影响有直接的，也有间接的。几乎所有的栽培植物与它同类祖先的野生植物之间都具有极大的差别，它们由人类选育出来，在人类的培育和栽培下维持繁茂的生长和超常的繁衍，而一旦离开了人类的扶持，种子无法传播，大量种子集中在一起很难发芽或后代个体竞争激烈。如一穗小麦落到地下，在自然条件下几乎没有一颗种子可以长成新的成熟个体。世界上大多数栽培植物，与其祖先或相应的野生植物相比，都可以看成是以人为主导因子的人类生态型。

以玉米为例，全世界有 70 多个国家种植玉米，面积达 1.3 亿公顷以上，为了满足各种不同的需求，培育了多种多样的品种。目前，世界各地鉴定和分类了 300 多个玉米种族（不同生态型的聚合），由几万个不同的玉米栽培品种组成，这些种质的 50% 适应低海拔（0 ~ 1000m）；40% 适应高海拔（2000m 以上）；其余适应中海拔。40% 的玉米种族为粉质型胚乳；30% 为硬粒型；20% 为马齿型；其余为爆裂种和甜玉米等。这些既是玉米不同的生态类型，更体现了玉米的遗传资源。

又如水稻，除了前文所述的生态类型外，还有大量为特殊区域特殊目的人工繁育出来的品种。虽然水稻属于东南亚热带起源的植物，但形成了感光性（对日照长短方面的要求）、感温性（对温度、温周期的要求）、基本营养性（对土壤营养方面的要求）差异显著的人工品种类型。相应地，在农业生产上，引种的水稻品种一定要与引入地的生态条件相适应。从抗寒抗病性考虑，早稻要选择苗期较抗寒的品种，晚稻要选择后期较抗寒的品种。

很多植物经过长期的选择适应，形成了与人类同步迁移、环绕人居环境生存的格局，这就是伴人植物（Companion Plants）。伴人植物也是一类人类生态型。伴人植物的种类很多，除了某些植物是人类有意识地引种和栽培的以外，绝大多数都是一些有害的杂草。伴人植物的消极作用主要体现在对城市生态系统生物多样性的影响上，对其生态适应机制的探索是城市生态学中的重要研究内容之一。

（二）植物的生活型

1. 植物生活型的概念与划分

生活型（Life Form）是不同种类的植物对相似环境的趋同适应而在形态、结构、生理，尤其是外貌上所反映出来的植物类型。

根据植物外貌寿命等外部可见的特征进行度量，将植物划分为乔木、灌木、半灌木草本、木质藤本、草质藤本、多年生草本、一年生草本垫状植物等，就是比较常用的分类。植物的生活型也是群落学研究中植物功能群（Function Group）或生态种组（Ecological Species Group）划分的基础。

除了生活型、功能群等概念来说明植物趋同适应的结果以外，还有生态类型。所谓生态类型（Ecological Croup）就是适应相同或相似的生态环境而在生物特征上呈现比较一致的一类生物的统称。如阳性植物、阴性植物，水生植物、陆生植物，常绿植物、落叶植物、针叶植物等。与生活型相比，生态类型包括的植物适应相同或相似环境的范围要大，所指的植物类别比较宽泛。

以休眠或复苏芽所处的位置的高低和保护的方式为依据，把高等植物划分为高位芽植物地上芽植物、地面芽植物、地下芽植物及一年生植物五大生活型类群，在各类群之下再按照植物体的高度、芽有无芽鳞保护、落叶或常绿、茎的特点（草质、木质）以及早生形态与肉质性等特征，再细分为30个较小的类群。该系统主要强调的是芽如何抵抗和度过不良环境的方式，根据适应极端环境的特点来构建生态型系统的。

Braun–Brunquet 根据各类植物的定居特点，修订和补充了 Raukiaer

生活型系统。Witaker 则认为植物的许多特征,如高度、生态习性(木本或草本茎型或叶型落叶或常绿等)是划分生活型的主要依据,并将所划分的类型定义为生目前,关于生活型的划分主要以 Raunkiaer 生活型系统为基础,结合 Whittaker 的生长型含义,根据具体研究工作的需要,进行必要的调整或修订。如我国学者高贤明、陈灵芝提出的植物生活型分类系统(1998)。

2. 不同生活型植物对生境的适应方式

植物的生活型与生境特点是密切联系的。不同的生活型在本质上就是对所在环境长期适应的综合反映模式。对植物而言,生境中最核心的要素是温度、水分及其配置状况,这里,主要介绍几种典型的植物生活型及其对相应生境的适应性。

(1)常绿植物(Evergreen Plant)。常绿植物是指长年保持叶片,尤其是在水分胁迫时仍保存叶片的植物。常绿植物的优势在于当水分条件变好时,已有的组织可快速复水并恢复活力,又能及时进行光合作用和物质生产,不会因为新的光合组织和器官的形成导致光合作用的停滞;但是这类植物为了保持叶片的存在,需要付出代价,尤其是在不能进行生产时需要消耗水分,呼吸作用也消耗大量的能量。

常绿植物主要分布在水热条件较好的地区,但在极端寒冷的冻原、极地、热带和亚热带地区的高山环境中,部分植物也保存叶片。应该注意的是,不少常绿植物在水分条件很差时也有大量的叶片脱落,只保存部分叶片,这也是通过减小表面积避免不必要的水分丧失。

(2)干旱落叶植物(Drough-deciduous Species)。干旱落叶植物是指在旱季叶片脱落、保持休眠状态,以避免水分丧失的植物。典型的干旱落叶植物存在于地中海气候条件下,如美国西海岸灌丛群落,在高温干旱的夏季叶片脱落,而在寒冷潮湿的冬季保持最大的生长状态。如奥寇梯罗(Fouquieria splenden)虽然是沙漠灌丛植物,但叶片并不抗旱,一年落叶4~5次,而一旦降雨则在一个星期内可以快速长出新叶。有的植物如假紫荆(*Cercidiumn Floridum*)具有绿色的茎,在干旱季节没有叶片,在降雨后新的叶片也能快速长出,这样就使它既能在干旱或寒冷的条件下生长,也能在优越的条件下快速地生长。

(3)深根植物(Phreatophyte)。深根植物,又称吸地下水植物。这类既能生长在河边,也能生活在干旱地区,它们以深入地下的庞大根系从地下获取稳定的水源,从而使它们可以度过特别干旱的时期。它们当中很多能够长成参天大树,如三角叶杨(*Populus fremontii*)、柳树(*Salis spp*)、悬铃木(*Ploanus racemosa*)、扇棕(*Washgtonia filiera*)。

有的在盐生环境中生长的植物也属于深根植物，如大齿槭（*Acer grandidentatum*）、梣叶槭（*Acer negundo*）。这些植物即使生活在河边也很少从地表吸收水分，而是借助深入强大的根系从地下获得水分。深根植物在幼小阶段吸收土壤表层的水分，但随着植物的长大和根系的发育，转而从地下深处吸收水分。

（4）短命植物（Ephemerals）。有的一年生植物在其生活史中有一个短暂的中湿条件，植物可以利用这个条件快速萌发并完成整个生活史。如在特别干旱的沙漠中，一年甚至多年只降一次雨，这时只有在中生环境中生长、并能够快速完成生活史的短命植物能够存活下来。这种植物的发芽和死亡状况不受光周期的影响，主要受土壤水分和温度的影响。C_3 植物和 C_4 植物对生境的适应性或要求是不同的，从而在一个区域里，如在澳大利亚东南地区的沙漠地带，在夏季活动的短命植物一般为 C4 植物，在冬季活动的短命植物一般为 C_3 植物。

第六节 几种主要生态因子与植物的关系

在环境条件的综合影响中，植物生活所必需的条件——光照、温度、水分、土壤等，也总是会在一定条件下成为影响植物生态适应的主导因子，对植物产生深刻的影响，驱动植物的分化和进化。

一、光照与植物的生态关系

太阳辐射由于其光强、光质和光周期随着时间和空间的不同而深刻地影响着植物的生长、发育、生物量和地理分布，因此，光是植物的一个非常重要的生态因子。

（一）光对植物的生态作用

1. 光照强度的生态作用

光照强度对植物生长发育及形态结构的建成有重要作用。首先，光是植物进行光合作用能量的来源，而光合作用合成的有机物质是植物生长的物质基础，因此，光能促进植物细胞的增大和分化，影响细胞的分裂和伸长；植物体积的增大，重量的增加都与光照强度有密切关系。在一定光照强度范围内，随着光照强度的增大，植物生长速度加快，植物各部分的干重相应增加。其次，光还能促进植物组织和器官的分化，制约器官的生长和发育速度；植物体各器官和组织保持发育上的正常比例，与光照强度的大小直接相关。

不同类型植物的光补偿点有很大差异。一般耐荫植物的光补偿点较低，如山毛榉、冷杉等树种补偿点只有几百 lx，而喜光植物常达几千 lx 以上。不同类型植物的光饱和点也不同，一般树种的光饱和点在 2000lx 至 5000lx 之间；阳性植物的光饱和点更高，可达 100000lx，阴性植物比阳性植物能较好地利用弱光，有些阴性植物光饱和点不足 10000lx。

各种植物对光照强度都有一定的适应范围。强光及高温条件往往增加某些植物的蒸腾作用与呼吸作用，甚至使叶片气孔关闭，反而不利于光合产物的积累；而在稠密的树冠下，由于光线过弱，因而弱光又可能成为某些植物生长的限制因子。[①] 由于光合作用强度除受光照强度影响外，还受其他因素的制约，因此，必须从树木生长的综合条件来分析光照强度与光合作用的关系。

2. 光质对植物的生态作用

光对植物的形态和结构有显著影响。黑暗中生长的植物，叶片小，缺少叶绿素，侧枝少、节间长，植株细弱呈黄白色，机械组织不发达，根系不发达等，称为黄化苗。在黑暗中生长而产生黄化苗的现象称为黄化现象（Etiolation）。黑暗中黄化现象的出现表明，光对植物正常的形态建成是必需的。研究发现，光对植物形态建成的作用是低能耗作用，与光强无关。而且，只有红光（650 ~ 680nm）、远红光（710 ~ 740nm）、蓝光（400 ~ 500nm）和紫外光与植物的形态建成有关。

红光与远红光在光形态建成中的调控作用正好相反，红光对形态建成等的影响，可被随后的远红光处理所逆转。红光打破需光种子的休眠；远红光使种子保持休眠状态。红光抑制茎的伸长，促进分蘖；远红光促进茎伸长，抑制分枝。森林中处于林冠下生长的松柏科植物，其茎的伸长受林冠下的远红光促进，植物把较多的能量提供给茎尖，使茎尽快伸至林冠以获得更多的光照，因而抑制了分枝。

蓝光和紫外光对植物的生长有显著抑制作用。高山植物比较矮小，与紫外线丰富有关。紫外线分为 UV-A（315 ~ 400 nm）、UV-B（280 ~ 315nm）和 UV-C（100 ~ 280nm）3 部分。其中，UV-B 光量子的能量足以打断 O_3 分子中氧原子间的化学键，对植物细胞有一定的伤害作用。太阳辐射中的 UV-B 能被大气中的 O_3 分子有效地吸收，从而减弱

① 方斌．渭北旱塬农田防护林生态场效应研究[D]．北京林业大学，2008.

到达地球表面的辐射强度。但是,在全球变化过程中,平流层臭氧的耗损降低了它对 UV-B 辐射的吸收作用,从而导致到达地球表面的 UV-B 辐射明显增强。这一现象引起了科学界广泛的关注。①

不同波长的光能够促进光合产物以不同的方式转化储藏,因而不同波长下生长的植株体内有机物成分会有所不同。

3. 光的周期性变化对植物的生态作用

地球表面的光照具有周期性变化,不仅一天中昼夜更替,而且一年中日长和夜长随四季不断变化。北半球夏季白昼长于夜晚,冬季白昼短于夜晚,“夏至”日长最长,“冬至”日长最短。在一定地区和一定季节,日长和夜长在年际间是固定不变的。许多植物只能在昼夜更替的环境中才能正常生长,当把它们置于连续不断的白昼中,新陈代谢就会出现紊乱。

自然界中,许多植物的种子萌发、植株开花、落叶休眠等不同生长发育阶段每年都在特定的季节进行,具有明显的季节性,这与光的周期性变化有密切关系。② 美国园艺学家 Garmer 和 Allard 在 18 世纪 20 年代观察到美洲烟草在华盛顿地区夏季长日照下,植株生长高达 3 ~ 5m 时仍不开花;如用黑布遮光以缩短日照时间后,夏季也能开花。冬季温室栽培时,株高 1m 即可开花。但如果人工延长每天的光照时间,则保持营养生长而不开花。他们从这些实验中提出了美洲烟草的花诱导取决于日照长度的理论。后来发现,许多植物开花对一天中的日照长度都有一定的要求。一天中白天和黑夜的相对长度称为光周期(Photoperiod)。光周期不仅影响花芽诱导与开花,而且在种子萌发、茎的伸长、叶的生长、根和储藏器官的形成、休眠和衰老等植物个体生长发育过程中也已观察到光周期的影响。植物对光周期的反应称为光周期现象(Potoperiodism)。

同样的生理过程或发育阶段在不同植物中对光周期的反应会截然不同。

桦树种子只有在长日照下才能萌发,独行菜种子则只能在短日照下萌发。马铃薯的块根为短日照诱导,洋葱鳞茎的形成却为长日照促进。短日照诱导一品红花芽形成开花,菠菜则在长日照下才能开花。长日照抑制温带大麦的分蘖,却促进热带、亚热带起源的水稻分蘖。

植物光周期现象对日照长度的特殊要求,常常限制物种自然迁移和扩展,也是有些物种在异地引种时的主要障碍。因此,植物南北引种时,

① 蒋高明. 当前植物生理生态学研究的几个热点问题 [J]. 植物生态学报, 2001, 25(5): 514-519.

② 李竑积, 张欢, 温秀卿. 黑龙江省主要农作物种植的适应性评价 [J]. 科技创新与应用, 2013(1): 222.

尤其要注意被引物种对光周期的要求。园艺生产中,则可利用人工控制光照时数,实现有些花卉的常年供应。

（二）植物对光的生态适应

1. 植物对光强变化的适应

为了使到达叶肉细胞的光量子得到充分利用,必须有充分的 CO_2 能够进入叶片,因而气孔数量增加。提高单位面积固定 CO_2 能力与羧化酶数量和电子传输能力及电子受体数量的增加直接相关,叶片表现出具有较高的光合饱和点。

由于进入单位面积叶片的光量子数量不多,不需要更多层的细胞接受,叶片内细胞层数少,叶片变薄。这样叶片大而薄,单位面积的呼吸消耗减少,不仅暗呼吸速率下降,光合补偿点也下降。弱光条件下植物减少根和茎的直径生长,增加高生长以尽快摆脱光照强度不足的状况。此外,叶片数目减少,叶柄伸长,避免由于自我遮阴造成的光能捕获减少。

强光胁迫下,叶绿体沿径向细胞壁排列,以尽量减少接收过量的太阳辐射;处于弱光条件时,叶绿体则充满整个细胞,以扩大接受太阳辐射的表面积。在自然环境中存在光线不足的情况,也存在光强过剩的情况。例如,当森林形成大的林窗时,林下植物暴露在直射阳光下,植物吸收的光能超过其利用光能的最大能力,过剩光能会造成自由基等有害物质的积累,降低净同化效率和速率,造成光抑制,甚至光破坏。像沙漠植物等长期生活在强光环境中的植物,必须形成光保护系统来适应高光强,避免高光的伤害。

2. 阳性植物、阴性植物和耐荫植物

长期生长在不同光强环境下的植物在形态结构和生理等方面产生了相应的适应,形成了阳性植物、阴性植物和耐荫植物三大以光强为主导因子的生态类型。

阳性植物(Heliophytes)是在全阳光照射的环境中才能生长健壮和繁殖,在荫蔽和弱光条件下生长发育不良的植物。阳性植物多生长在旷野路边,如蒲公英、蓟、刺苋槐树柳树等。[①] 演替初期的先锋植物都是阳性植物。草原和沙漠植物及多数农作物也都是阳性植物。

阴性植物(Sciophytes)是在较弱的光照条件下比在强光下生长良好

① 张亚杰．九种榕树幼苗对生长环境光强的生理学与形态学适应[D]．河北大学，2003.

的植物。但阴性植物对光照的要求也不是越弱越好，当光照低于它们的光补偿点时，也不能生长。阴性植物多生长在光照阴暗潮湿的生境，如背阴的山涧和森林中。铁线蕨、观音座莲等蕨类植物是阴性植物，凤仙花、冷水花、秋海棠、人参、三七、半夏也都是阴性植物。

耐荫植物（Shade-tolerant Plan）是在全光照条件下生长最好，尤其是成熟植株，但也能忍受适度的荫蔽或其幼苗可在较荫蔽的生境中生长的植物。它们既能在全光照条件下生长，也能在较荫蔽的地方生长，只是不同植物的耐荫性不同。树种中侧柏、胡桃，药用植物中的桔梗、党参、肉桂等是耐荫植物。演替晚期树种和顶级树种以耐荫植物居多，如滇青冈、青冈、云杉等。

阳性植物、阴性植物长期生长在不同光强环境下，在形态结构和生理等方面产生了明显的分异。

阳性植物枝叶稀疏、透光性好，自然整枝良好。阴性植物有两种典型的树形，一种是形成较开阔的单层树冠，增加枝条的水平生长，枝条角度近于水平，减少高生长，叶片生长在枝条的两侧，并能加速自疏树冠下层的枝条，减少自我遮阴；第二种类型是个体较高，分枝性不强，形成紧凑的树冠甚至不分枝，树干瘦细，维持快的纵向生长，使之尽快脱离弱光环境。①

同一株植物不同位置叶片也会表现出阳性植物、阴性植物叶片的特征，植冠的南向外层的叶片常表现出一些阳性植物叶片的特征，而植冠内部和北向的叶片常表现出一些阴性植物叶片的特征。

3. 光的质变化与植物的生态适应

一些喜光种子细小的植物，其种子都具有需光萌发习性。如种子细小的先锋植物，种子在远红光丰富的环境中保持休眠。当这些种子落到森林内部地面或土壤中后，由于林内丰富的远红光迫使它们保持休眠，一旦森林被破坏或出现林窗，它们马上萌发。许多杂草种子也是如此，它们可长期保存在土层中休眠，一旦被翻到地表即立刻萌发。种子需光萌发的特性，避免在缺少适宜的光照条件下种子萌发，幼苗死亡，浪费种子。

4. 光的周期性变化与植物的生态适应

按植物花芽形成对光周期的响应，可把植物分为短日照植物、长日照植物和中性植物。

短日照植物是指只在短日照条件下开花的植物，或在连续光照下也

① 张亚杰．九种榕树幼苗对生长环境光强的生理学与形态学适应[D]．河北大学，2003.

开花但被短日照促进的植物,如一品红、苍耳、紫苏、牵牛和高粱等。这类植物如果适当地缩短光照,或延长黑暗可提早开花;相反,如果延长光照,或缩短黑暗可推迟开花或不能开花。短日照植物一般在秋冬季开花。

长日照植物是指只在长日照条件下开花的植物或开花被长日照促进的植物,如紫菀、牛蒡、萝卜、小麦、大麦和菠菜等。这类植物如果延长光照,可提早开花;相反,如果缩短光照,则可推迟开花或不能开花。长日照植物一般在春季开花。

中性植物的开花不受日长控制,只要生活周期达到开花成熟状态即可开花,如蒲公英、番茄、黄瓜和四季豆等。这类植物的开花对日照长度要求的范围很广,一年四季都能开花。

短日照植物和长日照植物只有在短于或长于某一定日长时才能开花,这一日长称为临界日长。不同植物临界日长不同。长日照植物开花的临界日长不总是长于短日照植物的临界日长。因此,区分短日照植物、长日照植物不是根据它们的绝对临界日长,而是取决于它们是超过还是短于临界日长才开花。

短日照植物和长日照植物开花需要一定临界日长。但这并不就意味它们一生都必须在临界日照长度下生长,而只是在发育的某一时期,经一定数量的光周期诱导后才能开花。

不同植物生长、发育中光周期现象对日照长度的不同要求,主要与其原产地生长发育季节的自然日照长度密切相关。短日照植物多起源于中、低纬度地区,长日照植物多起源于高纬度地区。此外,有些植物光周期现象的日长特征,还反映出地球陆地的变迁。强光下发育的阳生叶与弱光下发育的阴生叶有明显区别(表 6-1)。

表 6-1 阳生叶与阴生叶的比较(引自 Rourdman)

特征	阳生叶	阴生叶
叶片	厚面小	薄面大
角质层	较厚	较薄
叶肉组织分化	栅状组织较厚或多层	海绵组织较丰富
叶脉	密	疏
气孔分布	较密	较稀
叶绿素	较少	较多
蒸腾作用	较强	较弱
光补偿点、饱和点	高	低

阳性植物的寿命一般较阴性植物为短,但生长速度较快,而阴性植物生长较慢,成熟较慢,开花结实也相对较迟。从生境条件上看,阳性植物一般耐干旱瘠薄的土壤,阴性植物则需要比较湿润、肥沃的土壤条件。

植物的耐荫性,一般常受年龄、气候和土壤条件的影响。如幼苗、幼树的耐荫性一般高于成年树木,随年龄增长,耐荫性降低;在湿润、肥沃和温暖的生境条件下,植物耐荫性表现较强,而在干旱、瘠薄和寒冷生境中,则趋向喜光。

（三）光合作用的不同碳代谢途径对环境的适应

大多数植物光合作用的碳代谢途径为 C_3 途径。为了固定 CO_2,必须开放气孔让 CO_2 进入叶片,而气孔开放又会导致大量的水汽蒸腾损失。在温度不太高、潮湿的环境中,这种情况不会成为生存的问题。但如果在强光、高温、干燥的气候条件下,大量蒸腾将导致失水,气孔被迫关闭,光合作用停止;或者由于气孔开度减小,进入叶片的 CO_2 也随之变小。此外,叶片温度升高时,羧化酶的活性下降,而氧化酶的活性升高,植物的呼吸作用增强,净光合速率下降。因此,C_3 植物不适宜在强光、高温、干燥的生境中生活。

在干燥环境中生活的植物具有其他的 CO_2 固定途径,即 C_4 途径和景天酸代谢途径(CAM)。

C_4 植物中光合作用的光反应、暗反应分别在不同的细胞中进行,来自空气的 CO_2 最初是在叶肉细胞中与磷酸稀醇式丙酮酸(PEP)结合形成四碳二羧酸(苹果酸或天门冬氨酸),四碳二羧酸运送至维管束鞘细胞后放出 CO_2,再通过 PCR 循环还原为糖类。PEP 羧化酶对 CO_2 有较高的亲和性,因而 C_4 植物可保持较低的内部 CO_2 浓度,扩大了叶片内部与外部空气间 CO_2 浓度差,提高了空气中 CO_2 向叶内扩散的速率。与 C_3 植物相比,C_4 植物仅需较小的气孔开度就可

获得相同的 CO_2 交换量。由于气孔开度减小,水分丢失少,C_4 植物保水效能更好。另一方面,叶肉细胞中 CO_2 向维管束鞘细胞转运,使维管束鞘细胞中 CO_2 的浓度可达到很高水平。这有利于羧化酶催化羧化反应,使植物可以将更多的太阳能转变为储存在糖类中的化学能。在光照强、高温、干燥的气候条件下,C_4 植物光合速率远比 C_4 植物高。此外,C_4 植物具有聚集 CO_2 的性能,使它们在低 CO_2 的条件下也可保持高效的羧化反应。有的水生植物,如黑藻也以 C_4 途径进行光合作用,使其在低 CO_2 浓度的水中可保持较高的羧化效率。

CAM 植物光合作用在许多方面与 C_4 植物相似,CO_2 也经两次固定。

C_4植物CO_2的两次固定是同一时间在不同的细胞中进行，在空间上被隔开。CAM植物CO_2的两次固定却是在同一细胞内的不同时间进行，在时间上隔开。CAM植物多生活在高温、干燥、缺水的环境中，在温度较低、湿度较高的夜间开放气孔放入CO_2进行第一次固定，而在高温、干燥的白天关闭气孔进行CO_2的第二次固定。因此，CAM途径大大降低了水分消耗，光合作用的水分利用率大大高于C_3植物和C4植物，尤其适应沙漠等白天高温、干燥、缺水的生境。

最近发现，有些水生植物，如苦草（*Vlineriae spinalis*）和水韭（*lootes houelli*）也是CAM植物。水体中CO_2的移动较空气中慢得多，CO_2的吸收不易是制约水生植物光合作用的主要因素之一。水中CO_2夜间比白天高，夜间更利于CO_2的吸收。水生植物以CAM途径进行碳代谢，对提高其生存、竞争力有利。

二、温度与植物的生态关系

（一）温度对植物的生态作用

植物可以将它们吸收的热能散发出一部分，从而调节其自身的温度，避免因温度过高而死亡。通过植物体热辐射散发掉的热量可占到植物吸收的全部热量的一半；蒸腾也可散失很大一部分热量，因为在水变成气体时会消耗一定的热能，从而使叶面温度下降，通过这些机制以及其他适应性能的交互作用，植物就和它的环境之间保持着一定的热量平衡，从而使植物保持一个适当的温度，当空气温度低时，可以使叶温高于气温，当空气温度高时，又可使叶温低于气温。

植物的生命活动和生长都有赖于细胞内可利用的液态水的存在，这只能在细胞温度超过0℃时才有可能。对于树木来说，当气温降到零下6℃时，光合作用和蒸腾作用仍然继续进行，因为太阳辐射和地面辐射的作用能将植物组织温度提高到冰点以上。

气温会对植物体的温度产生很大影响。树木受到热辐射后，温度会升高，到晚上由树冠表面大量散热，从而使树体变凉。在树冠内部和下部，接收到的热辐射较弱，同样，树冠亦会妨碍热量的散发。植物叶片接受热辐射后，反射一部分，传导一部分，仅有极小一部分被吸收。吸热会使叶片温度升高，这要通过蒸腾作用降温。蒸腾速度愈高，所散失的热量愈多，在气温高而湿度低的情况下，叶片通过蒸腾作用的降温效果可达高值，叶片温度会比四周气温低几度。在生产实践中，有的地方使用抗蒸腾剂，以减少水分的损耗,但同时会导致叶片温度增高。

(二)变温对植物的生态作用

1. 节律性变温的生态作用

温度随昼夜和季节而发生有规律的变化,称为节律性变温。植物长期适应节律性变温,会形成相应的生长发育节律。

(1)昼夜变温与温周期现象。植物对温度昼夜变化节律的反应称为温周期现象。昼夜温差比较大,对植物的生长和产品质量均有良好的影响。温周期对植物生长的有利作用,是由于白天温度高有利于光合作用,夜间适当低温会减弱呼吸作用,光合产物消耗减少,净积累相应增多的缘故。

(2)季节变温与物候。植物适应一年中气候条件(主要是温度条件)的季节性变化,形成相适应的植物发育节律,称为物候。植物的器官(如芽、叶、花、果)受当地气候的影响,从形态上所显示的各种变化现象称为物候期或物候相。植物的物候在纬度上有差别,例如桃树始花,从广东沿海到北纬 26° 的福州、赣州一带,南北相距 5 个纬度,物候相差 50 天,即每隔一纬度,桃树的始花时间相差 10 天。

2. 非节律性变温的生态作用

非节律性变化,即温度的突然降低或突然升高。这种非节律性变温,由于其突然性,常给植物造成极大危害,尤其对外来植物种、苗木影响很大。

(1)寒害。寒害又称冷害,是指 0℃以上的低温对植物造成的伤害作用。喜温植物易受系害。寒害多发生在我国南部地区,一般热带树种在温度为 0 ~ 5℃时,呼谢代谢就会严重受阻。因此,寒害是喜温怕物往北引种的主要障爵。

(2)冻害。冻害是指植物体冷却降温至冰点以下,使细胞间隙结冰所引起的伤害。植物受冻害后,温度急剧回升要比缓慢回升受害更重。温度回升慢,细胞间隙的冰晶慢慢融化,植物能把细胞间隙的水分吸回到细胞内部,避免原生质脱水。如果冰融化太快,行别是在直射光照下,细跑间隙的水迅速蒸发,加重原生质干燥性,更增加植物受害程度。[①]

(3)霜害。由于霜的出现而使植物受害称为霜害。霜害的伤害原理与冻害一样,即通过破坏原生质膜和使蛋白质失活与变性而造成伤害。

① 刘国光. 芦荟能露地越冬吗[J]. 中国花卉盆景, 2005(11):12-13.

辐射降温出现逆温层时,靠近地表的气温最低,故幼苗较易受霜害。

(4)冻举,又称冻拔。气温下降,引起土壤结冰,冰的体积比水大9%,这会使得土壤体积增大,随着冻土层的不断加厚,膨大,会连带苗木上举。解冻时,土壤下陷,苗木留于原处,根系裸露地面,严重时倒伏死亡,如同被人拔出来似的。冻举多发生在寒温带土壤含水量过大、土壤质地较细的立地条件上,一般对苗木或幼树造成伤害,小苗比大苗受害重。

(5)冻裂。白天太阳光直接照射到树干,入夜气温迅速下降,由于木材导热慢,树千两侧温度不一致,热胀冷缩而产生弦向拉力,使树皮纵向开裂,而造成伤害。冻裂一般多发位在昼夜温差较大的地方。在高纬度地区,许多薄皮树种如乌柏、核桃、槭树、悬铃木、榆树、七叶树、橡树类等树干向阳面,越冬时常发生冻裂。对这类树种可采用树干包扎、缚程或涂白等措施进行保护。

(6)生理干旱,又称冻旱。土壤结冰时,树木根系吸不到水分,而地上部分不断蒸腾失代,就会引起枝条甚至整棵树木干枯死亡。冻旱多发生于土壤未解冻前的早春。

(7)皮烧。这是由高温引起的伤害,树木受强烈的太阳辐射,温度升高面引起形发层相树皮组织的局部死亡。朗南或南坡地城,以及有强烈太阳光反射的城市街道都容易产生过热。树皮光滑的成年树木,最易发生皮烧,如水青岗、冷杉。受害树木的树皮呈现斑点状的死亡或片状剥落,极易发生病菌侵入,更严重地伦害整棵树木。在生产实践中,可以通过给树干涂白、反射掉大部分热辐射而减轻危害。

(8)根颈灼伤。这也是一种商温危害。当土壤表面温度增高到一定程度时,灼伤幼苗於弱的根茎而造成伤害。根颈灼伤多发生在园圃,可通过遮阴或喷水降温减少危害。

非节律性变温对植物的影响较普遍,其影响程度一方面决定于极端最高、最低温度、持续时间,温度变化的幅度、快慢。例如,降温越快。低温持续时间越长,植物受害越照。另一方面决定于植物本身的抵抗能力。抗寒能力主要取决于植物体内含物的性质。如植物体内可溶性碳水化合物、自由氨基酸,以及核酸的含量和抗寒能力成正相关关系。如一种植物在不同发育阶段,其抵抗能力是不同的,一般休眠阶段抗性最强,生殖生长阶段抗性最弱,营养生长阶段居中。

三、水与植物的生态关系

水分既是植物体的组成部分,又是影响植物生长发育的重要生态因子。在自然界,水分是以三种形态存在:固态、液态和气态。它们对植物的生态作用是不同的。生境水分状况是限制植物分布的主要因素。生境水分状况一方面决定植物能否生存,另一方面决定生存植物的生态类型。

(一)水对植物的生态作用

水对植物的生态作用主要表现在以下几个方面。

水是植物体温的主要调节器之一。水分子具有很高的比热和气化热,在环境温度波动时,植物体内大量的水分可维持植物的体温相对稳定。在烈日暴晒下,叶片通过蒸腾散失气态水带走热量以降低体温,使植物免受高温伤害。蒸腾速度加快是叶片对气温升高的早期反应之一。

生境中水分的多少是影响植物生态分化方向的重要因素。不同水分状况下的植物,形成了与其生境水分数量相适应的形态、结构和生理过程,形成对水的不同依赖程度。由此,可将植物划分成水生植物和陆生植物等生态类型。

水能使植物保持固有的姿态。足够的水分可使细胞保持一定的紧张度,使植物枝叶挺立,便于充分吸收阳光和进行气体交换,同时可使花朵开放利于传粉。有些植物的器官可以在空间位置上有限地移动,称为植物运动(Plant Movement)。其中有的运动是由于细胞膨压的改变造成的。

陆生群落生境的水分状况对群落类型及结构有显著影响,大陆从沿海到内陆植被由森林到草原、戈壁荒漠的变化,就是植被对生境水分充沛到干旱缺水的适应变化。

水对植物散布和基因交流具有一定的作用。植物自身无运动能力,许多植物通过水的流动将繁殖体散布扩张出去。种子萌发需要丰富的水分。水分是决定种子萌发的主要因素之一。

除水生植物外,大多数植物的生长需要适中的水分状态,生境中水分过多和过少都会损伤植物或致死。不同植物对水分有不同的适应范围,而且有的植物对土壤水分的要求与大气水分的要求不完全一致。如有的兰科植物需栽培在土壤透水良好,但空气湿度大的生境。

土壤水分不仅影响光合速率的高低,还影响合成的物质在根与茎之间的分配。不同的土壤水分条件下,植株形成不同的根冠比。在潮湿的土壤中,根系生长缓慢,根冠比小。土壤干燥缺水时,植株会将更多的地上合成物质投入地下根系生长,根冠比大。土壤水分还影响根系在土层中的分布和根的形态,土壤潮湿时,根系趋向分布在土表层,根毛减少。土壤干燥时,根系向下生长,深入土壤深层,根毛发达。

土壤含水量影响物质代谢及产物的积累。土壤含水量减少时,植物体内的淀粉含量减少,但蛋白质、木质素、半纤维素增加。

水除了对植物的直接生态作用外,水对改善生境中的其他生态因子,如土壤温度、气温有重要作用。在作物栽培中,利用水来调节田间小气候是农业生产中行之有效的措施之一。①

(二)植物对水因子的生态适应

对于大多数陆生植物,生境中的可利用水量与植物的吸水速度和植物蒸发力是不平衡的,即植物经常处于引发水分不平衡的环境胁迫中。陆生植物为了生存,需要建立相应的对策。

1. 植物个体的水分平衡

植物光合作用时,在 CO_2 进入的同时发生水分的蒸腾散失。植物的生产量与耗水量成正比,相同代谢类型的植物,生长快、产量大的植物耗水失水也大。

在正常情况下,植物一方面蒸腾失水,同时不断地从土壤中吸收水分补充。一般把植物吸水、用水和失水的和谐动态关系称为水分平衡。即:

水分平衡=水分吸收-水分散失

在植物的生命过程中总是处于维持体内水分平衡的动态之中。植物吸收的水分只有少量作为原料进入各种代谢过程被利用,绝大部分的水通过蒸腾散失。

植物吸水与失水的部分在空间上是分离的,因此,只有当吸水、运输和失水三者协调适当时才能维持良好的水分平衡。植物只有处于水分平衡时,才能进行旺盛的生命活动。水分过饱和或亏缺时,影响植物体内代谢正常进行,生长发育就会受抑制。

植物水分平衡是有条件的、暂时的和相对的,而不平衡则是经常的和绝对的。植物总是处于水分过饱和—平衡—亏缺的动态之中。植物必须具有一定的维持和调节功能,才可实现水分平衡。陆生植物在进化中,形成了利于保水的结构和多种水分调节机制。

陆生植物细胞对短期内水分的供应不足有两种不同的适应对策:有的植物细胞水分减少,有的则保持水分恒定。按植物体细胞维持水分平衡的不同对策,可将植物分为变水植物与恒水植物。

变水植物的含水量与生境的湿度相匹配。这类植物体由缺乏中央液泡的小细胞组成,当植物体脱水时,这些细胞非常均匀地皱缩起来,代谢

① 闫春娟.水钾耦合对大豆生理特性及产量品质的影响[D].东北农业大学,2008.

活动减弱或停止，但原生质的细微结构不受破坏，细胞仍保持有生命力。当植物体再次吸收足量的水分后，植物从开始正常的代谢活动。变水植物在某些藻类和干燥生境中的一些藓类、蕨类植物（如卷柏属）以及极少数的被子植物中可找到。花粉粒和种子中的胚是恒水植物的变水阶段。

恒水植物的细胞中央有一个大液泡。液泡内贮藏有水分而使细胞含水量在一定范围内稳定，原生质受外界水分变动的影响很小。大液泡的存在也使细胞失去了耐脱水作用的能力。恒水植物保持水分平衡的能力除依靠细胞内的中央液泡外，还与其身体表面保护性角质层和气孔调节作用以及庞大根系的存在有关。

对于短期暂时的水分匮缺，陆生植物个体维持水分平衡的主要对策是减小气孔开度，一天中出现最大蒸腾时减小或关闭气孔避免过多失水，即通过气孔调节机制维持水分平衡。

一般情况下，植物的吸水落后于失水，原因是蒸腾产生的吸水动力，由叶面传到根尖需要相当长的时间。另外，水分在根部运输受到的阻力比在叶片运输时要大。因此，即使在土壤水分充足的生境中，也会发生由于植株蒸腾失水出现暂时水分亏缺。生长季节天气晴朗的白天，植物的水分平衡几乎总是保持负增长，而在傍晚和夜间才得以恢复。

干旱地区的植物对于长期的水分短缺，除了有较强的气孔调节等生理适应对策外，，还在形态和生活史等多方面形成特殊的适应对策。植物有的形成庞大根系增加吸水量，减小叶片面积，甚至退化消失，最大限度地减少蒸腾。同时，生长缓慢，降低水分需要量，以实现水分平衡。

2. 群落的水分平衡

对于大多数植物群落地段，降水是植被唯一的水分输入途径。 水分进入群落后，一部分贮存在群落中，大部分则通过植物和土壤的蒸发及地表径流输出。

群落地段的水分平衡可用下面的方程表示：

$$P_r=\Delta W_C+\Delta W_S+L\mathrm{T}+L_E+L_{RP}$$

式中，P_r 为降水量，ΔW_C 为群落贮水量，ΔW_S 为群落地段土壤贮水量，L_T 为植物蒸发量，L_E 土壤的蒸发量，L_{RP} 为地表径流和下渗量。

上式可变为：

$$\Delta W_C=P_r-\Delta W_S-L_{TE}-L_E-L_{RP}$$

植物可用以保持水分平衡的降水主要是达到并渗入土壤的部分，而群落地段的降水并非所有都能达到地面，林冠截留的降水只有极少部分被叶片和树干吸收，大部分通过蒸发损失。但在经常发生雾的地区情况则不同，植物可从林冠截留的雾水获得足够的水分补充。达到地面的降水，.- 部分以地表径流输出而损失，能渗入土壤的只是其中的一部分，特别是强度较大的降水，大多不能及时下渗而以地表径流流走。地表径流输出的水量与降水强度、地形和土壤以及群落结构和地被物有关，单位时间降水量大、坡度大、土层紧实、植被稀疏、死地被物少的地段，地表径流输出大。群落的可利用水量为：

$$\Delta W_C=P_r-\Delta W_S-L_{TE}-L_E-L_{RP}$$

除降水外，有的群落还可以通过地下水溪流以及灌溉得到水分输入。

（三）以水分为主导因子的生态类型

1. 水生植物

植物体的全部或部分适宜生长在自由水中的植物，称为水生植物（Hydrophyte）。水环境中氧含量低，大多数水生植物具有特别的内腔和特殊的细胞排列，构成叶、茎和根相连通的通气系统。使茎叶中的氧分子能向根部运动，改善在缺氧环境中根部的含氧量。水生植物体内的通气系统有 2 种，开放式通气系统和封闭式通气系统。开放式通气系统通过叶片气孔与大气直接相通，如荷的通气系统。生长在水下的水生植物，体表没有气孔结构，体内通气系统为封闭式。封闭式通气系统既可贮存呼吸作用释放出的 CO_2 提供给光合作用，又可贮存光合作用释放出的 O_2 提供给呼吸作用。淡水水生植物生活在低渗的环境中，植物还具有调节渗透压的能力。海水中的水生植物生活在等渗的环境中，不具调节渗透压的能力。

按植物体沉没在水下的多少，又将水生植物分为沉水植物、浮叶植物和挺水植物三类。

（1）沉水植物。沉水植物大部分生活周期中植物体全部沉没在水下，根生水下底基中，如金鱼藻、弧尾藻和黑藻等。沉水植物的根、茎、叶由于适应水生而退化，根的维管束退化，减弱了根系的吸收功能；茎中缺乏木质和纤维组织，柔软而有弹性；叶片薄，多呈带状或丝状，有异叶现象。水中光照弱，沉水植物细胞叶绿体大而多，集中于表面。沉水植物无性繁殖比有性繁殖发达，有性繁殖以水媒为主。

（2）浮叶植物。浮叶植物的茎、叶浮在水面，根固着或自由漂浮，如菱、荇菜、睡莲和凤眼莲、浮萍等。浮叶植物分根生浮叶植物和自由浮叶植物。根生浮叶植物叶片漂浮于水面，叶片两面性强，气孔通常分布在上面；叶片有沉水的叶柄或根茎与生于底基的根相连，沉水部分气道发达。自由漂浮的植物根系漂浮退化或悬垂在水中；叶片或茎的海绵组织发达，浮力大；植株漂浮不定。

（3）挺水植物。挺水植物的根着生于水下底基中，茎直立，光合作用部分处于水面上，如芦苇、香蒲等。根茎通气道发达；茎叶角质层厚。挺水植物有充分的水分供应，光合器官暴露在空气中，既接受充足的光照，又有丰富的 CO_2 供给，具有较高的生产率。

2. 陆生植物

陆生植物生长地水分状况十分多样，可按植物的适应特征，分为湿生、中生和旱生植物三种类型。

（1）湿生植物（hygrophyte）。指在潮湿环境中生长，不能忍受较长时间水分不足，抗旱能力最弱的一类陆生植物。这类植物虽然经常生长在土壤潮湿条件下，但由于常发生土壤短期性缺水，因而其湿生形态结构不很显著，其根系一般很浅，叶片常有角质层，输导组织较发达。还有一些需要阴湿环境的植物，如海芋（*Alocasia odora*）、观音座莲等。它们的根虽着生在土壤中，但仍需要湿度很高的荫蔽环境。

（2）中生植物。中生植物是适宜生长在水湿条件适中的生境，是种类和数量最多、分布最广的陆生植物。中生植物具有很大的可塑性。“中生植物”不仅表示该类植物与水分的关系，也表明它们与其他生态条件的关系，因此有人称其为生长在水分、温度、营养和通气条件均适中的生境中的一类植物。大多数农作物、蔬菜、果树、森林树种、草地的草类、林下和田间杂草等都属于此类。

（3）旱生植物。旱生植物能忍受较长时间干旱，具多种适应干旱的形态结构特征和生理生化特性，有较强体内水分平衡调节功能，又可分为少浆液植物和多浆液植物。[①]

少浆液植物是一类含水较少的植物，这类植物在丧失 50% 的水分时仍不死亡。其特点是尽量缩小叶面积以减少蒸腾，如刺石竹、麻黄等；根系发达，增加吸水量保证水分供应以维持水分平衡；细胞内原生质渗透压高，保证这类植物能从含水量很少的土壤中吸取水分。上述三个特点表现出少浆液植物在干旱条件下吸收水分并减少蒸腾的特性，但当水分能够充分供给时它又有比中生植物更为强大的蒸腾能力。这是因为这类植物的导水系统特别发达，气孔密度大。这种在对环境适应上的生态两重性，使少浆液植物既能适应干旱，又能适应高温。

① 王卫斌．西南桦人工林的群落特性研究[J]．西部林业科学，2006(03):8-13.

（四）植物对极端水分条件的适应

1. 植物的抗旱性能

植物抗旱性能主要取决于植物逃避干旱的性能和耐旱性。逃避干旱的性能是指植物在干旱生境中通过增加吸水和减少水分丢失而逃避干旱的能力。耐旱性是指植物所特有的原生质忍受失水的适应能力。大多数维管束植物的耐旱性能是有限的，因此，植物的抗旱性能主要取决于它们逃避干旱机制的效率。植物逃避干旱的方式有：

（1）缩短生长发育期逃避干旱季节，以休眠种子度过干旱期，或旱季落叶以减少水的需要量。

（2）改善吸水性能，通过降低水势提高吸水能力，延伸根系扩大吸水范围。

（3）减少水分失，增加角质层的厚度，及时关闭气孔阻止蒸腾；缩小蒸发表面；光合作用以景天酸代谢途径进行，提高水分利用效率。

（4）贮存水分并增加输水能力，只要有水分就大量吸收贮存，保持体内充足的水分状况。

植物减少水分丢失保存水分最有效的途径是减少蒸腾。植物的持水性能可用叶面积与根面积或根长的比例大小来衡量。当植物出现暂时缺水时，萎焉是减少水分丢失最迅速、最有效的生理反应。植物在萎焉状态下，失水仅为正常状态的 30% ~ 10%。

2. 植物抗涝性能

土壤水分过多对植物产生的伤害称为涝害。但是，水分过多对植物的危害并不在于水分本身，而是因造成缺氧进而产生一系列危害。植物的抗涝性能大小取决于其形态和生理过程对缺氧的适应能力。

发达的通气系统是强抗涝性植物最明显的结构特征。通过发达的通气系统可将地上部分从空气中吸收的 O_2 输送到缺氰部位。水稻与小麦是抗涝性能有明显差异的两种作物。水稻可以生长在淹水的田中，小麦则不能在长期淹水的田地生长。水稻幼苗的皮层细胞呈柱状排列，细胞间空原大。小麦幼苗的皮层细胞呈偏斜状排列，细胞间空隙小。成长之后，小麦根结构不发生变化，水稻根皮层内细胞大多数崩溃，形成通气组织，便于接受叶片吸收的 O_2。

淹水可引起植物体内乙烯水平显著增加。乙烯在体内的大量积累可刺激通气组织的发生和发展，还可刺激不定根的生成。有些植物水淹后改变呼吸途径，开始缺氧刺激糖酵解途径，以后转变为磷酸戊糖途径占优势,消除糖酵解有毒物质的形成。

四、土壤与植物的生态关系

土壤具有像海绵一样的功能,可吸收和贮存水分,保证长期供给植物利用。在相同降水的地区,各类土壤的不同吸水和保水能力形成了不同水分供应状态,导致了对水有不同要求具不同耐旱能力植物异地各自生长。植物的生长发育需要土壤经常不断地提供给一定的水分、养料、温度和空气。土壤及时地满足植物对水、肥、气、热要求的能力,称为土壤肥力。土壤中水肥、气、热四大肥力因素不是孤立的,而是相互联系和相互制约的。肥沃的土壤能同时地满足植物对水、肥、气、热的要求。

(一)土壤的物理性质与植物的生态关系

1. 土壤结构与质地

土壤是由许多大小不同的土粒和存在于土粒间的大小孔腺中的水分及空气,按不同的比例组合而成的一个统一体。

不同的粒级混合在一起表现出来的土壤粗细状况,称为土壤质地,也称土壤机械组成。土壤质地的分类是以土壤中各粒级含量的相对百分比为标准。国际上土粒粒级的划分有多种标准,各国土壤质地分类的标准也不同。一般划分为砂土、壤土和黏土三大类,其中砂土主要由大粒级组成,黏土以小粒级为主。

土壤结构是指土粒相互排列、胶结在一起而成的团聚体。土壤的许多特征,如水分运动热传导、通气性、容重和孔腺度等都深受结构的影响。土壤的结构类型有片状结构、棱柱状结构、珠状结构、角块状结构、团块状结构、粒状结构和团粒状结构。一个土壤剖面可以是单一结构型,更常见的是两种以上的结构并存。土壤的结构类型与质地有关,其形成还需具有胶结物质的胶结作用和成型的外力推动。

黏土土壤通气透水性差,植物根系不易伸展,根毛少。在土壤结构类型中,团粒结构的土壤可达到对植物生长发育最有利的水、气、热、肥状态。因此,团粒结构是土壤肥力高的一种表征。

2. 土壤水分

土壤水主要来自降水和地下水。土壤水分对植物生长的意义有以下几个方面。①植物所需要的水分绝大部分来自土壤水分。土壤水分过少时植物会受到干旱胁迫。土壤水分过多时,土壤空气减少,阻碍根系呼吸和吸收,并使根系腐烂。土壤水分过多还能使溶于水中的养分随水流失,降低肥力;②土壤水分是向植物供给养分的媒介,各种养分只有溶于水后,才能被植物吸收利用;③土壤中矿物养分的溶解和转化,有机物的分解与合成,都只在有水分存在和参与下才能进行;④土壤水分能调节土壤温度。

3. 土壤空气

土壤空气中的 CO_2 含量是大气中的几十到几百倍。通常,一部分不断扩散到近地面空气,被植物叶片吸收;一部分可被根系直接吸收。但是,当土壤通气不良,CO_2 积累过多时,会抑制根系生长和种子萌发,使根系不能扩展,缺乏根毛,阻碍根系的呼吸和吸收功能。严重时对植物会产生毒害作用,甚至因呼吸窒息死亡。

大多数植物不能直接利用土壤空气中的分子态氮,只有固氮微生物能固定游离氮,并将其转化为化合氮。固氮微生物有二类:一类是共生固氮微生物,主要是与植物共生的根瘤菌;另一类是非共生的固氮微生物。

(二)土壤的基本化学性质与植物的关系

1. 土壤酸度

土壤酸度是土壤化学性质特别是盐基状况的综合反映,土壤溶液中的氢离子浓度直接影响土壤酸度。土壤中氢离子以两种形式存在:一种是存在于土壤溶液中,由此引起的酸度,称为活性酸度,通常以 pH 表示;另一种是吸附在土壤胶体表面的 H^+ 和 Al^{3+} 引起的酸度,称为潜在酸度,通常它们只有在被其他阳离子交换转入土壤溶液后才显示酸度。活性酸度和潜在酸度经常处于动态平衡状态,当土壤溶液中氢离子浓度减少时,土壤胶体所吸附的氢离子会解离补充到溶液中;当土壤溶液中氢离子浓度过多时,有一些会被土壤胶体吸附转变为潜在酸度。其平衡状态可用下式表示:

[土壤胶体]Ca^{2+}+2H^+(活性酸)=[土壤胶体]H^+(潜在酸度)+Ca^{2+}

土壤酸度决定着矿质元素的溶解度和分解速度,对土壤的肥力性质有深刻的影响。各种养分有效性随 pH 而变化的关系:土壤 pH 在 6 ~ 7 的微酸状态时,养分的有效性最高,对植物生长最适合。在强碱性土壤中容易发生 Fe、B、Cu、Mn 和 Zn 等的缺乏,在酸性土壤中容易发生 P、K、Ca 和 Mg 的缺乏。土壤酸度还通过影响土壤微生物的活动而影响养分的有效性。在酸性土壤中细菌对有机质的分解作用减弱,固氮菌不能生活。

2. 土壤有机质

土壤有机质具有离子代换作用络合作用和缓冲作用。可大量吸收保存养分,避免淋溶损失。有些无机矿物自身溶解性较差,如钙、镁、铁、铝等,有机酸与它们形成稳定的络合物能提高它们的溶解度。土壤有机胶体是具有多价酸根的有机弱酸,其盐类具有两性胶体的作用,有很强的缓冲酸碱化的能力。

土壤有机质几乎对所有的土壤物理性状都有良好的影响。腐殖质是很好的胶结剂,使土壤形成良好的团粒结构,使土壤通气疏松,减少黏性。腐殖质色暗,可加深土壤颜色,增强土壤的吸热能力。同时,由于其传热性小,有利于保温,缓和土壤温度变化。

土壤有机质中有一些物质对植物生长发育起激素作用,如维生素 B_1、B_2、吡醇酸和菸碱酸等。土壤微生物还形成抗生素,对植物生长发育有促进和保护作用。但是,土壤有机质中也有一些对植物生长不利的物质,如香草醛、安息香酸、香豆素和二氢固醇酸等。

3. 土壤矿物质元素

土壤矿物的各种无机元素,是土壤的主要组成物质,其种类和数量,随母质的类型、风化强度和成土过程的不同而异。O、Si、Al、Fe、Ca、K、Na 和 Mg 等元素在土壤中普遍存在,数量占据 98% 左右。其他元素总共不到 2%,每种元素的含量一般不超过千分之几,有的只是百万分之几。

不同植物对元素的需求在种类和数量方面有所不同。有 13 种元素是植物生长发育都需要的,其中大量元素有 7 种(N、P、K、Ca、S、Mg 和 Fe),微量元素 6 种(Mn、Zn、Cu、Mo、B 和 Cl)。还有一些元素仅为某些植物必需,如豆科植物需 Co,藜科植物需 Na,蕨类植物需 Al 和 Si 等。土壤中 98% 的养分通过矿物的风化作用和有机物的矿化作用缓慢地转变成可利用态。可利用态的养分有少部分溶解在土壤水分中,多数被吸附在土壤胶体上。植物根系通过以下的途径从土壤中摄取养分。①从土壤溶液中吸收养分离子;②根系呼吸的 CO_2 溶于水中释放出 H^+ 和 HCO_3^-,促进根系交换吸收被吸附在黏土颗粒和腐殖质胶体上的养分离子;③通过根系排放 H^+ 离子使固定在化合物中的养分元素活化释放出来,与有机酸形成络合物溶于水中,随水分吸入根系。

植物对元素的吸收既发生在沿高浓度向低浓度方向,也发生在逆高浓度向低浓度方向。植物可把土壤中浓度非常低的元素不断吸收富集,在植物体内达到比土壤中高几倍甚至几百倍的浓度。植物对元素的吸收具有一定的选择性,可以优先吸收它们需要量大的某些元素。但却不能完全排除它不需要，甚至有害的元素。植物对矿质元素吸收的这些特征，是植物对矿质元素吸收中被动吸收和主动吸收相互作用的结果。

（三）土壤的生物性质与植物的关系

土壤微生物生命活动中产生的生长素和维生素类物质，直接影响植物生长。这些物质有的可以作为高等植物的营养，对种子萌发和植物正常生长发育起了良好作用，如维生素 B_1、B_6 能促进根系发育，生长素（如赤霉素）能促进植物生长发育；抗菌素能增强植物的抗病性等。所以，它们在植物整个生长发育过程中，是植物强大的活化因素。

某些微生物在不同程度上，具有抑制病毒和致病细菌、真菌的作用，在一定条件下成为植物病原菌的拮抗体。

土壤中某些真菌还能与某些高等植物的根系形成共生体，即为菌根。植物供给根菌以糖类，根菌帮助根系吸收水分和养分。有些真菌还有固氮性能，能改善植物的氮素营养；有的根菌可分泌酶，能增加植物营养物质的有效性；有的根菌能产生维生素、生长素等物质，有利于根的生长和种子萌发。

综上所述，土壤微生物对土壤肥力和植物营养起着极为重要的作用。

但是，土壤微生物对土壤肥力和植物营养也有不利的一面。在某些条件下，有些微生物的活动能引起养分损失；有些微生物分解活动所产生的有毒物质或还原性物质，对植物生长有害；还有些土壤微生物是引起植物致病的病原菌。

第七章　植物群落生态与种群生态分析

对于群落生态学的研究要以植物群落研究得最多，也最深入。群落学的许多原理大都来自植物群落学的研究。植物群落学也叫作植物学或植被生态学，主要研究植物群落的结构、功能、形成、发展以及与所处环境的相互关系。目前对植物群落的研究已经形成比较完整的理论体系。

第一节　植物群落的特征及演替

群落（biotic community，生物群落）是指一定时间内居住在一定空间范围内的生物种群的集合。它包括植物、动物和微生物等各个物种的种群，共同组成生态系统中有生命的部分。群落（生物群落）也可以用来指各种不同大小及自然特征的有生命物体的集合，如一块农田、一片草地、一片森林、一片荒漠等，这种集合虽然结构松散，但却因其组成的种类及其某些结构特征而出现一些与种群不同的特征。生物群落可表示为生物群落 = 植物群落 + 动物群落 + 微生物群落。

生物群落上述的三个组成部分，从目前来看，植物群落学研究得最多，也最深入。群落学的一些基本原理多半是从植物群落学研究中获得的。

植物群落学（phytocoenology）也称地植物学（geobotany）、植物社会学（phytosociology）或植被生态学（ecology of vegetation），它主要研究植物群落的结构、功能、形成、发展及与所处环境的相互关系，目前已形成比较完整的理论体系。

植物群落（plant community）是指在环境相对均一的地段内、有规律地共同生活在一起的各种植物种类的组合，如一片森林、一个生有水草或藻类的水塘等。每一相对稳定的植物群落都有一定的种类组成和结构。

群落生态学（community ecology）是研究生物群落与环境相互关系及其规律的学科，是生态学的一个重要分支科学。

一、群落的基本特征

（一）群落的物种多样性

联合国《生物多样性公约》对生物多样性的定义是：生物多样性是指所有来源的形形色色的生物体，这些来源包括陆地、海洋和其他水生生态系统及其所构成的生态综合体；这包括物种内部、物种之间和生态系统的多样性。

群落层次上物种的多样性包括两种含义：

一是群落中物种的丰富度，是指一个群落或生境中物种数目的多少。有学者认为丰富度是唯一的真正客观意义的多样性指标，群落中所含种类数量越多，丰富度越大，群落的物种多样性就越大，[①] 因此该指标可用于不同群落间的比较，但必须说明具体的面积、空间、层次等，使之具有可比性。

二是群落中各个种的均匀度，是指一个群落或生境中全部物种个体数量分配的均匀程度。如在某一植物群落中抽取的四个样本中蒙古栎的数量分布为21、23、25、27，而水曲柳的数量分布为36、4、2、0，则蒙古栎的均匀度要明显高于水曲柳的。

群落中物种多样性往往随环境变化而变化。一般从热带到两极，随纬度增加，多样性逐渐减少，如在热带森林中，每公顷有上百种鸟类，而在温带森林的同样面积中，只有十几种。同样，随海拔增高，也会发生类似的变化。而在水体中又随着深度的增加生物多样性有降低的趋势。污染的环境对物种的多样性有较大影响。

我国地域辽阔，南北跨度较大，自然条件复杂多样，从而为生物的生存和繁衍提供了各种各样的生存环境。我国的生物多样性居全球第八位、北半球第一位，其中植物的丰富度位于世界第三。

（二）群落的种间关联性

组成群落的生物种群并非任意组合，一个群落的形成和发展是经过生物与环境及生物与生物之间的长期竞争最后达到相互适应的结果，所以组成群落的生物种群间是相互联系、相互影响，相互作用的。种间关联性反映了群落中物种之间的联系特征。有些物种由于对环境资源的要求

---

① 石佳．川西林盘条件下的成都佛寺园林植物景观研究 [D]．雅安：四川农业大学，2013.

相似而一起出现或出现的次数比期望多,称为种间正关联。而有些物种由于竞争和对环境资源要求的明显差异而相互排斥,不一起出现,或出现的次数比期望的少,称之为种间负关联。①

(三)群落的结构特征

群落的结构具有水平结构、垂直结构和时间结构等三种。

1.群落的水平结构

群落的水平结构是指群落在水平方向上的配置状况或分布格局。陆地群落(人工群落除外)的水平结构一般很少呈现均匀型分布,在多数情况下,群落内部各物种常常形成局部范围内高密度的片状分布或斑块状镶嵌。

2.群落的垂直结构

群落的垂直结构主要指群落的成层现象。它是指群落中植物按照高度或深度的垂直配置所形成的群落层次。成层现象是群落中的植物在长期的竞争和进化的过程中,由于生物和非生物环境的影响,不同植物占据不同空间的结果。

成层现象是植物群落与环境条件相互适应的一种形式。一般植物群落所处的环境条件越丰富,群落层次越多,垂直结构越复杂;反之,群落层次越少,垂直结构越简单。在一个发育较完善的森林群落中,通常可以分为四个基本层次,即乔木层(主林层、次林层)、灌木层、草本层和地被层。群落中还有一些如藤本和附生、寄生植物,它们并不能独立形成层次,而是依附于各层中直立的植物上,称为层间植物。陆生植物包括地上成层和地下成层。成层现象使植物能最大限度地有效利用群落中的空间,提高植物利用环境资源的能力。

同植物的垂直分布类似,动物也随着植物的层次分明而分层栖居。例如在森林中,白翅拟蜡嘴雀总是成群地在森林的最上层活动,吃某些树的种子;煤山雀、黄腰栖莺则在林的中层栖居;血雉和棕尾虹雉则出没在森林底层,以地面的苔茸和昆虫为食。

海洋中生物的分层现象尤为明显,在淡水养鱼业中,人们利用鱼类分层栖居的习性,在同一池塘中放养不同的鱼种,如混合放养青、草、鲢、鳙四大家鱼,充分利用池塘的生境,提高生产量。

① 吴代理.安徽省泾县园林树种资源调查研究[D].南京:南京农业大学,2014.

3. 群落的时间结构

群落的时间结构是指受各种具有明显时间节律的环境因子的影响，群落的组成和结构随时间序列发生有规律的变化。它主要包括两方面内容：

一是自然的时间节律引起的群落在时间结构上的周期变化，如植物群落表现最明显的就是季相，春，夏、秋、冬一年四季，在群落的外貌上表现出季节性变化特征。

二是群落在长期历史发展过程中，由一种类型群落转变为另一种类型群落中的顺序变化，即群落的演替。

（四）群落的稳定性

群落的稳定性是指群落在一段时间内维持物种互相结合和各物种数量关系的能力及在受到扰动的情况下恢复到原来平衡状态的能力。它有四个含义，即现状的稳定、时间过程的稳定、抗变动能力和变动后恢复原状的能力。①

多数生态学家认为，群落多样性是群落稳定性的一个重要尺度。当一个群落具有很多物种，且每个物种的个体数比例均匀分布时，物种之间就形成了比较复杂的相互关系。这样的群落对环境的变化和群落内部的种群波动，由于强大的反馈系统的存在，会得到较大的缓冲，以减轻这种变动对群落稳定性的影响。

（五）群落的交错区和边缘效应

群落交错区又称生态交错区或生态过渡带，是指两个或多个群落之间(或生态地带之间)的过渡区域。这种过渡地带大小不一、形态各异；有的较窄，有的较宽；有的边缘持久，有的边缘则在不断变化；有的变化速率大，有的则表现为逐渐过渡。

群落交错区是一个交叉地带或种群竞争的紧张地带，在这里，群落中种的数目及一些种群密度要比相邻的群落大。群落交错区种的数目及一些种的密度增大的现象被称为边缘效应。边缘效应较为普遍，如森林的边缘树种要比内部的高大且长势良好；同样，农田的边缘产量高于中心部位的产量。值得注意的是，并不是所有的交错区都有边缘效应，它的形

① 盛雷．湖南醴潭高速公路边坡人工恢复植物群落研究[D]．长沙：中南林业科技大学，2013.

成,必须在具有特性的群落和环境之间,还需要一定的稳定时间。

二、群落的演替

(一)植物群落演替

自然植被系统是以群落的形态表现出来的。在植物群落中,一些植物树种由于各种原因会消失,而与此同时,另一些植物树种将及时出现弥补空缺,这将导致某一个植物群落结构进行一次自我调整,甚至进而影响某个范围内的生态系统。这种由缺失到弥补缺失的过程就称为演替。植物群落当前的外貌、结构等特征,是其运动发展过程中某一阶段的具体表现。随着时间的推移,植物群落的动态变化,优势种类可发生明显改变、引起整个群落组成的变化,具体表现为:在一定地段上,一种植物群落被另一种植物群落所替代,就是植物群落的演替。

(二)植物群落演替的原因和分类

1.植物群落演替的原因

植物群落演替的根本原因在于群落内部矛盾的发展。植物群落内部包含多对矛盾,例如:植物与植物之间(主要表现为对营养空间的竞争)、植物与其他生物(如鸟兽、昆虫、原生动物、微生物等)之间、植物与群落生境之间(主要表现为适应与改造)。这些矛盾之间的互相竞争,相互依赖作用,是群落发展的根本原因。上述诸对矛盾中,一般来说,主要矛盾是群落的优势种(或建群种)与群落生境之间的矛盾(表现为适应与改造两方面)。其中,起决定性作用的,即矛盾的主要方面是优势种(或建群种),特别是优势种的生物学、生态学特征。

事实上,任何一定地段上的群落发生、发展过程,都是从具有与该地段的生境相适应的植物种类完成其传播开始的。所有的外部因素,如火灾、采伐、开垦、病虫害、风灾、冰川侵移、气候的变迁等。都是通过其内部的矛盾而起作用的,即引起群落的组成种类或群落生境发生变化,使原来的生境与群落组成种类间失去了相对的统一性,随之使原来的组成种类发生改变,从而产生群落的演替。因此,群落的演替是在内因和外因共同作用下产生的结果。

2.植物群落演替的分类

(1)按照植物群落演替的起点裸地的性质,可分为原生演替和次生演替。

开始于原生裸地上的植物群落演替称为原生演替,开始于次生裸地上的植物群落的演替称为次生演替。

(2)按照植物群落演替的性质和方向,可分为进展演替、逆行演替和循环演替。

在未经干扰的自然状态下,群落从结构较简单、不稳定或稳定性较小的阶段(群落)发展到结构更复杂、更稳定的阶段(群落),后一阶段总比前一阶段对环境的利用更充分,改造环境的作用也更强,这称为进展演替。如由原生裸地→草原→灌木林→森林的演替。如森林由于火烧演替为草原,或由于草原的破坏形成荒漠。当干扰因素消失后,演替仍向着进展演替的方向发展。有些群落的演替具有周期性变化,即由一个类型转变为另一个类型,然后又回到原有的类型,为循环演替。

(3)按照演替初始阶段基质的性质可分为旱生演替和水生演替。

在干旱缺水的基质上进行的演替属于旱生演替,如裸露的岩石表面上生物群落的形成过程。在多水的环境中开始的演替属于水生演替,如淡水湖或池塘或多水的沼泽中水生群落向中生群落的转变过程。

(4)按照演替的动力可分为自发演替、异发演替和生物发生演替。

由于生态系统自身变化而引起的演替称为自发演替,特别是由于生物作用引起生境的变化使自身不适应而为替代生物创造条件形成的演替,如在火山喷发形成的原生裸地上依次形成原生草地、灌木到山地森林都属于自发演替过程。由于生态系统外力所引发的演替称为异发演替,如由于物理环境中的地质变化而引发的演替类型。由于某些生物作用成为演替的主要动力而引发的演替称为生物发生演替,如由于非洲大象的干扰而形成的草原或自然群落被人为改变形成的农田属于该类型。

(三)植物群落演替的过程

演替的过程是指沿着某一起点开始,经过一系列的演替阶段,最终到达演替终点的过程。下面以原生演替和次生演替为例说明。

1. 原生演替

从原生裸地上开始的群落演替即为群落的原生演替。而且,由顺序发生的一系列群落(演替阶段)组成一个原生演替系列。一般对原生演替系列的描述、都是采用从岩石表面开始的旱生演替和从湖底开始的水生演替进行描述。

（1）旱生演替系列。

对于植物的生长来说，裸露的岩石表面上环境条件是极端恶劣的。首先，没有土壤；其次，光照强度、温度变化大，十分干燥。

①地衣植物阶段。

在原生裸地上，最先出现的是地衣，其中以壳状地衣首先定居。壳状地衣将极薄的一层植物体紧贴在岩石表面，而且从假根上分泌有机酸以腐蚀岩石表面。加之岩石表面的风化作用及壳状地衣的一些残体，就逐渐形成了一些极少量的土壤。在壳状地衣的长期作用下，环境条件，首先是土壤条件有了改善，就在壳状地衣群落中出现了叶状地衣。

叶状地衣可以含蓄较多的水分，积聚更多的残体，因而使土壤增加得更快些。在叶状地衣将岩石表面遮没的部分，枝状地衣出现。枝状地衣是植物体较高（可达几厘米）的多枝体，生长能力更强，以后就全部代替了叶状地衣群落。地衣植物阶段是岩石表面植物群落原生演替系列的先锋植物群落。这一阶段在整个系列过程中需要的时间最长。在地衣群落发展的后期，就有苔藓植物出现。

②苔藓植物阶段。

生长在岩石表面的苔藓植物可以在干旱的状况下停止生长，进入休眠，待到温和多雨时，又大量生长。这类植物能积累的土壤较多，为以后生长的植物创造了更多的条件。

植物群落原生演替系列的上述两个最初阶段与环境的关系，主要表现在土壤的形成和积累方面，对岩面小气候只有微弱影响。

③草本植物阶段。

群落的演替继续向前发展，草本植物中首先是蕨类及一些被子植物中的一年生或二年生植物，大多是低小和耐旱的种类。它们在苔藓植物群落中，开始是个别植株出现，以后大量增加而取代了苔藓植物。土壤继续增加，小气候也开始形成，多年生草本植物就出现了。开始，草本植物全为高在30cm以下的“低草”，随着条件的逐渐丰富，“中草”（高在60cm左右）和“高草”（高1m以上）相继出现，形成群落。

在草本植物群落阶段中，原有岩面的环境条件有了较大的改变，首先在草丛的郁闭下，土壤增厚，有了遮阴，减少了蒸发，调节了温度和湿度的变化，土壤中真菌、细菌和小动物的活动也增强，生境也不再那么严酷了。

④木本植物阶段。

在草本植物群落发展至一定时期，首先是一些喜光的阳性灌木出现，它常与高草混生而形成“高草灌木群落”。以后灌木大量增加，成为优势的灌木群落。继而，阳性的乔木树种生长，逐渐形成森林。至此，林下形成荫蔽环境,使耐荫的树种得以定居并增加个体数量,而阳性树种因在林内不能更新而逐渐从群落中消失,在林下生长耐荫的灌木和草本植物,复合的森林群落就形成了。

(2)水生演替系列。

在一般淡水湖泊中,水深4m以下,由于光照和空气的缺乏,没有体形较大的绿色植物生长,只有一些浮游生物活动。由于浮游生物大量的残体堆积,加上从湖岸上冲刷下来得到的矿物质淤积,逐步抬高了湖底。随着湖底的逐步抬高,依次出现下列群落的演替系列。

①沉水植物群落阶段。

在水深4m左右的池塘,常有许多沉水植物生长,如金鱼藻、狐尾藻、眼子菜、水车前、苦草等,它们整个植株全在水中。这些植物死后,死亡体向池塘底沉积,池塘日益变浅,不适于原有植物生长,让位给适合这种浅水环境的植物。

②浮水植物群落阶段。

当水深1 ~ 3m时,出现浮水植物,如睡莲、菱角等。这些植物具有地下茎,根扎在水底土中,繁殖很快,有高度堆积水中泥沙的能力,叶子在水面或水面以上,有时密集生长遮蔽水面,加快湖底抬高的速度。

③挺水植物群落阶段。

水深1m左右时,挺生水中的沼泽植物如莲、水鳖、芦苇、茭白、香蒲等逐渐迁移过来,它们也都有地下茎,繁殖特别快,个体数量多,阻留泥沙和累积腐殖质的速度加快。

④湿生草本植物群落阶段。

当水浅到一定程度,在干季土面可以露出时,已经不能适应挺水植物的生存,由灯心草、驴蹄菜等喜湿草本植物取而代之。在比较干燥的条件下,另一些新的植物迁移过来,在干燥气候区域,形成稳定的草原群落;在湿润气候区,则向木本植物群落发展。

⑤木本植物群落阶段。

最初生长耐湿的柳类很快过渡到乔木时期,如赤杨、白桦、水曲柳等,逐渐形成稳定性较大的群落。

水生演替系列实际上是一个植物填平湖沼的过程。每一阶段的群落都以抬高湖底而为下一个阶段的群落出现创造条件。这种演替系列经常可以在一般的湖沼周围看到,在不同深度的水生生境中,演替系列中各阶段的植物群落成环带状的分布。随着湖底抬高,它们逐个地向前推进。

(3)演替的进展和逆行。

植物群落的发展,趋向于群落更完全、更充分地利用环境条件,这样的植物群落,可以认为是进步的和完善的。而在环境逐渐恶化的条件下,群落演替将逆向发展。不同演替方向的群落,在特征上有明显区别(表7–1)。

表 7–1 群落演替进展阶段和逆行阶段的特征比较

进展阶段的比较特征	逆行阶段的比较特征
群落结构的复杂化	群落结构的简单化
地面的最大利用	地面的不充分利用
生产力的最大利用	生产力的不充分利用
群落生产力的增加	群落生产力的降低
新兴特有现象的存在,以及某些对植物环境的特殊适应为方向的物种形式	残余特有现象的存在,以及以对外界环境的适应为方向的物种形式
群落的中生化	群落的旱生化和湿生化
对外界环境的强烈改造	对外界环境的轻微改造

上列各项,可以在一定程度上作为植物群落发展方向的鉴别特征。需要着重指出的是,演替系列各阶段的群落,其结构的繁简状况是和群落的生态功能紧密相关的。这一点,在植被恢复与重建工作中应该特别注意。

对于植物群落演替的研究,需要建立定位站或定位点作长期观察。一般的粗略研究,则是采用“空间对比”的方法,即在环境相似但群落结构不同的地段,通过对群落结构的分析,联系它们之间的动态关系。当然,这种粗略的方法,虽然常见使用,但只能得到群落演替趋势的一般概念。

2. 次生演替

当原生演替系列中的某个阶段受到外界因素干扰时,如火烧、采伐、病虫害、干旱、水淹、严寒等的作用,特别是在人类经济活动或破坏后发生的另一种群落演替系列,称为次生演替。次生演替包括两个过程,一个是群落的退化,另一个是群落的复生。

群落的退化是指在外界因素作用下,群落类型由比较复杂、比较高级和相对稳定的阶段向着比较简单。比较低级和稳定性较差的阶段逆行退化。因此,群落的退化属于逆行演替。例如马尾松林受到破坏后,可能变成荒山灌丛或草地。

群落的复生是指外界破坏作用停止之后,群落的演替又逐渐恢复到破坏前的原生群落类型。不过这种恢复只是群落类型上基本相同,而种类组成或层次结构不可能完全一样。例如,云杉林经采伐之后,首先恢复的为杨树林、桦树林,如果林地附近有云杉的种源,被破坏的云杉林仍然会更替为杨树林、桦树林,最终再恢复为云杉林。

次生演替的速度、趋向和所经历的阶段取决于原生群落遭受破坏的程度和持续的时间。破坏的程度愈严重、持续的时间愈长,那么退化的阶段则愈低级、速度也愈快,而复生的群落阶段就多,速度就慢。如果原生群落被彻底的破坏,使群落失去复生的条件,那么群落的演替就转为原生演替。

人类活动对群落演替有很大影响。过度放牧导致草原退化、过度砍伐导致森林破坏,污水排放破坏水域生物群落。人类可以砍伐森林、填湖造地、捕杀动物,也可以封山育林、治理沙漠、管理草原,甚至可以建立人工群落。人类活动往往会使群落演替按照不同于自然演替的速度和方向进行。

(1)森林的采伐演替。

森林被采伐后,依森林群落的性质(如针叶林或阔叶林)和采伐方式(如皆伐或择伐、渐伐),以及对于林内优势树种的苗树、幼树和地被物的破坏程度,都为群落的演替造成不同的条件,影响到森林的复生过程。

现以云杉林皆伐以后,从采伐迹地上开始的群落过程为例加以说明。云杉林是温带地区的一个主要森林群落类型,在我国北方和我国西部和西南地区亚高山针叶林中也是一个常见的森林群落。

云杉林被采伐后,一般经历以下的演替阶段①。

①采伐迹地阶段。

采伐迹地阶段亦即森林采伐时的消退期。较大面积的采伐迹地上,原来森林内的小气候条件完全改变:地面受到直接的光照,挡不住风,热量很快升高,又很快散发,形成霜冻等。因此,不能忍受日晒或霜冻的植物,就不能在这里生活。原来林下的耐荫或阴性植物消失了,而喜光的植物,尤其是禾本科、莎草科的一些种类到处蔓生,形成杂草群落。

②小叶树种阶段。

云杉和冷杉一样,是生长慢的树种。它的幼苗对霜冻、日灼和干旱都很敏感,很难适应迹地上改变了的环境条件。可是新的环境却适合于一些喜光的阔叶树种(桦树、山杨、桤木等)的生长,它们的幼苗不怕日灼和霜冻,因此,在原有云杉林所形成的优越土壤条件下,它们很快地生长起来,形成以桦树和山杨为主的群落。当幼树郁闭起来的时候,开始遮蔽土地,太阳辐射和霜冻则从地面移到林冠上;同时,郁闭的林冠也抑制和排挤其他的喜光植物,使它们开始衰弱,然后完全死亡。

① 孙龙,国庆喜.生态学基础[M].北京:中国建材工业出版社,2013.

③云杉定居阶段。

由于桦树和山杨等上层树种缓和了林下小气候条件的剧烈变动，又改善了土壤环境，因此小叶林下已经能够生长耐荫性的云杉和冷杉幼苗。最初这种生长固然是缓慢的，而到30年左右，云杉就在桦树、山杨林下形成第二层。加之桦树、山杨林天然稀疏，林内光照条件进一步改善，于是云杉逐渐伸入上层林冠中。虽然这个时期山杨和桦树的细枝随风摆动时开始撞击云杉，击落云杉的针叶，甚至使一部分云杉树因此而具有单侧树冠，但云杉继续向上生长。一般当桦树、山杨林长到50年时，许多云杉树就伸入上层林冠。

④云杉恢复阶段。

过了一些时候，云杉的生长超过了桦树和山杨，组成了森林上层。桦树和山杨因不能适应上层遮阴而开始衰亡。经过50～100年，云杉终于在上层造成严密的遮阴，在林内形成紧密的酸性落叶层，桦树和山杨则根本不能更新，这样，又形成了单层的云杉林，其中混杂着一些留下来的山杨和桦树。

可是，复生并不是复原，新形成的云杉林与采伐前的云杉林，只是在外貌和主要树种上相同，但树木的配置和密度都不同了。而且，因为桦树、山杨林留下了比较肥沃的土壤（落叶层较软，土壤结构良好），山杨和桦树腐烂的根系还在土壤中造成了很深的孔道，这使得新长出的云杉能够利用这些孔道伸展根系，从而改变了云杉浅根系所导致的易倒伏性，获得了较强的抗风力。

当然，森林采伐后的复生过程，并不单纯决定于演替各阶段中不同树种的喜光或耐荫性等特性，还要决定于综合的生境条件的变化特点。引起森林消退的原因、作用的强度和持续时间，对森林采伐演替的速度和方向具有决定性的意义，如果森林采伐面积过大，而又缺乏种源；如果采伐后水土流失严重，那么森林复生所必需的基本条件就不具备。群落的演替也就朝着完全不同的方向进行。

（2）草原的放牧演替。

草原的放牧演替也是次生演替中主要的一类。与上述森林采伐演替稍有不同的是：草原放牧演替是逐渐和缓慢发生的。

由于牲畜的啃食和践踏，对草原群落的影响基本上包括以下几个方面：

①在牲畜践踏下，草原植物的柔弱部分和丛生禾草的草丛不耐践踏，因而逐渐减少以致完全消失。

②畜群践踏和消灭死地被物，甚至表土消失。

③促使能以某种方式防止啃食的植物种类（具刺，或密被茸毛，或有

特殊香味,或有乳汁的植物)茂盛生长,而一些适口性强的草类都被消耗。

④影响到草原群落中原有草类的正常发育,促使一年生和春季短生植物的发育。

⑤增多了外来成分(杂草植物),引起草原群落种类组成上的混杂性。

⑥践踏草原土壤,破坏土壤结构。在湿润地段,土壤愈趋坚实,而在干旱地段,土壤愈趋松散,因而促使土壤冲刷,加强土壤的干燥度(土壤的毛细管作用增强)。土壤的这一变化有利于草原中草生植物增多。

⑦牲畜过分践踏,引起土壤表层盐分增加,严重的则形成碱斑地,这样,就降低了草原群落的产量和质量。

⑧牲畜啃食植物的地上部分,影响地下部分营养物质的积累,使地下部分的发育受到一定的限制。

⑨牲畜的粪便给土壤带来了大量肥料。

⑩牲畜把草类的种子踏入土中,这能促使种子更好地发芽,也把种子携带到其他地方,扩大某些植物种类分布。

草原群落的大多数植物种类,具有一定的耐牧性。一般正常的放牧,能促使牧草的发育,增强其再生性,提高营养价值。因此,草原经过放牧并不一定就会使草的产量下降。关键问题在于控制放牧的强度。放牧强度增大,草原群落就会逐步退化。

在草原放牧的次生演替系列中,可以按放牧强度而分出轻度放牧阶段、适度放牧阶段、重度放牧阶段、过度放牧阶段,等等。各个阶段具有一定生活型的优势种类作为标志。草场的生产量亦随草原群落的退化而逐级降低。以致到了过度放牧场阶段,已经接近于次生裸地,草原的恢复就需要经历更长时期了。

属于人类经济活动而造成的植被次生演替,还有割草演替、耕种后撂荒地的植被演替等,就不一一列举了。

第二节　植被类型、分布及其研究途径

一定地区内植物群落的总体称作植被,植物群落是构成植被的基本单位。地球上不同植被类型的分布基本上决定于气候条件,主要是热量和水分以及其他有关的自然要素。在地球的不同地区,水热条件的不同导致形成不同的植被类型。

一、主要植被类型

（一）热带植被类型

1. 热带雨林

热带雨林是地球上一种常见于北纬10° 与南纬10° 之间热带地区的生物群系。热带雨林地区长年气候炎热，雨水充足，正常年雨量为1750 ~ 2000mm，全年每月平均气温超过18℃，季节差异极不明显，生物群落演替速度极快，是地球上过半数动物、植物物种的栖息居所。

2. 季雨林

季雨林是热带雨林向热带稀疏林过渡的居间类型，而不是由热带雨林向亚热带常绿阔叶林过渡的植被类型，应归属于经向地带性植被，而非纬向地带性植被。季雨林突出的特点是其群落主要由热带性的落叶阔叶树组成，多数林木在旱季落叶。

3. 红树林

红树林指生长在热带、亚热带低能海岸潮间带上部，受周期性潮水浸淹，以红树林植物为主体的常绿灌木或乔木组成的潮滩湿地木本生物群落。红树林是热带、亚热带海湾、河口泥滩上特有的常绿灌木和小乔木群落，具有呼吸根或支柱根，种子可以在树上的果实中萌芽长成小苗，然后再脱离母株坠落于淤泥中发育生长，是一种稀有的木本胎生植物。[①]

（二）亚热带植被类型

1. 常绿阔叶林

常绿阔叶林是亚热带湿润地区由常绿阔叶树种组成的地带性森林类型，在日本称照叶树林，在欧美称月桂树林，在中国称常绿栎类林或常绿樟栲林。这类森林的建群树种都具樟科月桂树叶片的特征，常绿、革质、稍坚硬，叶表面光滑无毛，叶片排列方向与太阳光线垂直。

2. 常绿硬叶林

常绿硬叶林是地中海气候下的典型植被，主要分布在地中海沿岸、北

---

① 纪丹虹，纪燕玲．红树林病虫害发生及其防控技术研究[J].防护林科技，2011（4）：98-101.

美洲的加利福尼亚、大洋洲的东部和西南部。硬叶林中植物为常绿乔木或灌木；叶片与阳光成锐角，躲避阳光的灼晒；叶片坚硬而有锯齿，表面没有光泽而常有茸毛，常有分泌芳香油的腺体，以减少水分蒸发。硬叶植被通常并不高大，除了乔木组成的森林外，还有不少低矮的灌木丛，丛林的结构非常简单，很难见到藤本植物和附生植物。

3. 荒漠

荒漠植被主要分布在亚热带和温带干燥地区，从非洲北部的大西洋起，往东经撒哈拉沙漠、阿拉伯半岛大小内夫得沙漠、鲁卜哈利沙漠、伊朗的卡维尔沙漠和卢特沙漠、阿富汗的赫尔曼德沙漠、印度和巴基斯坦的塔尔沙漠、哈萨克斯坦的中亚沙漠到我国西北和蒙古的大戈壁，形成世界上最为广阔的荒漠区。荒漠的气候极为干旱，年降水量少于 250mm，蒸发量大于降水量数倍或数十倍，夏季炎热，昼夜温差大，土壤缺乏有机质，植被稀疏。

（三）温带植被类型

1. 夏绿阔叶林

由夏季长叶冬季落叶的乔木组成的森林称为夏绿阔叶林或落叶阔叶林，它是在温带海洋性气候条件下形成的地带性植被。夏绿阔叶林主要分布在西欧，并向东延伸到苏联欧洲部分的东部，在我国主要分布在东北和华北地区。此外，日本北部、朝鲜、北美洲的东部和南美洲的一些地区也有分布。夏绿阔叶林分布区的气候四季分明，夏季炎热多雨，冬季寒冷，年降水量为 500 ~ 1000mm，而且降水多集中在夏季。

夏绿阔叶林主要由杨柳科、桦木科、壳斗科等乔木植物组成，树干常有很厚的皮层保护，芽有坚实的芽鳞保护，叶无革质硬叶现象，一般也无茸毛，呈鲜绿色。冬季完全落叶，春季抽出新叶，夏季形成郁闭林冠，秋季叶片枯黄，季相变化十分显著。群落结构较为清晰，通常可以分为乔木层、灌木层和草本层 3 个层次。乔木层一般只有一层或二层，由 1 种或几种树木组成，林冠形成一个绿色的波状起伏的曲面。草本层的季节变化十分明显，这是因为不同的草本植物的生长期和开花期不同所致。夏绿阔叶林的乔木大多是风媒花植物，花色不美观，只有少数植物进行虫媒传粉。林中藤本植物不发达，几乎不存在有花的附生植物，其附生植物基本上都属于苔藓和地衣。夏绿林的植物资源非常丰富，各种温带水果品质很好，如梨、苹果、桃、李、胡桃、柿、栗、枣等。

2. 针叶林

针叶林是指以针叶树为建群种所组成的各种森林群落的总称，它包括各种针叶纯林、针叶树种的混交林以及以针叶树为主的针阔叶混交林。而北方针叶林就是指寒温带针叶林，又称泰加林，它是寒温带的地带性植被。寒温带针叶林区的气候特点比夏绿阔叶林区更具有大陆性，即夏季温凉、冬季严寒。七月平均气温为 10 ~ 19℃，一月平均气温为 –20 ~ –50℃，年降雨量 300 ~ 600mm，其中降水多集中在夏季。

3. 草原

草原是由耐寒的旱生多年生草本植物为主组成的植物群落，是温带地区的一种地带性植被类型，组成美丽草原的植物都是适应半干旱和半湿润气候条件下的低温旱生多年生草本植物。

（四）寒带植被类型

苔原也称冻原，分布于北冰洋的周围沿岸，欧亚大陆北部和美洲北部占很大面积，是寒带植被类型。这里冬季漫长而严寒，夏季短促而凉爽，7 月平均温度为 10 ~ 14℃，冬季最低达 –55℃。植物营养期平均为 2 ~ 3 个月，年降水量 200 ~ 300mm，约 60% 在夏季降落，由于蒸发量低，所以气候湿润。风很大，雪被不均匀，土壤具有深达 150 ~ 200cm 的永冻层，引起了沼泽化现象。

（五）隐域植被类型

有一些植被类型不能形成带，因而分布在所有地带适宜的条件下，这类植被称为隐域性植被。草甸、沼泽、砂生植被、盐生植被和水生植被都属于隐域植被。

二、中国植被分布规律

地球陆地表面在温度保证的湿润气候条件下都能生长森林。南北极、冻原和高大山体上部因温度过低而无林。估计史前时期森林占全球陆地面积 70% 以上，人为活动使森林面积缩小，出现森林分布不均匀，特别是适于人类生存的温带，出现过古老文明的地区，森林面积急剧减少。现在世界森林面积占陆地面积的 22% ~ 30%。针叶林是分布面积最大的森林类型，分布在北半球高纬度地区，形成欧亚大陆和北美广阔的针叶林带，针叶林约占世界森林面积的33%。热带雨林分布面积也很大，这是赤道附近高温高湿热带地区形成的常绿阔叶林，在亚洲、南美洲和非洲形成三大片。这类森林受人为破坏较晚，南美巴西的热带雨林有的几乎未经人为活动干扰，处于原始状态，热带雨林面积约占世界森林总面积的20%。在广阔的温带和亚热带，形成针阔叶混交林、落叶阔叶林、常绿阔叶林等，由于该带人口密度大，森林破坏严重、处于这一纬度带的大多数国家，森林覆盖率较低。按大洲计，拉丁美洲森林最多，占世界森林面积的24%。

我国幅员辽阔，地形复杂，气候条件更是多种多样，不但具有寒、温、亚热、热带等气候带，而且在同一地区也常因山体高低而有显著差异。因此，我国的植物种类和植被类型十分丰富。

任何植物群落的存在，都与其生境条件密切相关，随着地球表面各地环境条件的差异，植被（森林）类型呈现有规律的带状分布，这就是植被分布的地带性规律，这种规律表现在纬度、经度和垂直方向上，合称植被分布的三向地带性。

（一）植被分布的水平地带性

地球陆地表面由于气候因子的有规律变化，森林类型呈现从低纬度向高纬度或沿经度方向从高到低的有规律分布，这种现象称为森林分布的水平地带性。水平地带性包括随热量变化的纬度地带性和距海远近的水分变化而形成的经向地带性。

我国南自南沙群岛，北至黑龙江，跨纬度49° 以上，东西横跨经度约62° ，在此广阔的范围内，表现出明显的森林分布水平地带性。太阳辐射是地球表面热量的主要来源。由于纬度的差异，从南向北形成各种热量带：热带、亚热带、温带、寒温带。陆地上大气降水的主要来源是海洋蒸发的水汽。我国东临太平洋，西连内陆，受海洋季风影响的程度不同，我国从东到西具有水分条件从湿润到干旱的明显变化，大体形成内陆高原和东部季风区两部分，其分界线大致由大兴安岭西坡南行，向西南经燕山、吕梁山、子午岭、六盘山到青藏高原边缘。这条线基本上是年降水量400mm的等雨线，分界线以东，受海洋季风影响显著，年降水量超过400mm，属湿润区，适于森林生长；分界线以西，海洋湿润气流难于到达，年降水量不足400mm，干燥少雨，属干旱区。

我国东部森林分布区纬度地带性从大兴安岭山地开始，向南依次为：大兴安岭针叶林带、小兴安岭长白山针叶和落叶阔叶混交林带、华北落叶阔叶林带、华中落叶阔叶和常绿阔叶混交林带及常绿阔叶林带、华南热带季雨林和雨林带。森林的变化规律是林木组成和森林的层次结构由简单到复杂。我国森林分布的经度地带性表现在东部湿润区适于森林生长，西部干旱区地带性植被类型是半干旱草原和干旱荒漠，只在山地的一定高度和河流沿岸才出现森林。

（二）植被分布的垂直地带性

高大山体随着海拔的升高，森林类型呈现有规律的带状分布，这一现象称森林分布的垂直地带性。随海拔升高依次出现的植被带的具体顺序称植被的垂直带谱。由于山体的具体环境的差异，各有不同特点的垂直带谱，以热带山地垂直地带性最为完整。

垂直地带性是以纬度地带性为基础，愈向高纬度、垂直带谱愈简单。地处温带的长白山北纬42°，海拔2691m，垂直带谱的基带为针叶阔叶混交林带，其植被垂直带谱如下。

1100m以下，针叶阔叶混交林带；

1100 ~ 1800m，亚高山针叶林带；

1800 ~ 2100m，山地矮曲林和亚高山草甸带；

2100m以上高山灌丛草甸带。

接近极地，则山体为冰雪所封盖，只有一个无林的植被带，即冻原带、水平带和垂直带结合在一起。

植被垂直带谱的基带与该山体所在地区的水平地带性植被相一致的规律，不仅在不同纬度上表现出来，在同一纬度的不同经度上也有表现。如我国长白山（东经128°）和天山（东经86°）都位于北纬42°左右，天山的植被垂直分布如下。

500 ~ 1000m，荒漠带；

1000 ~ 1700m，山地荒漠草原和山地草原带；

1700 ~ 2700m，山地针叶林带；

2700 ~ 3000m，亚高山草甸带；

3000 ~ 3800m，高山草甸、高山垫状植物带。

两山植被垂直分布的差异：基带不同，天山的水平带是荒漠，长白山的基带是落叶阔叶林带；天山的森林带只出现在一定海拔高度（1700 ~ 2700m），长白山的森林带从山底一直到海拔2000m左右的森林分布线；带谱组成不同，天山垂直带谱由不同植被类型：荒漠、草原、森林、草甸等组成，长白山垂直带谱基本由不同森林类型所组成。

水分是影响森林分布的重要因素。在同一高大山体上，不同坡向可能出现不同的水分条件，因而出现不同森林类型的垂直分带，如高黎贡山,东坡较西坡干旱,得以出现干性的云南松林带和落叶林带。这种由坡向不同形成的水分条件差异,在很多高大山体上反映出不同的植被垂直分带、有时在较大的地理区域中,既呈现水平地带性规律,也包含垂直地带性规律。我国东部湿润区,由青藏高原东缘向华南沿海及海南岛、台湾等岛屿,随海拔递降,出现如下植被:高山灌丛草甸、亚高山针叶林、中山针阔叶混交林和落叶阔叶林,云贵高原及其边缘的常绿阔叶林,台、粤、桂镇南的热带季雨林和雨林。

(三)水平地带性与垂直地带性的关系

水平地带性与垂直地带性有相似之处:森林类型在山地垂直方向上的成带分布和地球表面纬度水平分布顺序有相应性。如果以赤道湿润区的高山植被分布带与赤道到极地的水平植被分布相比较,可以看出,自平地到山顶和自低纬度到高纬度的排列顺序大致上相似,即热带雨林(季雨林)、常绿阔叶林、落叶阔叶林、针叶林。垂直带与水平带上相应的植被类型,在外貌上也是基本相似的。

纬度地带性的带谱与垂直带谱的不同,区别如下。

(1)纬度带的宽度比垂直带的宽度大得多,纬度带一般以几百千米计,而垂直带一般以几百米计。纬度带环境因子变化比较缓慢,每一纬度的距离 111km,年平均气温相差 0.5 ~ 0.9℃,而海拔每升高 100m,气温下降 0.5 ~ 0.6℃,这表明水平距离 111km 的温度变化只相当于垂直高度上 100m 的变化,形成纬度带和垂直带的气候因子中,还包括温度节律性变化不同:从赤道到极地,由一年四季分明的热带,经四季分明的温带,到温暖夏季短而严寒冬季长的寒带;在赤道带上的高山,随着海拔升高温度降低过程中,仍保持着均匀的年进程。

(2)纬度带的相对连续性、垂直带的相对间断性。形成纬度带的环境因子是逐渐缓慢变化的,不同带谱间形成较广的过渡带,整个带谱呈现出连续性:垂直带各带谱距离较短,常被山体的河谷、岩屑堆、岩石露头所间断,有时不同带间分界明显。

(3)纬度带与垂直带森林类型分布顺序的相似性是指群落的优势生活型和外貌,但植物种类成分和群落生态结构仍有较大差异。如我国北方针叶林主要组成种为兴安落叶松,在我国西南亚高山针叶林常见种为长苞冷杉、丽江云杉等;另外,我国亚高山针叶林下,箭竹较普遍,北方针叶林下则不见。

经度地带性干旱区的垂直带:随着海拔增高,气温降低,蒸发减少,降水增加,空气湿度加大,逐渐离开经度地带气候的影响。出现森林,如以我国西北干旱区的高大山体为中心，形成八个林区。

三、中国植被区划

我国的植被分区可划分出以下8个植被区域带。

（一）寒温带针叶林区

该区位于大兴安岭北部山地。一般海拔300～1100m，北部最高峰奥科里堆山，海拔1520m。全区整个地形相对平缓，呈丘陵状台地，无终年积雪山峰。本区为我国最冷地区，冬季长达8个月，生长期仅90～100d，年平均气温0℃以下。年降水量平均350～500mm，大部分集中在7、8月，气候特点是寒冷较干燥。5、6月间常有明显旱象。

由于气候条件比较一致并且严酷，植物种类较少，主要组成树种是兴安落叶松，基本的森林类型是落叶松为主的明亮针叶林，可自山麓直达森林上限，广泛成林。群落学特征是林分结构简单，常见的是落叶松纯林，乔木层有时混生樟子松，但本区樟子松数量很少，只在西北部可形成小面积樟子松纯林，一般在较干燥的阳坡或山顶部。林下草本植物不发达，下木稀少，以旱生型的兴安杜鹃为主，沼泽地则为苔藓杂草。

兴安落叶松林破坏后的更替树种往往是白桦、山杨，兴安落叶松的天然更新也比较好，常见白桦林或白桦与落叶松混交林，并向落叶松林方向发展。本区东南部边缘有很多蒙古栎。

（二）温带针叶阔叶混交林区

本区包括东北三江平原、小兴安岭、长白山区，南至沈阳、丹东一线。小兴安岭属低山丘陵地形，山势浑圆，山顶也较平坦，平均海拔高度400～600m，个别山峰达1000m以上。张广才岭山势起伏较大，海拔最高1760m。完达山地势较平缓，多低湿沼泽地。长白山地势高峻，海拔一般500～1000m，主峰2691m。该区冬季长夏季短，冬季长达5个月以上，生长期约125～150d，年降水量500～800mm，由南向北逐渐递减。由于气温较低，蒸发量小，空气湿润，降水主要集中在气温较高的夏季，这些因素相配合，有利于形成茂密的落叶阔叶与针叶混交林。

地带性顶极群落是以红松为主构成的温带针阔混交林，一般称阔叶红松林，除红松外，混交的针叶树有红皮云杉，混交的阔叶树有紫椴、枫桦、水曲柳等，本区南部森林种类组成较北部丰富，有少量沙松、紫杉、千金榆等。灌木种类较繁多,常形成茂密下木层。本区低湿谷地有小面积非地带性顶极落叶松林,北部有较多分布。个别地段尚有云杉、冷杉林。大规模森林开发以来,原始阔叶红松林面积急剧减少,反复破坏后往往形成次生的落叶阔叶林,即次生林,其主要组成树种有:蒙古栎、白桦、山杨等形成纯林或混交林。

(三)暖温带落叶阔叶林区

包括三个林区:辽东胶东半岛丘陵松栎林区,冀北山地松栎林区,黄土高原山地丘陵松栎林区。

这一带地形属低山丘陵,西部高,东部低,由山地、丘陵到平原,一般海拔1000m以下,少数主峰近3000m。本带气候夏热多雨,冬寒晴燥,春多风沙,年平均气温10 ~ 16℃,年降水量沿海一带500mm以上,有的可达1000mm,西部低于500mm,全年降水分配不均,约70%集中于夏季,夏季温高雨多,对林木生长有利,但冬寒春旱,对植物生长不利。

本带森林资源少而分散,一般均为栎类、油松、侧柏为主的次生林分布。辽东胶东半岛丘陵以赤松为优势种,阔叶树辽东栎、麻栎等组成落叶类栎林。冀北山地主要树种有桦木、山杨、油松、栎类,海拔1600 ~ 2300m有华北落叶松及云杉,以下为油松纯林或松栎混交林。晋冀交界北部海拔较高处为华北落叶松和云杉,低海拔处是栎林。吕梁山、太行山海拔1600m以上主要有白杄、青杄、华北落叶松混交林或桦木、山杨次生林。冀北山地和黄土高原山地的低山地带由多种栎类、油松、侧柏等组成幼龄次生林。此外,多为次生灌丛和灌木草地,平原低山地区多为散生的和人工栽培的树种。灌木以酸枣、荆条为主。草本则以黄背草、白羊草占优势。

(四)亚热带常绿阔叶林区

本区范围特别广阔,北起秦岭淮河一线,南达北回归线南缘附近与热带北缘相接,西止于松潘贡嘎山、木里、中甸、碧山、保山一带;东迄东海之滨,包括我国台湾和舟山群岛等一些弧形列岛在内;长江中下游横贯于本区中部。地势西高东低,西部包括横断山脉南部以及云贵高原大部分地区,海拔多在1000 ~ 2000m;东部包括华中、华南大部分地区,多为200 ~ 500m的丘陵山地。气候温暖湿润,无霜期250 ~ 350d。土壤以酸性的红壤和黄壤为主。

常绿阔叶林是本区具有代表性的植被类型。上层是常绿阔叶树种所组成，其中以壳斗科、樟科、木兰科、山茶科、金缕梅科为主。在林内通常都有一至数个优势种，并常分为两个乔木亚层。乔木以青冈属、栲属、石栎属、桢楠属、楠木属等为常见。灌木中也多常绿种类，常见的有鹅掌柴属、冬青及柃木属、杜鹃属等。草本中有常绿的蕨类如狗脊、瘤足蕨、金毛狗和苔草等。林内一般都有藤本和附生植物，在山地背阴或迎风面，树干上附生的苔藓非常普遍。

本区常绿阔叶林被破坏后，常为次生针叶林或人工林，长江中下游一带主要为马尾松和人工杉木、毛竹林，西南则为云南松、思茅松等。

本区竹类占有一定比重，同时还有很多地质史上孑遗植物，如银杏、水杉、水松、银杉、金钱松、枫香、檫木、鹅掌楸、珙桐等，具有很高的观赏价值和研究价值。

（五）热带季雨林、雨林区

这是我国最为偏南的一个植被分区。东起我国台湾东部沿海的新港以北，西至西藏亚东以西，东西跨越经度达 32°　30′；南端位于我国南沙群岛的曾母暗沙（北纬 4°），北面界线则较曲折；在东部地区大都在北回归线附近，即北纬 21°　~ 24°之间，但到了云南西南部，因受横断山脉影响，其北界升高到北纬 25°　~ 28°，而在藏东南的林芝地区附近更北偏至北纬 29°附近。在本区内除个别高山外，一般多为海拔数十米的台地或数百米的丘陵盆地。这一区气候高温多雨，全年平均温度 22℃以上，年雨量 1500 ~ 3000mm。高温期与多雨期、低温期与少雨期较一致，形成湿热、干凉两季气候特征，地形对热量、湿度分配影响较大。

滇南、滇西南部湿热河谷，海南岛中部山地沟谷、东部低山丘陵，我国台湾东部、南部，有较典型的雨林分布，进入中上层的树种主要有楝科、樟科、大戟科等。闽、粤、桂沿海和台湾西南部，海南岛海拔 700m 以下的丘陵，滇南、滇西南大部低山，都为热带季雨林，主要种有木棉等。本区较高处分布有亚热带常绿林。沿海保留有少量海岸林。海湾淤泥的黏质盐土上有红树林分布，自雷州半岛、海南岛一直到福建沿海呈间断分布，愈向北树种愈少，红树林以红树科为主，我国红树林共 26 个树种。我国台湾雨林主要树种有：肉豆蔻、白翅子树等；由大叶榕、厚壳桂等组成半常绿季雨林，木棉、黄豆树等组成落叶季雨林。海南岛雨林主要树种有苦梓、母生等。南海诸岛调查资料较少，一般分布有赤道珊瑚林。

热带雨林是我国所有森林类型中植物种类最为丰富的一种类型。热带季雨林在我国广泛分布，是一种地带性类型，在明显干季气候条件下，以喜光耐旱的热带落叶树种为主，我国季雨林中主要落叶树种约 60 多种，有时以优势种出现。

本区原始雨林、季雨林已很少，大部沦为次生林或灌丛草地，低山丘陵平地大部分开垦农作物，现已大面积营造人工林，如桉树、杉木等，还栽植多种珍贵树种：母生、青梅等，以及多种经济林木：椰子、咖啡、荔枝等。

（六）温带草原区

欧亚大陆近中心区域是世界上最大的草原，它西起欧洲多瑙河下游，东至我国松辽平原，全长约 8000km。我国温带草原区是欧亚草原区的组成部分，包括松辽平原、内蒙古高原、黄土高原，以及新疆北部的阿尔泰山区，面积十分辽阔。地貌上除西部为山地（阿尔泰山）外，大部分以开阔平缓的高平原和平原为主体，气候为典型大陆性气候。本区包括半湿润的森林草原区，半干旱的典型草原区和一部分荒漠草原区。地带性植被以针茅属为主所组成的丛生禾草草原为主，但在半湿润区和山地垂直分布带上也常有森林带的出现。

（七）温带荒漠区

本区包括新疆的准噶尔盆地与塔里木盆地、青海的柴达木盆地、甘肃与宁夏北部的阿拉善高原及内蒙古自治区鄂尔多斯台地的西端，约占我国国土面积 1/5，整个地区以沙漠与戈壁为主。气候极端干燥，冷热变化剧烈，风大沙多。年降雨量一般低于 200mm，气温温差极大，植被主要由一些极端旱生和小乔木、灌木、半灌木和草本植物所组成。如梭梭、沙拐枣、旱柳、泡泡刺、胡杨、木麻黄、骆驼刺、猪毛菜、沙蒿、苔草以及针茅等。较高山地受西来湿气流影响，随海拔高度的上升而降水量渐增，因而也出现草原或耐寒针叶林。

（八）青藏高原高寒植被区

青藏高原位于我国西南部，平均海拔 4000m 以上，是世界上最高的高原。包括西藏自治区绝大部分、青海南半部、四川西部以及云南、甘肃和新疆部分地区。由于海拔高、寒冷干旱，大面积分布着灌丛草甸、草原和荒漠植被。但在东南部（横断山脉地区），由于水热条件较好，分布着以森林为代表的大面积针阔叶林。四川西部的折多山以东、邛崃山以西的大渡河流域，分布着大面积的针叶林和片段的常绿阔叶林，形成结构复杂的植被垂直带谱。

四、植被的研究途径

植被是重要的自然资源,要合理地利用和管理植被,必须识别和确定植被类型,而当类型众多时就需要加以划分和归类。一个好的分类有助于为制定各种植被类型合理利用提供可靠的基础资料。自然区划,农、林、牧业区划,生态规划,土地的合理利用及生态环境的保护和建设,也都是以植被类型及其分布特点为基础的。

科学的分类,目的是充分反映事物的内在联系,建立自然的等级系统。划分植被类型,鉴别不同的植物群落单位,主要应根据群落本身的特征,即植物种类组成、群落结构、群落的生态外貌以及群落的动态、群落的地理分布等各个方面,结合群落所在地的环境条件,通过分析比较后确定。这样看来,植被分类实际上就是植被和植物群落研究的一个综合性的结果。

植被分类在理论上和实践上如此重要,但到目前为止,要像植物系统分类那样,制订一套全球通用的完整的分类系统,还存在困难。因为,一个自然单位,其内部应该是同源的,而外部则是间断的,并具有明显的边界。天然植物群落同一类型的各个植物群落之间并无遗传上的亲缘关系,其内部常常沿着某一环境梯度发生变化,绝对的一致性是不存在的。而且,不同群落之间通常是沿着许多关系复杂的环境梯度彼此发生关系,群落间的界限并非截然分开。因此,面对大量的群落调查研究资料,植被分类需要按照不同的原则和方法进行。一般说来,根据植物群落主要特征的相似或差异程度进行比较和归类,基本可以达到分类的目的。但是,植被是一个很难分类的对象,困难在于两个方面:等级的建立和决定等级类别所适用的原则。因此,虽然植被分类的工作从 19 世纪就已开始,在过去近两个世纪中提出了许多分类系统,但由于植被的区域性差异和各地区研究的侧重点不同,这个领域迄今仍然处于一种不定型和不成熟的状态,还没有一个能够获得普遍接受的系统。

多少年来,不少科学家根据各种不同的原则建立植被分类系统,已经作了许多尝试。

(一)群落外貌的途径

1806 年, A.Humboldt 发表了第一个植物生长型的分类。几年之后,他公布了一个反映优势植物生长型的植被分类系统。在这个系统中,他第一次提出植被分类的基本单位是群丛。他所划分的 16 个主要单位是按气候类型相联系的纬度带和经度带来排列的。

这16个类型是：森林(Forest),高8m以上；林地(Woodland),2～8m的小高位芽植物；密灌丛(Scrub),低于2m的木本植物；草地(Grassland),草本(通常是禾草或苔草)是优势种；稀树干草原(Savannah),又分为灌木稀树干草原(Shrub Savannah)及树丛(Groveland)两类；稀树草地(Parkland)；草甸(Meadow),稠密草地,非禾草,生境湿润；干草原(Steppe),又分为草甸性草原(Meadow Steppe)真草原(True Steppe)与灌丛干草原(Shrub steppe)三类；草本沼泽(Marsh)；木本沼泽(Swamp)；荒原(Fell field)。

群落外貌(Physiognomy)的概念,具有一种便于掌握的明显好处,即使连一种植物的名称都不知道,或者全然不了解任何生态学知识,也能应用这些概念。而在大多数语言中,例如森林和草地等词,远在群体生态学创立以前,就已得到普遍的应用。但是,这种方式也包含着明显的局限性,单独依靠外貌会把生态学关系差异悬殊的那些类型囊括在一起。

首先从地球表面上最大的植被单位开始,进而把它们划分为越来越小的单位。群落外貌系统是这种途径的梗概。但是,由于植被和群落在外貌上明显差异的类型相对很少,一旦20个以上的主要单位需要识别时,它的作用就无效了。因此,植被的外貌类型虽然仍反映于现代植被分类的著作中,但仅限于分类的高级单位,而且很少被单独地采用。

(二)植物区系的途径

西欧科学家以植物社会学为名在植被分类方面有系统的研究,具有代表性的是法国—瑞士地植物学派的分类理论和方法。这一学派在确定植物群丛时,既特别强调了群落中种类成分的一致性,又对特征种予以最大的注意,特征种相同的群落(称为群丛个体)就属于同一个群丛。

群丛以上的分类单位是：群丛属—群丛目—群丛纲—植被圈。群丛以上各高级分类单位也是根据特征种来确定的。为了进行这样的分类,首先要为许多严格同质的个体群落准备一份具有多度—覆盖度评分的植物名录,然后,根据各个名录间相似性程度(通过存在度或恒有度),把个体群落组合起来,求出确限度最大的种——特征种,以确定一定群落类型的性质,并作为区分不同群落类型的标志。这一途径的特点是分类程序的标准化。

但是,随着调查区域的扩大,发现在一个地区表现为具有严格生态幅的种在另外地区却表现为更为广泛的生态幅,为了给确限种以地理上的限制，就把它称为地方性特征种（Local Characteristic Species）。

由此看来，在使用这一套理论和方法时，详细的植物区系资料是最有帮助的。植物区系（Floristic）的概念创立于1921年。那时人们已普遍知道，种并不是一个生态单位，植物分类学所确定的一个种，是不同的生态变异个体的代表，它们可能分布在生态上不同的地区。

在植被分类上，群落的植物种类组成的重要性是毋庸置疑的，但植物种类组成似乎在辨别群落分类低级单位划分方面最有裨益。总之，Baun-Blanquet的植物种属系统，提示了一条科学探索的途径，即开始于植被的最小单位，然后把它们联合成相继较大的、更加异质性的单位，进而导向一个世界范围的分类，即所谓"堆集的（Agglomerative）"研究途径。这正好与群落外貌的研究途径相辅相成，后者从最为异质性的单位开始，然后自上而下进行划分。

（三）优势度的途径

在群落的辨识和区分中，优势种类型一直起着重大的作用。生境的生态学特征，可以借助于通过竞争业已成功地取得优势的那些种的生态学特征反映出来。在植被分类中，曾经采用过三种着重优势度（Dominance）的方法。

第一种方法是在北美洲的群落学研究中，注意力往往被局限于群落最高层的优势种，这是因为这些植物最直接地受到气候的影响，它们通常是与地球上气候图式联系着的。此外，在正常情况下，它们对于群落中的其他成分产生强有力的影响。但是，最上层的优势种，通常是生态幅较广的植物种。倘若仅局限于群落的最高层，则分类仍然过于粗糙和一般，不能令人满意。

第二种方法是北欧所使用的"森林生境类型"。即依据灌木、草本、甚至苔藓地衣的优势度来确定群落类型。在芬兰，这种分类方法已经经历了半个世纪以上的考验，并已证明了它的价值。然而，只有在乔木层的种类像芬兰那样单纯的地区，这样的分类系统才会取得令人满意的效果。这是因为群落的上层树种变化极小，土壤或小气候的差别就由一系列林下植物清晰地反映出来，而在其他区域里，可能是上层树木比林下植物更清楚地反映某些生境类型之间的差别。

第三种方法是基于普遍考虑群落各层的优势种，而不只强调某一个层。在上层的植物种类生态幅度很大的情况下，可以由从属层的不连续性来提示生态上的格局，这个方法在温带地区业已成功地使用，并且获得了良好的效果。在热带地区也已使用,但是,特别在优势种不明显的混交雨林中,完全按优势种来对群落加以划分是相当困难的,在我国的热带雨林分类中,对于这种类型,采用了标志种(Symbol Species)的办法以示区别。

（四）环境的途径

从生态学的角度出发,为什么不首先以环境作为植被分类的依据呢? 这样,就必然会克服由于植物迁移分布的偶然性所造成的困难。

19 世纪中叶, De Candolle 曾试图应用这种分类法。他按植物对气候因子的需求,把它们分成高温植物、喜旱植物、中温植物、低温植物、极低温植物。之后, E.Warming 根据植物生活的特殊基质,又把它们分成为砂生植物、石腺植物、酸土植物和盐地植物等等。

但是,问题在于地球上没有两个地区在因子的互补上是相同的。况且,如果不考虑植被的结构与种类成分的话,那么,当一个因子足以造成生态学上等值的结果时,人们将无法加以判断。这就是说,不首先依据植被来揭示环境,则这种等值的程度是不容易被“猜测”出来的。

当然,在决定哪些群落是同质的,并把它们组合成为群丛,进而归纳成更大的单位时,以及在决定它们之间多大程度的变异是可以允许的时候,环境特性的分析是有用的。同时,对环境的密切注意,亦可用来核对和检验植物种类的意外情况。

（五）演替的途径

演替在植被分类上的重要性,是英美学派所特别关注的问题。美国学者的动态—发生途径就是采用“个体发生原则”来为每个区域确定系列,把发生在先前有过某一群丛的地段,与现存相似生境的群丛,加以对比后联系起来。这样,他们一方面把“成熟的”植物群落和“未成熟的”植物群落划分开来,成为两个平行的分类系统,即顶极群落分类系统和演替系列群落分类系统; 另一方面,又把这两个系统看作是同等的分类系列,两套系列中的分类单位基本上是对应的(表 7-2)。在演替过程中,演替系列群落固然可演变为各个不同阶段的顶极群落单位,同样各个顶极群落单位在向另一个群落系列转变时,亦可成为演替系列群落单位。

表 7-2 顶级群落单位和演替系列群落单位的转变

顶极单位	系列单位
群系型	
群系 （气候的，土壤的或生物的）	
群丛	演替群丛
单优群丛	演替单优群丛
组合	演替组合
集团	集群

顶极群落的稀见性，不是像所想象的那样困难。因为许多受到干扰的植被，在种群结构上能部分显示出顶极类型的性质，通过这些性质，可以引申到顶极类型。同时，顶极类型也能够恢复这种性质至原来状态。

但是，演替现状本身对于植被分类并不提供适当的基础，它应当视为植被的一个特征而受到考虑。

（六）排序的途径

采用这一方法的理论依据是认为植物区系是连续的。当人们朝着任何方向旅行时，新遇到的植物种类一个接着一个地出现，与此同时，又有一些种则接连地消失。许多种类的地理分布，一般都表现出区域性的相互关系。在每个种的分布区边缘，它通常是稀见的，并且仅分布在一个局部的生境中，愈靠近其分布中心，它往往就变得非常丰富，随之而出现的是，它不仅可以在不同类型的生境中存在，而且可以至少作为一个演替系列种表现出来。因此，任何一个试图把景观作为一个整体而反映其植被丰富程度的分析方法，一定会导向这样一种结论：植被同区系植物一样，也是一个连续体。把植被当作一个连续体看待的人声称，植被的客观分类是不可能的，植物群落必须依据相似的程度排列在连续不断的序列中，即一个顺序整列。

排序的理论依据，在于植物群落与其环境间有互为原因与反映的关系，找出种群或群落与环境、或某一环境因子相互间原因与反映的具体表现形式。因而，样地经过排序，就便于比较分析，通常样地的排序可采取两类方式：一类是生境的排序，即以群落生境的数据，也可以是其中某一主要因子的变化，排定样地生境的位序；另一类是群落排序，即依据植物群落的特征，如群落组成和种群定量特征，把一个地区内所调查的植物群落样地，按照相似度排定各样的位序。在制表时，特征相关却有区别的顶极群落之间的间隙，可以通过将某些群落摆在二者之间而架起桥梁来。即使人们把注意力仅局限于稳定的植被，但承认了跨落在交错群落上的那些样区，也就给有区别的植物群落之间提供了明显的桥梁。

但是，在某些情况下这一方法也存在问题：随着时间的进展和群落的互相更替，经历着次生演替的一个地区，在连续体的标示上将处于不同的地位。例如，为美国威斯康星州所编制的一个连续体索引中，陡坡南向坡作为地形—土壤顶极而出现的大果栎纯林，同槭、桦林遭受火灾后演替系列中的大果栎群落（在徐缓地形的一片深厚土壤上），从排序的观点来看，却具有完全相同的地位。因此，人们要么着重选择不连续性的基本原则，要么着重选择植被连续性的基本原则。

（七）生态系统的途径

几个世纪以来，在生物种的分类历史中，研究者寻求单一的属性，用作包罗广泛的分类的基础。实践证明，这样的做法最后都变得陈腐。直至遗传学所激发的进化观念提示出如下的原理，即“生理学、形态学化学成分、细胞学、解剖学地理分布等，对分类都是重要的”，才促使现代分类学在更加广阔的基础上向前迈进。

植被的分类也曾经历了一段多少与种的分类相同的历史。目前，生态系统的概念，在开辟广阔前景方面起着转折点的作用，并有希望缩小意见的分歧。倘若注意力仅局限于每个生态系统的一个部分（例如，仅局限于森林的下木优势种或土壤），那就会导致对相同的景观镶嵌体作不同的处理。但是，倘若把生态系统当成一个基本单位，分类就必须适应其全部的成分，并表明各部分的相互关系。以前所考虑的大部分观点，既有其长处，又有其局限性。而生态系统原则容许它们之中每一个有用特征的联系，它应该是引向自然分类系统的最快捷的研究途径。

上述各个植被分类的研究途径，都有其产生的背景，而且集中反映了国际上各生态地植物学派的研究特点。一般说来，欧洲学派植被分类参照植物分类系统，设立（植被）门、纲、目等单位；美国则着重使用群系概念，一个自然地带中的顶极类型就是一个群系。由于各种研究途径的传统对植被分类系统及各级分类单位的理解和安排都不尽相同，反映在各种专著上，分类单位的称呼虽一样（如群系，群丛），但内涵不同。

第三节　植物种群的分布与数量特征

种群一词源自拉丁语 populues，含人或人民的意思。简单地说，种群(population)是指一定时空同种个体的总和，是物种具体的存在单位、繁殖单位和进化单位。同一种群内的个体能自由授粉(或交配)、繁殖。确切地说，种群是在一定时间占据特定空间的具有潜在杂交能力、一定结构、一定遗传特性的同种生物的个体群。一个物种通常可以包括许多种群，不同种群之间一般存在明显的地理隔离，长期的隔离有可能促进亚种的出现或新种的产生。

一般认为，种群是物种在自然界中存在的基本单位。在自然界中，门纲目科属等分类单元是学者按物种的特征及其在进化中的亲缘关系来划分的，唯有种才是真实存在的，因为组成种群的个体随着时间的推移而死亡消失，又不断通过新生个体的补充而持续，所以进化过程就是种群中个体基因频率从一个世代到另一个世代的变化过程。因此，从进化论的观点看，种群是进化单位，任何一个种群在自然界中都不能孤立存在，而是与其他物种的种群一起组成群落，因此一个群落中常包括不同的种群，所以从生态学的观点看，种群又是生物群落的基本组成单位。

一、种群的分布

种群具有空间等级结构。植物种群的分布和丰富度是在相应的环境条件下适应和分化的结果，因此，必须探索决定种群数量特征和引起变化的因果关系。

(一)种群的空间分布

种群都有一定的分布区，组成种群的每一个有机体都需要有一定的空间进行生长繁殖。不同种类的有机体所需空间性质和大小不同。种群所占据的空间大小与生物有机体的大小、活力及生活潜力等有关系。

衡量一个种群生存发展的趋势，一般要视其空间和数量的关系而定。随着种群内个体数量的增多和种群个体的生长，在有限的空间中，每个个体所占据的空间将逐渐缩小，个体间将出现领域性行为和扩散迁移等现象。所谓领域性行为是指种群中的个体对占有的空间进行保护和防御的行为。一般来讲,一个种群所占用的生存空间越大,其生存发展的潜力越大。

任何植物种群的密度在自然环境中都有很大差异,有的植物可密集生长在一起;有的植物种群却很稀疏。但任何植物都以种群的形式存在,不可能只有空前绝后的一株。多数植物种也不会只有一个种群,而是由不同空间尺度的种群组成。

现代生物的分布取决于生态条件、分类群的移动性、历史上的气候因素和地质因素,以及人为破坏、干扰和利用等因素的联合作用,但主要取决于物种的进化历史。种的分布是在进化尺度上的种群适应过程。每个物种都有自己特定的空间范围,即分布区(Distribution Range)。这一分布区的形成,一方面是物种从散布中心或起源中心传播开来的结果,另一方面也是散布的限制因子或生态障碍作用的结果。实际上,很少有一个物种的种群是由一个孟德尔种群(Mendel Population),或称为局域繁育种群(Local Breeding Population)、混交群(Deme),即每一世代都能完全随机交配的种群所组成。物种通常形成许多隔离的、位于分布区内的不同地段而缺乏基因交流的混交群,彼此之间在生态学遗传学和形态学上存在一定的分化。根据种群间空间隔离的程度和基因交流的可能性,同一物种的种群可能有 3 种类型。

(1)同地种群(Sympatric Population):占据相同的空间或重叠的空间,个体间存在交配的可能性。

(2)异地种群(Allopatric Population):彼此相隔很远,不存在每个世代随机交配的可能性。

(3)邻接种群(Parapatric Population):生活在毗邻的地区,在空间上是邻近的或没有空间隔离,在接触区彼此间的交配是可能的。

种群分布可分为连续(Continuous)和间断(Disjunction)两种极端类型,一般的种群分布则是处于两者之间的某种中间类型。

连续分布的种群是在生境一致的广大空间分布,大片草原和森林的优势种类似于这种分布,但是,①表面一致的生境实际上可能并不一致;②不可能达到完全的随机交配。

连续分布有种特殊的情形,即连续的生境是呈线状分布的,如河流、海岸等。在这种生境中,种群呈线状分布(Linear Distribution)。但线状分布兼有不连续的特征,如同一水系上游地区不同支流的种群间是彼此隔离的。

间隔的种群分布,称为岛屿模型(Island Model)的分布,海岛上生长的植物淡水湖泊中的水生植物都属于这种类型。另外,森林破坏后造成的生境片段化,植物生长的有利生境被不利生境分割开来,也形成了彼此隔离的岛屿种群。如濒危植物银杉分布在我国的亚热带山地,片段化十分严重,集中分布于八面山、大娄山、大瑶山和越城岭 4 个集结地,即使在每个集结地,银杉仍呈岛屿状分布,成为不同群落中的种群。

线状分布与岛屿模型结合的种群分布形式称作踏脚石模型(Stepping Stone Model)(图 7-1),生境兼含有连续分布和间断分布的性质,在河漫滩或海岸沙滩上生长的植物,沿岸呈不连续的分布,但彼此间又能沿一定的狭窄通道相互联系,如柳、红树、椰树等。我国西南的金沙江等河谷中存在间断性的干热河谷,其中出现的一些特殊植物种群亦呈踏脚石模型分布,如金沙江河谷中的栌菊木、攀枝花苏铁等。

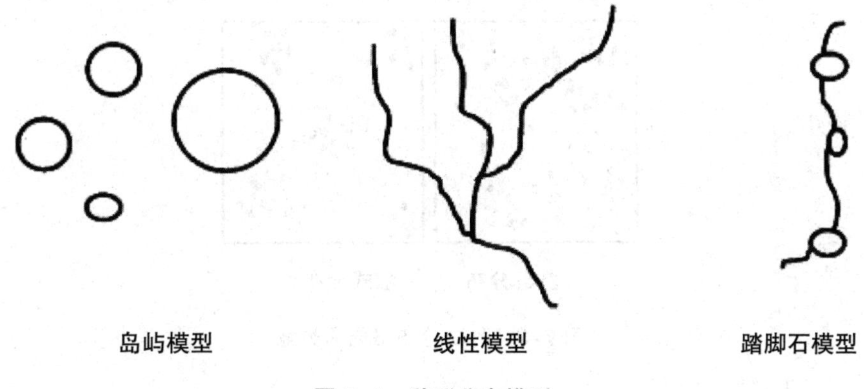

图 7-1　种群分布模型

（二）种群内个体的分布格局

在分布区内,个体也不一定是均匀一致地分布。由于植物种群生长地的生物(物种特性种内或种间关系)和非生物(如气象、地形、土壤条件等)环境间的相互作用,种群在一定的水平空间范围内个体扩散分布形成一定的形式,称为种群的空间分布型(Spatial Distribution),或称种群的空间格局(Spatial Pattern)社会性(Sociability)聚集(Gregariousness)。植物种群的空间格局不但因种而异,而且同一个种在不同的发育阶段、不同的种群密度和生境条件下都有明显的区别。

1. 种群分布格局的类型

种群的空间格局是种群特性种群关系和环境条件的综合作用下形成的种群空间特性,是种群在长期进化历程中形成的适应性,也是对现实环境波动的适时的生态学反映。从理论上讲,种群内个体空间分布型有随机分布(Random Distribution)、均匀分布(Uniform distribution)和集群分布(Contagious Distribution)[或称核心分布(Clumping Distribution)或集聚分布(Aggregated Distribution)]三种。Whittaker提出第四种分布型,即嵌式分布(Mosaic distribution)(图7-2)。

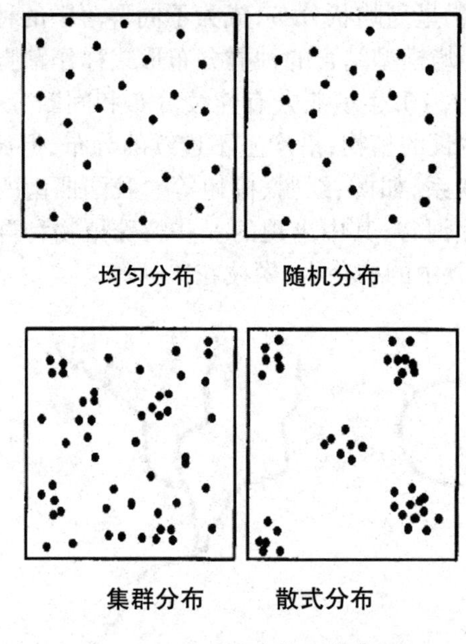

图7-2 种群分布格局的类型

(1)随机分布。

指种群个体的活动或生长位置完全由随机因素决定,个体间彼此独立生存不受其他个体的干扰,它的出现与其余个体无关,任何个体在某一位置上出现的几率相等。随机分布在自然条件下并不多见,只有在生境条件基本一致或者生境中的主导因素是随机分布的时候才会出现。如种子随机散布形成的幼苗种群随机分布,进入稳定期的单优森林群落或原始热带雨林中,上层优势种也常表现为随机分布。

(2)均匀分布。

均匀分布是指组成种群的个体间保持一定的平均距离,个体间形成等距的规则分布。产生均匀分布的原因是由于种群内个体间的竞争引起的。例如森林中植物为竞争阳光(林冠)和土壤中的营养物(根际),沙漠中植物为竞争水分。另外自毒现象也是导致均匀分布的另一个原因。自毒现象是指植物分泌的一种渗出物,对同种植物实生苗的毒害作用。一般为干燥地区所特有。人工栽培的植物种群一般都是均匀分布的。

(3)集群分布。

种群内个体在空间的分布极不均匀,常成群、成簇、成块或呈斑点状密集分布。各群的大小、群间距离、群内个体的密度等都不相同,群内大多呈随机分布,时有均匀分布,这种分布格局即为集群分布,也称成群分布和聚群分布。集群分布是自然界最常见的一种种群分布格局。

(4)嵌式分布。

嵌式分布表现为种群簇生结合为许多小的集群,而这些集群又是有规则的均匀分布。嵌式分布的形成原因与集群分布相同,原本属于集群分布的范畴,之后被独立成为新的一类。

2. 分布格局的成因

影响种群格局的因素主要由环境的空间异质性和物种适应性决定,表现为 3 个方面。

(1)植物的形态结构特点。

种群的空间格局与该物种的生长习性和亲代的散布习性密切相关,这是个种特有的内在适应性决定的,其中营养增殖、种子的重量和传播力是影响种群格局的重要因素。进行无性繁殖的植物,其个体的形态学特征影响着格局的尺度。由于重力的作用,种子多散布在母树周围,种子萌发后往往形成集群分布的幼苗。

(2)环境因素的配置。

自然界中各种环境因素的分布并非均匀一致,而是呈梯度变化,特别是小地形、温度、湿度、光照、土壤厚度等小尺度生境条件的分异,对种群的空间格局有着显著的作用。种群因其自身的生物学适应范围,随环境梯度变化而形成相应的分布格局。

(3)生物之间的相互作用。

各物种间存在着许多复杂的种间关系,导致内在的本质联系和过程更为复杂。例如,动物贮藏种子的行为就有可能影响到后代种群的格局,被动物遗忘的种子在贮藏点萌发形成聚集的幼苗群;经鸟类传播种子的植物也可能形成类似的格局形式。植物种群的种间联结和种群间的排他行为,如他感化学作用(Allelopathy)也是影响种群分布的重要因素。

3. 植物种群空间格局的研究

种群空间格局具有丰富的生态学内涵,研究的内容包括分布格局模式的判定,聚集分布的格局规模(Scale)、格局强度(Intensity)和格局纹理(Graining)的描述,可以分为如下 4 个方面。

(1)分布格局模型。

通过离散分布(Discrete Distribution)的理论拟合,来判别种群的分布型。主要有:

①泊松分布（Poisson Distribution），随机分布。调查样方中，包含 x 个个体的样方出现概率 P_x，符合式为：

$$P_x = \frac{e^{-m} m^x}{x!}$$

式中，P_x 为在某个取样单位中，刚好有 x 个个体的概率（x=1，2，3，…），e 为自然对数的底（e=2.71828…），m 为每个取样单位中的平均数。

②正二项分布（Binomial Distribution），要求个体必须是独立的。调查样方中，空白和密度大的样方出现的频率都极少，而接近平均株数的样方出现的频率最大，个体均匀分布。其一般式为$(p+q)^n$ 的展开式：

$$p(k) = \frac{n!\,p^n q^{n-k}}{k!(n-k)!}$$

式中，$q=1-p$，n 是每个取样单位中可能出现的最大个体数目，k 是表示个体间集聚强度的参数，可由下式粗略估算：

$$k = \frac{m^2}{S^2 - m}$$

式中，S^2 是取样单位的方差，m 是每个取样单位中的平均个体数。

③负二项分布（Negative Binomnial Distribution），集群分布。一般式为$(p+q)^{-n}$ 的展开式。

④奈曼 A 型分布（Neyman Distribution），集群分布。

（2）聚集强度测定。

分布格局的理论拟合曾经是研究种群空间格局的主要方法，但是许多拟合的结果往往符合两种甚至两种以上的分布，出现生物学意义上的混乱，甚至自相矛盾。20 世纪 50 年代后期，出现了聚集强度指标体系，采用聚集强度指数分析判断种群空间格局的方法。聚集强度指数既可用于种群分布型的判断，在一定程度上又可以提供种群个体行为和种群扩散在时间序列上的信息。以后发展迅速，日益受到数量生态学家和种群生态学家的重视。

（3）格局分析。

格局分析（Pattern Analysis）反映的是种群聚集分布的规模、集聚斑块（Patchiness）的大小和格局纹理的粗细，广泛使用的是区组分析（Block Analyis），或称为等级方差分析法（Hierarchical Analysis of Variance）。采用网格式的相邻格子样方法或样带法，以聚集程度随样方大小的变化来提供格局的信息。首先是区组的划分，区组 1 为原始的样方，区组 2 的值为区组 1 两相邻样方的值相加，区组 4 为区组 2 两相邻样方组的值相加，以此类推。分析各区组的观察值，然后分别对各区组进行方差分析得到均方或方差。以区组大小为横坐标，均方或方差为纵坐标作图（区组－均方图）。图上曲线峰值所对应的区组大小就是种的分布格局规模。

二、植物种群的数量特征

种群结构的要素是数量、密度、年龄、性别等，即种群数量统计的基本参数，这些基本参数从不同的侧面反映着种群结构的历史和现状，并可预测种群的动态趋势。

（一）植物种群的取样分析

植物种群数量特征与空间分布式样的确定，不可能通过调查整个分布区或较大区域内的所有个体来获得。通常是采用随机取样来进行一个近似的估计，随机样方的面积总和达到调查区域的 1% 就能基本满足研究的需要。样方（Quadrat）面积视植物的生长型而定，一般，草本植物的样方为边长 0、5m 或 20m；乔木的样方边长为 10 ~ 50m。在样方内记录种类的组成，并进行个体的计数和植物盖度的估计。

为了避免人为主观判定，应尽可能对所调查的种群进行随机取样，有以下几种取样方法。

1. 机械随机取样法（Regular Random Sampling）

样方的随机定位可以通过随机数对的选择来确定。沿一轴线确定样地，选取随机数对来确定样方的坐标位置。实际应用中，通常是沿着一条样带，按固定的距离（10m）进行机械取样。对于缀块状的生境，机械取样不能较好地反映种群的密度。

2. 分层随机取样法（Stratified Random Sampling）

在存在明显环境梯度的地点上，机械取样可能导致样方集中于某种梯度范围内。在这种情况下，不仅要保证样方的随机性，也要保证能反映出不同梯度下的种群特征。首先将调查区域划分为面积相等的亚区，每个亚区随机设置相等的样方。

3. 无样地法

用罗盘确定一条直线，在这条调查线上的随机点上，测量 4 个象限中距离最近的个体与随机点的距离，调查足够多的样点以后，就可根据平均距离估计种群密度。

（二）种群的数量和密度

种群的数量指的是一定范围内某个种的个体总数，也称为种群大小（Population Size）。如果用单位面积或单位体积内的个体数来表示种群的大小，则为种群密度（Population Density），即

$$\text{密度}(D)=\frac{\text{种群个体数目}(N)}{\text{面积}(S)\text{或体积}(V)}$$

调查植物种群的密度通常不是按物种的整个分布范围来计算，而是从其分布范围内最适生长空间来计算密度，即生态密度（Ecological Density）。种群密度高的地区可能是种群最适的生长空间，但物种在其分布范围内个体的分布又多是不均匀的，因此确定种群的生态密度并不容易。

在实际的种群计量中，计量单位因生产实践的要求不同而存在差异，不一定以个体为单位。如林业部门不仅要计立木株数，也要计立木材积；农业部门既计株数也计产量（生物量）。

珍稀濒危植物的种群大小和种群密度通常都很低。

种群数量特征的变化取决于其成员的整体行为。在任何一个种群中，个体的差异始终存在，这是因为种群内的所有个体不可能生活在完全一致的局部小环境中。因此，种群的数量特征也存在着种群内的分化。个体的大小、个体间的邻接度生境异质性受遗传控制的发芽时间差异等都能影响种群内个体的表现与生活史，进而反映在种群的数量特征上。

种群的数量（密度）在种群内在或外在的因素影响下，总是随着时间变动而保持动态平衡或者改变。内在因素指种群固有的出生率和死亡率，外在因素则包括竞争捕食以及物理环境方面的因素。

一般而言，种群数量因出生和迁入而得到补充，也因死亡和迁出而损失，随时间的变化（t 到 $t+1$ 时刻），种群数量的改变将是：

$$N_{t+1}-N_t=B+I-D-E$$

式中，B、I、D、E 是一段时间内种群的出生数、迁入数、死亡数和迁出数。

种群的个体寿命、出生率、死亡率等都深受环境因子的影响，环境因子的周期性变化会引起种群大小的周期性波动，灾难性的变化可造成种群数量的急剧变化。在最适合的环境中，个体数量变化较小或种群数量相对恒定，处于较差的环境中种群数量往往波动较大。

（三）种群的年龄结构

1. 概念

种群的年龄结构（Age Structure）是种群内不同年龄的个体数量分布情况。一个种群的年龄结构不是同龄就是异龄。一般将栽培植物或一年生植物视为同龄种群，多年生植物的自然种群则视为异龄种群。异龄种群是由不同年龄的个体所组成，各龄级的个体数与种群个体总数的比例称为年龄比例（Age Ratio）。按从小到大的年龄比例绘图，即是年龄金字塔（Age Pyramid），它表示种群年龄结构分布（Population Age Distribution）。种群的年龄结构是判定种群动态的重要方面，也可以看出不同植物种群在不同环境条件下的适应分化。出现在植物群落演替系列不同阶段的植物种群，其种群结构是不同的，因为群落环境在演替中不断地变化着。①

2. 年龄结构模型的分类

根据年龄金字塔的形状，可分为增长型种群、稳定型种群和衰退型种群三种。增长型种群的年龄结构呈正金字塔型，中老龄级的个体所占比例最小，幼龄级个体的比例最大，除补充已死去的老龄个体外仍有剩余，种群数量可继续增长；稳定种群的年龄结构模式呈钟型级的个体死亡数与进入此龄级新个体数大致相等，种群处于相对稳定；衰退种群的年龄结构呈倒金字塔幼龄级个体数较少，老龄级个体数相对较大，多数个体已过生殖年龄，种衰退并将逐步消失。②

同植物种群的年龄统计一样，划分植物生活史中的重要阶段更具有生态意义。植物不同龄级的个体可划分为性不成熟的幼年阶段、性成熟的生殖阶段和衰退的老年阶段。Rabotnoy（1969）将多年生草本植物个体或种群划分为 8 个顺序的重要阶段：①有活力的种子；②幼苗；③幼体；④未成熟的营养生长阶段；⑤成熟的营养生长阶段；⑥初始繁殖；⑦营养生长和生殖生长最旺盛的阶段；⑧衰老。

如果多年生种群仅有前 4 个或 5 个阶段的个体，这很可能就是群落演替系列当中的某种侵入种；如果种群含有所有 8 个阶段的个体，就可能是稳定的并能良好地自我更新；如果种群中仅含后 4 个阶段，则种群

① 米彩燕．小陇山国家级自然保护区森林群落发育和动态规律研究[D]. 兰州：西北师范大学，2013.

② 姜汉侨．植物生态学[M]. 北京：高等教育出版社，2004.

可能处于衰退当中,或者种群的更新出现时间上的间断。构件生物种群的年龄结构有两个层次,即①个体的年龄结构;②组成个体的构件年龄结构。构件年龄结构是单体生物所不具有的。

3. 植物年龄结构的研究方法

对于植物来说,个体年龄的确定是一个较为复杂的问题。除温带乔木以外,其他生活型的植物(灌木、多年生草本、藤本、热带树木等)的个体实际年龄均较难判定。一般采用以下方法。

(1)生长特征确定年龄。

有些多年生草本或灌木植物在生长过程中会留存芽龄痕等生长印记,以此可作为年龄估测的依据。木本植物的轮枝台数、小枝节数也可反映其生长的年限,亦可作为年龄判别的标准。

(2)年轮。

温带或亚热带生长的乔木可根据年轮来判别个体的年龄,通过近生长锥的年轮取样,并与树木的胸径建立回归模型,则可通过胸径的测定估测树木的年龄。

(3)表现结构替代。

植物个体的实际年龄判定在理论上和实际操作上都存在着困难。植物种群的表现结构(高度、重量、茎级)更能反映植物种群现存的状况和发展趋势。通常,胸高直径(Diameter at Breast Height, DBH)与植物的年龄或生活阶段有明显的正相关关系,可直接以胸径作为相对年龄来反映木本植物的年龄结构。对于许多进行克隆生长的植物来说,个体的大小更具有进化意义。

第八章　植物生态功能分析

植物作为生物圈生态系统的重要成员,既是环境的感受者,又是环境的改造者。[①]环境的变化必然影响到植物的生长发育乃至生存,同时植物的生活又改变了它周围的环境。由于植物在维系生态平衡中的特殊地位,人们对于植物与环境的关系格外关注,试图充分认识环境对植物的影响及植物对环境变化的反应,以达到利用植物修复受污染的生态系统,改善生存条件的目的。

第一节　植物对污染环境的净化功能

当前在环境污染日趋严重的情况下,在防治措施中,一方面,要竭力控制污染源以减少污染蔓延;另一方面,应加强对防治环境污染植物的选育,加速绿化进程,发挥植物净化大气、土壤和水质,优化环境的特殊功能。[②]

环境污染虽然会危害植物,然而植物对保护环境有着多种功能。植物防治是防治环境污染的一条重要途径。绿色植物可以调节和改善区域小气候、净化空气中的有毒有害气体、防止粉尘扩散和迁移、净化土壤和污水、减弱噪声、吸收放射性物质、杀死细菌、美化环境,以及对有害物质可起指示监测等作用。[③]

环境要素(水体、大气、土壤、生物等)的优劣是衡量环境好坏的标准。当前整个环境要素受到的污染是多方面的。可通过资源质量、生物质量、人群健康状况、人类生活以及生态系统的稳定性等尺度加以衡量。可将环境监测、调查资料、环境质量综合统计数据以及生态系统稳定性大小作

① 任照阳,邓春光.新兴绿色技术——水生植物修复技术[J].节水灌溉,2007(04):20-22.

② 于洪涛.冬季微生态景观设计理论与应用研究[D].天津大学,2014.

③ 任照阳,邓春光.植物对环境的净化作用[J].微量元素与健康研究,2007,24(005):55-57.

为评价环境的依据。

对环境要素以及有关因素的综合调查分析结果表明,环境污染的危害性以大气污染为最,是以总悬浮颗粒物、二氧化硫为主的污染,包括大气中的一氧化碳、二氧化碳、二氧化硫、氯化氟、氟化氢、氮氧化物等多种有害有毒物质的含量超标或严重超标;水质污染次之,地表水及浅层地下水均遭受污染,超标或严重超标的有害有毒物质主要有酚、氰化物、氟化物、氨氮、硫化物和重金属等;再次是土壤污染,以市郊的农田(主要是菜田)土壤污染较为严重,有害有毒污染物质主要是农药、化肥、重金属以及有害微生物。

植物对环境的净化作用,一般是通过以下途径完成的,首先是吸收、吸附污染物,其次是积累、分解、转化污染物,另外就是改变环境,防止环境恶化,这是许多其他物种所不能替代的。因此,大力开展植树造林、种草绿化活动,对改善环境,尤其是城市大气环境有着十分重要的意义。①

一、植物对大气污染物的净化

(一)植物对大气中化学污染物的净化

(1)植物的净化机理。植物净化大气化学性污染物的主要过程是持留和去除。持留过程涉及植物截获、吸附,滞留等,去除过程包括植物吸收、降解、转化、同化等。有的植物有超同化的功能,有的植物具有多过程的作用机制。

(2)植物的净化作用。大气中的化学污染物包括二氧化碳、二氧化氮、氟化氢、氧气、乙烯、苯光化学烟雾等无机有机气体,以及汞、铅等重金属蒸气及大气飘尘所吸附的重金属化合物。植物对大气中的多种污染气体有吸收作用,从而对受到化学性气体污染的大气进行修复。目前对于NO_2污染修复技术的研究是世界性热点之一(骆永明等,2002)。王燕等(2004)筛选出构树、黑松、泡桐、珊瑚树、无花果、楝树和桑树等对NO_2气体具有较强吸收净化能力的植物;对70种行道树吸收同化NO_2能力的研究结果显示,阔叶植物比针叶植物、落叶木本植物比常绿木本植物具有更高的吸收同化能力(Takahashi,2005)。潘文等(2012)采用人工模拟熏气法,研究了36种广州市园林绿化植物对SO_2和NO_2气体吸收净化能力,并以系统聚类分析方法将参试植物的吸收净化能力划分为强性,较强,中等、较弱及弱5个等级。

① 冯锴,梁晶,黄磊.植物对环境的净化研究综述[J].广西轻工业,2011.

人们通常认为,对某种污染物吸附性强的植物品种对该种污染物的耐性较差,进一步的研究表明,二者并无如此关系,相反,在选择植物对大气污染物净化时,不仅要考虑其对污染物的净化吸收能力,同时也要求其对该污染物有较强的耐性。

(二)植物对大气中物理性污染的净化作用

大气污染物除有毒气体外,也包括大量粉尘,据估计,地球上每年由于人为活动排放的降尘为 3.7×10^5t。利用植物吸尘、减尘常具有满意效果。

(1)植物对大气飘尘的去除效果。植物对空气中的颗粒污染物有吸收、阻滞、过滤等作用,使空气中的灰尘含量降低,从而起到净化空气的作用。植物除尘的效果与植物种类、种植面积、密度、生长季节等因素有关。一般情况下,高大、树叶茂密的树木较矮小、树叶稀少的树木吸尘效果好,植物的叶型、着生角度、叶面粗糙度等也对除尘效果有明显的影响。植物滞尘效应随所滞尘量的增加有所降低。山毛榉林吸附灰尘量为同面积云杉的 2 倍,而杨树的吸尘仅为同面积榆树的 1/7,后者的滞尘量可达 $12.27g/m^3$。

根据国外资料,云杉成林的吸尘能力为 32t/(ha·a),对比之下,桧树为 36.4t/(ha·a),水青冈则为 68t/(ha·a)。据测定,绿化较好的城市平均降尘只相当于未绿化好的城市的 1/9 ~ 1/8。

李新宇等(2015)为研究植物叶片的滞尘规律,选择北京市具有代表性的 60 种绿化植物对单位叶面积 7d 与 14d 的滞尘量与滞尘累积量、整株植物滞尘量分别进行分析,并利用聚类分析方法对植物滞尘能力进行系统评价,按照滞尘能力大小进行分类,乔木中圆柏、银杏、毛白杨与刺槐属于高滞尘能力植物:灌木中胡枝子、榆叶梅与木槿属于高滞尘能力植物(表 8–1)。

表 8–1 北方常用园林植物滞尘能力分类结果(李新宇等,2015)

类别	滞尘能力		
	强	中	弱
乔木	圆柏、银杏、刺槐、毛白杨	元宝枫、小叶朴、臭椿、国槐、家榆	雪松、樱花、柿树、紫叶李、白玉兰、杜仲、西府海棠、油松、流苏、黄栌、楸树、北京丁香、旱柳、栾树、碧桃、七叶树、白蜡、山桃、构树、垂柳、丝绵木、绦柳
灌木	胡枝子、榆叶梅、木槿	红丁香	小叶黄杨、大叶黄杨、锦带花、棣棠、牡丹、天目琼花、女贞、紫薇、迎春、卫矛、钻石海棠、紫叶矮樱、沙地柏、红瑞木、紫丁香、月季、黄刺玫、蔷薇、金银木、连翘、金钟花、紫叶小果、紫荆

（2）植物对噪声的防治效果。由于植物叶片、树枝具有吸收声能与降低声音振动的特点，成片的林带可在很大程度上减少噪声量。影响植物减噪的因素包括：①具有重叠排列、大而健壮的坚硬叶片的植物减噪效应最好；②分枝和树冠都低的树种比分枝和树冠都高的减噪效应好；③阔叶树的树冠能吸收其上面声能的26%，反射和散射74%；④森林能更强烈地吸收和优先吸收对人体危害最大的噪声。植物对噪声传播减弱的程度与声源频率、树种、树叶密度等因素有关。

（3）植物对城市热污染的防治作用。由于人口稠密、工业集中，因此形成了市区温度明显高于周围地区的现象，这一现象称为热岛效应。由热岛效应造成的城市内外温差一般达0.5 ～ 1.5℃。在市区种植树木可有效地缓解热岛效应，据报道片林及林荫道下，可见光辐射量减少88%左右，气温降低3℃左右，高温持续时间明显缩短。同时，大气其他指标也有明显改善。因此，提高城市绿化覆盖率是减轻热岛效应的重要措施之一。

（4）植物对放射物质的去除。植物可阻碍放射性物质的传播与辐射，特别是对放射性尘埃有明显的吸收与过滤作用。据测定，在每平方米含有1mCi的放射性 ^{131}I 条件下，某些树木叶片在中等风速时，吸收能力为每公斤叶片1Ci放射性 $^{131}I/h$。其中，1/3进入叶组织，2/3被组滞在叶面上。值得注意的是，有许多植物在吸收较高剂量辐射条件下仍能生长正常，如栎树在 γ 射线辐射下，吸收1500拉德（1拉德 $=10^{-2}Gy$）中子辐射仍然生长良好。

（三）植物对大气中生物污染的净化作用

大气中一些微生物（如芽孢杆菌属、八迭球菌属、无色杆菌属等）和某些病原微生物都可能成为经空气传播的病原体。病原体一般都附着在尘埃或飞沫上随气流移动，植物的滞尘作用可以减小病原体在空气中的传播范围，并且植物的分泌物有杀菌作用，因此植物可以减轻生物性大气污染（Cunningham 和 OW，1996）。

（四）树木精油和树皮对大气污染的净化作用

除叶片对大气污染物有净化作用外。树木精油和树皮对氨、二氧化硫、二氧化氮等大气污染也具有清除功能。

树皮含有丰富的单宁、儿茶碱等多酚成分。在环境净化方面，树皮正是因为含有凝聚型单宁而具有蛋白质吸附机能、重金属吸附机能和除臭机能。曾有对氨、甲醛、乙醛等吸附能的报告，报告称，刺槐单宁除氨最为有效，但儿茶碱等的吸附能低。对清除甲醛，最有效的是儿茶碱和落叶松单宁，而刺槐单宁的吸附能低下。

二、植物对水体污染物的净化

森林具有涵养水源的能力，大面积的森林能够显著地缓解区域性水资源的短缺。茂密的森林是一个巨大而清洁的水源积蓄库，每 $100m^2$ 的有林地段要比相同面积的无林地段多蓄水 2.0×10^4kg。[①] 据推算，我国森林的蓄水总量为 3.47×10^4kg，相当于全国现有水库总容量（4.6×10^{14}kg）的75%。森林涵养水源的机制是由林冠截留、枯落物吸附水量、林地土壤贮水三部分组成的，其中以林地土壤贮水功能最大最持久。

就某一物质而言，其量是增加还是减少，与此物质的性质、林冠层的结构和生理特性以及降雨时的气象条件等有关。所以林冠层对降水净化的能力是各不相同的。[②]

当降水到达林地时，遇着的第二个作用面是地被物层和土壤层，对净降水量进行了依次再分配。一部分被地被物层和土壤层截留而失散；另一部分渗入土壤深层，成为地下水，以地下径流形式输出森林生态系统。携带若各种物质的降水，流经地被物层和土壤层时，也与流经林冠层相似，同样发生两种相反的过程，即淋溶和截留过滤。于是降水流经地被物质和土壤后，从森林生态系统外输入的污染物不仅被进一步净化，而且降水从森林生态系统内淋溶出的各类污染物也不同程度地被过滤。

据测定，在降水中有机污染物的含量为0.08μg/L；经过林冠的吸附和截留后，在穿透水中含量下降为0.016μg/L；而沿着树干流下的水中，由于树皮的吸附和淋洗，使树干流水中有机污染物的含量为0.026μg/L；通过地被物和土壤界面的淋洗和吸附，有机污染物在地表水中的含量为0.02μg/L；最后再通过土壤层的过滤，使得从森林生态系统中流出的地下水中有机污染物含量仅为0.004μg/L。

森林生态系统对大气降水中的无机污染物也有很强的净化作用。据测定，森林冠面上空的大气降水中，重金属污染物铅和镉的含量分别为91.2μg/L和0.22μg/L，在林冠穿透水中的含量分别为7.27μg/L和

① 曹裕松，李志安，邹碧．森林植物的一些特殊环境功能 [J]. 生态科学，2003，22（3）：284-287.

② 刘煊章，田大伦．杉木林生态系统净化水质功能的研究 [J]. 林业科学，1995，31（3）：193-199.

0.47 μg/L，在地表水中的含量为 32.5 μg/L 和 0.27 μg/L，而在地下水中的含量为 3.09 μg/L 和 0.032 μg/L。可见，在森林生态系统中，地下径流所含污染物的浓度和种类，都明显低于地表径流，即地下径流被净化的程度高于地表径流。对大气降水中其他污染物的检测也得到了同样的结果。如大气降水中硝态氮的含量为 0.119mg/L. 铵态氮为 0.342mg/L、钾为 0.90mg/L、锰为 0.086mg/L、铜为 0.051mg/L、锌为 0.764mg/L. 而经过森林生态系统的层层净化，从森林生态系统流出的地下水中硝态氮的含量为 0.086mg/L、铵态氮为 0.286mg/L、钾为 0.70mg/L、锰为 0.055mg/L、铜为 0.048mg/L、锌为 0.084mg/L。

三、植物对土壤中污染物的净化

（一）植物对土壤中重金属污染的净化

用植物清理被重金属污染的土壤在美国等国家已使用了数年时间，人们用这种方法清理受污染的工业区。① 某些植物吸收的 Pb 最终能从根部输送到地上的枝叶中，据报道，圆叶遏蓝菜可吸收 Pb 达 8500mg/kg 茎干重。印度芥菜培养在含高浓度可溶性 Pb 的营养液中，可使茎中 Pb 含量达到 1.5%。一些农作物，如玉米和豌豆也可大量吸收 Pb，但达不到植物净化的要求。印度芥菜不仅可吸收 Pb，还可吸收并积累 Cd、Cu、Ni、Cr、Zn 和 Ni 等。多年生植物，特别是木本植物是清除土壤中的 Pb、As 等污染物最理想的手段，蕨类植物可以直接将吸收了的 As 贮藏在叶和茎中。Jaffre 等（1976）在新喀里多尼亚发现镍（Ni）超富乐树种 Sebertia acuminata，当切开树皮后，发现外皮层汁液中的 Ni 含量高达其干质量的 25%。有些木本植物，如某些早柳品系可以蓄积 47.19mg/kg 的 Cd，当年生加拿大杨对 Hg 的富集量高达 6.8mg/kg，为对照株 130 倍；而苎麻（Boehmeria nivea）对 Hg 的净化率达 41%；某些苋属栽培种对铯（Cs）的累积性最强。据统计，目前大约有 400 种植物可以吸收毒素，利用植物净化污染土壤的市场正在迅速增长。

1. 植物对土壤中重金属元素的吸收与积累

重金属由根向地上部转移的速度越快，地上部对重金属的耐性越高，

① 王成，周金星. 城镇绿地生态功能表现的尺度差异[J]. 东北林业大学学报，2002（03）：107-110.

植物净化被污染的土壤效果就越好。① 目前,已发现能富集 Cr、Co、Ni、Pb、Cu、Se、Mn 等的超积累植物共 400 余种,其中有 277 种是 Ni 超富集植物,柞木属有 48 个种植物体内重金属含量达 100 ～ 3750ìg/g,而叶下珠属有 10 个种植物体内重金属含量高达 1.18×10^3 ～ 3.81×10^4ìg/g,一些超量积累植物还能够同时超量吸收、积累两种或几种重金属元素。对北京地区主要绿化植物及广东等地少量树种植物体内的重金属含量进行测定,发现对锌富集能力强的植物有毛白杨、加杨、旱柳、泡桐、臭椿、桑树、朴树、榆叶梅、连翘、紫穗槐等;对铜富集能力强的植物有泡桐、臭椿、毛白杨、朴树、油松、侧柏、圆柏、雪松、云杉紫穗槐、木槿等;对铬富集能力强的植物有臭椿、毛白杨、加杨、刺槐、圆柏、海棠等;对铅富集能力强的植物有臭椿、毛白杨、白蜡、五角枫、桑树、侧柏、圆柏、白皮松、紫薇、紫穗槐、国槐、珍珠梅、海棠等;对镍富集能力强的植物有臭椿、加杨、银杏、旱柳、朴树、法国梧桐、海棠等。这些可作为重金属污染防护树种选择时的参照。

2. 植物对土壤中有毒重金属的吸收与解毒

植物对土壤中重金属污染净化的另一方式是将毒性元素转化成相对无毒的形式。许多元素(如砷、汞、铁、铬、硒)以多种状态存在,它们在植物体内转运、积累和对人类及其他生物产生毒害时,形式都不同。无机汞(Hg)在污染的土壤和沉积物中是相对较难移动的,传统治理汞污染土壤造价昂贵,且需要挖出土体。

硒和硫同属于元素周期表中的第Ⅵ主族,因此晒和硫是具有非常相似的化学特性的营养元素,植物对它们的吸收和同化过程是通过共同的途径。有很多植物对硒产生了适应,它们可以解除硒毒。这类植物对硒的解毒作用有两条途径:其一是耐高含量硒的植物超积累硒,如二沟黄芪和窄叶黄芪植株体内所积累的硒可高达 5000×10^{-6},而一些非适应性植物的含硒量低于 5×10^{-6}。这些植物在吸收高浓度的硒后,仍然形成含硒的氨基酸,但却不参与蛋白质的合成,这些含硒的氨基酸只贮存在细胞的液泡中,故对本身无害。

3. 植物对吸收的重金属元素的螯合作用

整合效应是超积累植物忍耐重金属的重要机理之一,不同的超积累植物对不同的重金属胁迫其体内产生的螯合物质不同。目前在超积累植物中发现的整合物质以其相对分子质量大小可分为两大类,即草酸、组氨

① 靳省飞．植物材料对猪粪污水中污染物的絮凝及重金属的富集效果研究[D].石河子大学，2019.

酸、苹果酸、柠檬酸及谷胱甘肽等小分子物质和金属硫蛋白、植物螯合肽、金属结合体及金属结合蛋白等大分子物质。

酸性土壤常产生特殊的毒性问题，Al^{3+} 对大多数植物都会产生毒害，但是有些植物能够积累大量的铝而不表现任何毒害症状。如老茶树叶的铝含量可以达到 30g/kg（干重）；荞麦经铝处理 5d 后，叶片铝含量可以达到 400mg/kg（干重），而在酸性土壤中生长时接近 15000mg/kg（干重）；绣球花属植物生长在铝污染的土壤上数月后，叶片中可累积铝 3000mg/kg（干重）以上；而铝对马拉巴野牡丹的生长甚至有刺激作用。这说明铝在此类植物细胞中以一些无毒的形式存在。据研究，耐铝植物通常可通过自身的生命活动调节根系积累和分泌有机酸，从而解除铝的毒害。有机酸是一类含有至少一个羧基的碳水化合物，其中，有些有机酸存在于所有细胞中，参与代谢，调节渗透平衡。

金属硫蛋白通过半胱氨酸上的巯基与细胞内的重金属结合，形成金属硫酸盐复合物，降低细胞内可扩散的金属离子浓度，从而起到解毒作用。其与金属阳离子结合的特异性表现为：Bi>Hg>Ag>Cu>Cd>Pb>Zn。植物螯合肽是非核糖体合成的、富含半胱氨酸的多肽，能作为载体将金属离子从细胞质转运至液泡中，并在液泡中发生解离，从而将这些金属元素隔离在液泡中，减轻重金属对植物的毒害作用。

（二）植物对污染土壤中有机污染物的净化

对一些有机化合物的污染，植物的主要解毒反应是形成糖苷等复合物，使外来物质钝化；或赋予水溶性，使其进入植物的液泡。有些有机物可直接形成复合物，而另外一些必须先经化学改性后才能形成复合物。

植物可以降解与修复 PAHs 污染的土壤。研究表明，有植物生长的 PAHs 污染土壤中，菲的降解率平均提高 0.3% ~ 1.1%，芘的降解率平均提高 2.4% ~ 53.8%。另一项研究也表明，在有苜蓿草存在的条件下，土壤微生物降解 PAHs 的功能增强，苜蓿和柳枝稷种植于 PAHs 污染土壤上 6 个月后，土壤中的总 PAHs 含量下降了 57%，继续种植苜蓿可进一步减少 PAHs 总量的 15%。植物在春季和秋季吸收能力较强，主要吸收较高分子量的 PAHs。

植物还可以吸收、富集和降解 DDT。因此目前常用植草方法净化污染土壤中的 DDT 及其主要降解产物。实验表明，将草种植在 DDT 总浓度为 0.215mg/kg 的污染土壤上，多种草对 DDT 及其主要降解产物均具有不同的富集能力。DDT 在大多数草中的浓度随着种植时间的延长而增加，不同品种的草所增加的数值不同。草体中 DDT 及其主要降解产物含量在 0.014 ~ 0.783mg/kg 鲜重。DDT 在根与叶中的分布，以在根部的浓度为最高。不同品种的草，其根 / 叶浓度的比值也不同，其比值在 1.00 ~ 7.98 之间。植草 3 个月后，土壤中 DDT 的浓度都有明显的降低，土壤中 DDT 的浓度从 0.215mg/kg 下降到 0.058 ~ 0.173mg/kg，其下降幅度可达 73.0% ~ 19.6%。

四、植物对热、噪声污染的净化

（一）植物对热污染的净化

城市特殊的地表能吸收和贮存大量的太阳能，因而城市热量比郊区和乡村多。这是因为城市下垫面对太阳辐射的反射率比乡村小（一般小 20% ~ 30%），而且城市下垫面的混凝土、沥青、砖瓦、石料及钢材等的热容量大，导热率比自然地面高，白天可大量贮存太阳能量，然后再通过长波辐射使近地表的气温迅速升高。另外，城市的高层建筑物增加了接受太阳辐射的表面积；而且城市的人为活动又增加了热量来源，如城市的生产单位的生产活动会产生大量的热量、冬季取暖将释放大量的热量、车辆的运行也产生大量的热量；还有，城市空气中存在的大量污染物也是导致城市热量增多的原因。鉴于上述原因，使城市气温高于四周郊区气温，这便是城市热岛效应，即热污染。

增加绿地面积能减少甚至消除热岛效应。有人统计，1 公顷的绿地，在夏季可以从环境中吸收 81.8MJ 的热量，相当于 189 台空调机全天工作的制冷效果。如北京市建成区的绿地每年通过蒸腾作用释放 4.39 亿吨水分，吸收 107396 亿焦的热量，这在很大程度上缓解了城市热岛效应，改善了人居环境。

（二）植物对噪声污染的净化

噪声是一种特殊的空气污染，随着现代工业、交通、运输、宇航、广播等事业的发展，城市噪声扰民随处可见，噪声的声级愈来愈高，成为人们生活环境中的重要公害。噪声超过 70dB 时，对人体就非常有害。它会对人体产生多方面的负面影响，如影响休息、干扰工作、损害听力，甚至成为引起神经系统、心血管系统、消化系统等方面疾病的重要原因。

森林植物群落具有阻挡、降低和吸收噪声的作用，其茂密的枝叶通过对音波的折射、反射、吸收能明显地减慢声波的传播速度，叶表面的气孔和茸毛也能吸收声音。据测定，一般阔叶树的树冠可吸收 26% 的声能，反射和消散 74% 的声能。噪声衰减量与林带的宽度关系密切,40m 宽的林带可使噪声降低 10 ~ 15dB; 30m 宽的林带降低 6 ~ 8dB; 10 ~ 14m 宽的林带降低 4 ~ 5dB。马路上 20m 宽的多行行道树(如雪松、杨树、柴树各 1 行),噪声通过后,比间距空旷地减少 5 ~ 7dB。防护林带的高度以 10m 以下为宜,防声林距噪声源 6 ~ 10m,消声效果最佳。树木的隔声能力,多发生在低频率范围,在此范围内,槭树减噪可达 15.5dB、杨树达 11dB、椴树约为 9dB、云杉 5dB。据测定,绿化隔音比较好的树种有雪松、圆柏、龙柏、层铃木、楸树、垂柳、海桐、桂花、女贞、臭椿、木槿、蔷薇、丁香、火炬树等; 藤本植物有紫藤、爬山虎等。噪声通过 1km 的草坪,可降声 20 多分贝。

第二节 植物对环境污染的监测作用

生物监测是指利用生物在各种污染环境下所发出的各种信息,来判断环境污染状况的一种手段。可根据指示生物、生物指数、物种多样性指数、群落代谢、生物测试、生理生化特征及残毒含量等方法监测大气、水体、土壤环境质量或污水、废水毒性等,并根据生物中毒症状判断某地的污染状况。[①]

一、植物对大气污染的监测

利用植物监测和评价大气污染状况,尤其是定性监测,一直是生物监测的主要内容之一。植物固定生长的特点使其无法避开污染物的伤害。正因为植物对大气污染的反应敏感性强,加上本身位置的固定,便于监测与管理,大气污染的生物监测主要是利用植物进行监测,根据敏感植物的受害症状即可判断污染物的种类及浓度。[②]

对大气污染反应灵敏,用以指示和反映大气污染状况的植物,称为大气污染的指示植物。[③]不同的污染物一般具有不同的敏感生物,如 SO_2 的敏感植物有紫花苜蓿、雪松、油松、棉花等; Cl_2 的敏感植物有柳树、葡萄、百日草等,HF 的敏感植物有唐菖蒲、海棠、美人蕉等。常见的有五大类:

① 蒋高明.试论生物监测的任务及其在实际中的意义[J].环保科技,1994,16(2):20-23.

② 刘云玲.大气环境的植物监测[J].化学工程与装备,2011(3):181-183.

③ 刘增新.生物在环境监测中的作用[J].生物学教学,1996(1):8-10.

以 SO_2 为主的含硫化合物、以 NO 和 NO_2 为主的含氮化合物、CO_2 烃类化合物以及卤素化合物等。

（一）植物监测大气污染的有关方法与技术

国内外常用的植物监测空气污染的有关方法与技术概述如下。

1. 利用低等植物监测空气污染

苔藓和地衣是分布广泛的低等植物，国内外学者多年来的研究表明，它们对空气污染的反应特别敏感。目前使用的主要监测方法如下。

（1）生态调查法。就地调查附生在树干上的苔藓或地衣，根据种类和多度绘制大气污染分级图。首先确定监测地区的采样点，每点确定 5 ~ 10 株（最少不能低于 5 株）树木作为被调查的植株。[①] 一般在监测点上选老龄阔叶树作为标准树，各点树木种类应力求一致，或树皮性质基本相同，否则会因树皮性质不同而使附生苔藓的种类不同，使调查结果出现误差。

应用此法需要有一定的苔藓或地衣的分类知识。

（2）清洁度指数法（IAP）。此法在生态调查法的基础上有所发展。一般在监测点上调查苔藓或地衣的种类、多度、盖度和频度，再进行分类和统计，最后计算各监测点大气清洁度指数（IAP）。大气清洁度指数（IAP）计算公式为：

$$\text{IAP}=\sum_{i=1}^{n} Qf\,/10$$

式中，IAP 为大气清洁度；n 为监测区苔藓植物种类数；Q 为苔藓植物的生态指数，即各测试点共同存在苔藓植物种数的平均值；f 为种的优势度，即目测盖度及频度的综合，通常采用 1 ~ 5 级值。[②]

IAP 指数越大，说明监测区大气清洁度指数值高，表示污染程度轻：指数值低，表示污染严重。[③] 该法的特点是监测结果能定量化。

（3）污染影响指数法（IA）。在生态调查的基础上，将调查结果进行定量化，就可得到污染影响指数，其公式如下：

---

① 刘家尧，孙淑斌，衣艳君．苔藓植物对大气污染的指示监测作用 [J]. 曲阜师范大学学报（自然科学版），1997（1）：92-96.

② 崔明昆．附生苔藓植物对城市大气环境的生态监测 [J]. 云南师范大学学报（自然科学版），2001（03）：56-59.

③ 刘家尧，孙淑斌，衣艳君．苔藓植物对大气污染的指示监测作用 [J]. 曲阜师范大学学报（自然科学版），1997（1）：92-96.

$$IA=W_o/W_m$$

式中，IA为污染影响指数；W_o为清洁(未受污染)区苔藓植物的生长量；W_m为污染区监测附生苔藓植物的生长量。

污染影响指数(IA)越大，表示大气污染程度越重。由于苔藓植物个体小，生长缓慢，其生物量(生长量)也小，采集和定量较容易，因而这一方法具有较强的实用性。①

(4)移植法。选择生长在树干上对空气污染比较敏感的苔藓或地衣种类，把它们连同树皮一起切下，移植到需要监测地区的同种植物的树干上，使其生态条件尽量与原来一致，或者把地衣连同树皮切下后用胶或蜡固定在木质的盘里，移到需要监测的地区。然后定期观察苔藓或地衣的受害程度和死亡率，根据地衣的受害情况，估测大气的污染程度。监测时可观察苔藓或地衣色泽的变化，分析叶绿素含量，观察细胞的质壁分离以及测定苔藓或地衣体内污染物质的含量等，以这些变化为依据，对大气污染做出评价。②

(5)栽培法。地衣类植物不易栽培，而苔藓类植物却容易盆栽。将敏感的苔藓种类移植于盛有培养材料的容器内栽培，待生长正常后，放到监测点上，定期观察与记录苔藓的生长与受害情况，或分析苔藓原植体的吸污量。曾用此法在有SO_2污染的南京某工厂进行实地监测，表明它具有直观性强，症状明显、灵敏度高等优点，而且不受土壤和水污染的影响，特别适合于工厂污染源监测。③

(6)苔(藓)袋法。加拿大安大略省的科研人员把敏感的苔藓装在特制的袋子里，将藓袋放到都市监测点上，一个月后取回分析苔藓吸附的污染物成分和含量，绘制都市空气污染图，取得了良好的效果。该法的原理是苔藓有巨大的表面积，能够吸附空气中的硫化物、氯化物及重金属等。

(7)苔藓监测器。设计制作苔藓监测器。选择较为敏感的苔藓种类，分别移于净化室和污染室，经一定时间后进行观测，求出受害率(HR)：

$$HR=1-S_1/S_0\times100\%$$

式中，S_0为净化室内苔藓绿色部分的面积；S_1为污染室内苔藓绿色部分的面积。

据受害率的大小，对大气污染进行评价。若大气污染程度轻，苔藓不

① 刘家尧，孙淑斌，衣艳君．苔藓植物对大气污染的指示监测作用[J]．曲阜师范大学学报(自然科学版)，1997(1)：92-96.

② 同上。

③ 高绪评．植物在监测空气污染中的应用[J]．环境监测管理与技术，1992，004(002)：17-21.

出现受害症状，则可以两室苔藓植物的生长量之差为依据，对大气污染进行评价，因为污染室苔藓的生长量会明显降低。

日本学者设计了一种利用地衣、苔藓监测大气污染的装置——自测器。这种装置用乙烯塑料板制成两个 $50cm^3$ 的小室，放入地衣或苔藓，一个小室通人的空气经活性炭过滤，另一个小室则不过滤。监测时，将仪器放在监测点上，经过一段时间，观察对比两个小室内地衣或苔藓的生长情况，或分析原植体含污量。

2. 利用高等植物监测空气污染

虽然高等植物对空气污染的敏感性不及低等植物，但由于其种类繁多，分布广泛，可以就地取材，一株活的植物就是一个自动生物监测器。利用高等植物监测空气污染的方法分为两类。

①现场调查法在污染地区调查敏感植物的生长特别是叶片受害情况，为了便于比较，对某些抗性强或较强的植物也进行观察与记载。此法适合对工厂急性污染事故及污染严重的工业区的空气污染状况调查。

②主动监测法将敏感植物直接栽植于监测点上，或栽植于容器内，在清洁区培育，待植株生长正常后，移于监测现场进行监测。

利用高等植物监测空气污染的具体方法如下。

（1）种类多样性指数法。大气污染会影响植物种类的分布及群落结构的变化，使得某些敏感种类减少，另一些种类的个体数增加。种类多样性指数可以比较各个群落的结构特征，反映植物群落生境差异，从而评价大气环境质量。

（2）可见伤害症状的应用。植物受大气污染物影响后，随植物对污染物的抗性不同，发生不同的反应。在污染物浓度较低时，一些敏感的植物会出现可见伤害症状。不同植物出现的可见症状可以作为污染状况的指示标志。

宽大的叶片一般用受害叶面积占总叶面积的百分比，针叶或披针形的叶片用受害长度来表示。受害叶面积越大或叶片受害部分越长，空气污染越重。① 也可用受害指数来表达。

（3）生活力指标法。利用植物在污染和清洁环境下生长量，如高度、长度、干物质、叶面积等的差异来说明污染程度。通常在监测区，先确定调查点及调查树种，然后确定植物生活力指标调查项目并分级定出评价标准，再根据调查项目逐项评价。实地调查时，先选定样树，对每株样树

① 高绪评．植物在监测空气污染中的应用[J]．环境监测管理与技术，1992，4(2)：17-21.

进行评定,将各项目的评价值相加除以调查项目,就可得到影响指数。指数越大,空气污染越重。日本曾用这种方法评价东京、京都等一些城市的空气污染。

(4)含污量分析法。利用植物叶片(应用的最多)、基干、枝条、树皮、根、种子等所含污染物的变化来监测空气污染。这是我国目前应用最广泛的一种监测方法,目前国内含污量的分析项目主要有硫、氟、氮化物、铜、铅、汞、铬、锌等。

应用此法时,一般采用以下监测指标:①含污量值,即直接用植物组织(如叶片)中某种污染物的含量值或将含量值划分成若干等级来评价空气污染;②污染指数,将监测点植物组织含污量与清洁点同种植物组织的含污量进行比较,计算出污染指数,再根据污染指数的分级标准来评价空气环境质量。第二种方法应用较多。我国学者刘荣坤等利用某些树木枝条的树皮含硫量监测沈阳某地区的大气 SO_2 污染,取得了较好的结果。这种方法对我国北方冬季开展生物监测有一定的实践意义。

(5)树木年轮法。树木的年轮能反映当年的气候、环境特征,利用年轮可对过去若干年的环境污染进行回顾性的研究。美国曾对一个散发 SO_2 和 NO_2 的军工厂附近的美洲五针松等树种进行年轮分析,发现这些树木的年轮宽窄与该厂年生产量和排污量有密切的关系。根据年轮宽窄或含污量变化可以推算过去若干年大气污染情况。

(6)相关分析法。利用植物叶片(或其他组织)含污量与空气中污染物浓度建立相关方程,然后监测空气污染状况。其特点是能测算出各监测点污染物的实际浓度,它比叶片含污量法有所发展,目前国内已广泛应用,但树种选择要适当。

(7)微核法。这是一种建立在细胞水平上的遗传毒性的监测方法,微核技术监测水体重金属及有机物污染方面也取得了一定的经验,证明这些方法在大气及水环境监测中具有广阔应用前景。

(8)遥感法。利用卫星或航空遥感照片上的植物影像特征来监测大气污染。绿色植物对红外线非常敏感,对它的反射率比可见光大几倍。生长正常的植物叶片,对红外波段反射强,在彩色红外相片上颜色鲜艳,色调明亮;受到污染的叶片,由于叶绿素受到破坏,红外线反射率下降,影像色调发暗。因此,根据遥感照片上的植被色调及形态特征就能判断生态污染的大体情况。

植物无论是受 SO_2 污染,还是受铜、镉毒害,其光谱反射特性均发生了规律性的变化。在可见光区反射率普遍增加,在近红外区反射率不同程度地降低,且污染越严重,变化越明显。污染物浓度、植物损伤程度与光谱反射特性的变化三者之间存在一定的相关性，从而证实通过野外观测植物光谱反射特性的变化来监测环境污染是可行的。今后这种监测方法将在宏观监测方面将发挥重要作用。

（9）生理生化法。研究表明，空气污染对植物的生理代谢活动造成一系列的影响。植物的叶绿素含量、花粉生活力、细胞膜透性、酶的活性、光合作用、呼吸作用、蒸腾作用、叶片吸收光谱、花青素含量、叶片应激乙烯和乙烷的产生等生理生化活动，在受到大气污染影响后都会发生变化。但由于能引起这些变化的因素较多，原因复杂，因此单独应用这些指标来监测污染尚有困难。

（二）大气中几种主要污染物的植物监测

1. 植物在污染环境中的受害症状

（1）二氧化硫（SO_2）污染的危害症状。SO_2 除了自身的毒性外，还是形成酸雨的主要成分之一。植物受 SO_2 伤害后，开始的表现症状是植物叶片细胞逐渐失去膨压，光泽减褪，叶面上出现暗绿色的水渣状斑点，以及少许水分渗出后形成的皱折。这些症状可以单独出现，也可同时出现。针叶植物受二氧化硫伤害后，从针叶尖端开始向基部逐渐蔓延，相邻组织缺绿，有时在针叶中部出现坏死的环带，呈红棕色。

（2）过氧酰基硝酸酯类污染的危害症状。过氧酰基硝酸酯类包括过氧硝酸乙酰酯、过氧硝酸丁基酯、过氧硝酸异丁基酯等，其中含量最高、毒性最强的为过氧硝酸乙酰酯，它是一种次生污染物，是烃在阳光照射下发生复杂反应的产物。过氧硝酸乙酰酯诱发的早期症状为叶片背面出现水渍状或亮斑。随着危害的加剧，气孔附近的海绵组织细胞崩溃并被气窝取代，结果使受害叶片的叶背而呈银灰色，2 ~ 3d 后变为褐色。[①]

2. 大气污染监测植物的选择

（1）二氧化硫污染指示植物。主要有紫花苜蓿、棉花、元麦、大麦、小麦、大豆、芝麻、荞麦、辣椒、菠菜、胡萝卜、烟草、百日菊、麦秆菊、玫瑰、苹果、雪松、马尾松、白杨、白桦、杜仲、腊梅等。在二氧化硫污染严重地区，可利用上述植物对大气质量进行跟踪、及时控制和防止污染源的扩散。

（2）氟化物污染指示植物。主要有唐菖蒲、金荞麦、黄杉、小苍兰、葡萄、玉蓉，杏梅、榆树叶、郁金香、山桃树、金丝桃、慈竹等。

（3）二氧化氮（NO_2）污染指示植物。主要有烟草、番茄、秋海棠、向

① 郑世英．大气中几种污染物的植物监测［J］．植物杂志，2001（04）：35-35.

日葵、菠菜等。

(4)臭氧的指示植物。主要有烟草、矮牵牛、马唐、花生、马铃薯、洋葱、萝卜、丁香、牡丹、美国白蜡、菜豆、黄瓜、葡萄等。

(5)过氧硝酸乙酰酯(PAN)污染指示植物。长叶莴苣、瑞士甜菜、繁缕、早熟禾、矮牵牛花等草本植物的叶片,对过氧硝酸乙酰酯较为敏感,故可用作对大气中PAN含量的监测。

(6)氯气(Cl_2)指示植物。白菜、菠菜、韭菜、葱、菜豆、向日葵、木棉、落叶松等。

(7)氨(NH_3)污染指示植物。紫藤、小叶女贞、杨树、悬铃木、杜仲、枫树、刺槐、棉株、芥菜等。

二、植物对水体污染的监测

一切污染物的最终归宿是进入水体。我国目前每天排放的污水超过1亿吨,其中80%以上未经处理就直接排入江河。水体中的污染物十分复杂,特别是工业废水中所含毒物种类多,数量大。水体中主要的污染物有:洗涤剂,染料、酚类物质、油类物质、重金属,放射性物质以及一些富营养化物质如氮、磷等。现有的水质污染综合指标如BOD、COD、TOD、DO等化学监测只能检测出某一指标,并不能反映出多种毒物的综合影响,而利用生物监测能够避免这一弊端,因此水体污染的生物监测就尤为重要。

水体污染的植物监测主要利用水生藻类及各种类型(浮水、沉水、挺水)水生植被来进行。

(一)水体污染植物监测的方法

1.利用“指示藻类”来监测水体污染

所谓指示藻类是指能反映环境某些信息的藻类,通过这些藻类种的存在或消亡作为监测指标。用藻类作为水体污染指标,很早就受到人们的注意。

对酸性环境有很高耐受幅的标志种有:异变裸藻、卵形鳞孔藻,能在pH<1.3的情况下生活;喜酸衣藻可在pH<2的水体中很好地生活;卵形鳞孔藻、间断羽纹藻双头变形、库津新月藻,能在pH 3 ~ 5的水体中生存。已知耐重金属污染的种类有:锐新月藻、梭形裸藻(耐铬);肘状针杆藻(耐锌);微绿舟形藻(耐铜);间断羽纹藻双头变形(耐铜、锌)。

值得注意的是,同一属的种类,其耐污程度(或其指示作用)可能很不相同。例如,裸藻属的绿裸藻(E.viridis)是最耐污的,可是易变裸藻(E.mutabilis)就不太耐有机物。污染物的种类和性质差别很大,水生藻类对它们的反应也随着污染物的种类而各有不同。所以指示藻类的应用是极为复杂的。在运用某一类作为“指示藻类”时,除必须了解这一种类与某种污染物的关系及其忍受范围外,还要注意藻类对于某种污染物的忍受常因条件的影响而变化,所以并不能截然划定。往往同一种类有的人确定为寡污带藻类,而他人也可能把它确定为中污带或多污带的“指示种”。例如我国科学工作者在图们江、珠江、沈阳浑河等地污染状况研究中便使了该系统,并且取得了较好的监测效果。

2. 利用水藻群落特征监测水体污染

水生藻类群落结构是与水环境相适应,是随水环境的变化而改变的。在有机污染严重、溶解氧很低的水体中,水生生物群落的优势种是由抗低溶解氧的种类组成:在未受污染的水体中,水中藻类群落的优势种则必然是一些清水种类。

Fjerdrngstan 总结了 25 年的研究结果,指出以污水生物系统为基础监测污染是不十分妥当的,原因如下:①生长最适条件比能生存条件的限度要狭窄得多;②污水生态系统中同一带区内将所有污水种类都运用上,实际上这些种在水城中能指示广泛的不同条件;③该系统所划分的污染带中,多污染带与中污染带之间的中间类型应予以否定,因为这样划分使整个系统混乱。据此, Fjerdingstad(1964)提出一个用群落中的优势种来划分污染带,他把水体划分为 9 个污染带。他认为只有在高度有利条件下,占优势的群落才能形成,因此以占优势的生物群落为指标评价水质状况更为确切。

(1)粪生带。尚未稀释的屎、尿、生活污水, BOD 很高,总氮也很高,氨与硝酸盐量很少或无。无藻类优势群落,优势群落有下列之一:a. 细菌群落,主要有多皱螺菌(*Spirilum rugula*)、波形螺菌(*S.undala*);b. 波多虫群落;c. 细菌和波多虫群落,上述两群落同时存在。

(2)甲型多污带。水中有 H_2S 溶解氧极少或无,有机物正进行大量分解。因污染程度逐渐减轻而出现的生物群落如下:a. 裸藻群落,优势种为绿裸藻(*Euglena viridis*),亚优势种为华丽裸藻(*E.phacoides*);b. 红色 – 硫黄细菌群落;c. 绿杆菌群落。

(3)乙型多污带。溶解氧低, H_2S 存在。下列 3 个群落按污染程度减轻而依次排列。①贝氏硫细菌群落优势种为白色贝氏硫细菌(*Beggiatoalba*)、最小贝氏硫细菌(*B.minina*);②雪白发硫菌群落主要由雪白发硫菌(*Thiothrix nivea*)和纤细发硫菌(*T.tenuis*);③裸藻群落优势种为绿裸藻和静裸藻。

(4)丙型多污带。H_2S少量存在,溶解氧饱和度低,NH_4^+含量也很低。①绿颤藻群落绿颤藻(*Oscillatoria chlorino*)等;②浮游球衣菌群落优势种为浮 游球衣菌(*Sphaerotilus matans*),如在酸性强的排出污水中则为节霉(*Leptomitus lacefeas*)所代替。

(5)甲型中污带。氨基酸多,无H_2S,溶解氧常在50%饱和度以下,通常BOD>10mg/L。本带内有以下群落之一。①环丝藻群落优势 种有环丝藻(*Ulothrixr zonata*);②底栖颤藻群落包括镰头颤藻(*Oscillatoria brevis*)、泥生颤藻(*O.limosa*)、灿烂颤藻(*O.splendida*)、细致颤藻(*O.subtillissins*)、巨颤藻(*O.princeps*)、弱细颤藻(*O.tenuis*);③小毛枝藻群落小毛枝藻(*Stigeoclomium tenue*)等。

(6)乙型中污带。溶解氧饱和度在50%以上,BOD<10mg/L,$NO_3^- > NO_2^- > NH_4^+$,本带有下列群落之一。①脆弱刚毛藻群落脆弱刚毛藻(*Cladophora fracta*)等;②席藻群落包括蜂巢席藻(*Phormidium favosurm*)、韧氏席藻(*P.retzii*)。

(7)丙型中污带。有机物完全分解,溶解氧很高,BOD在3 ~ 6mg/L,有下列群落之一。①红藻群落优势种为串珠藻(*Batrachospermum moniliforme*)或河生鱼子菜(*Lemanea fuviatilis*);②绿藻群落优势种为团刚毛藻(*Ladophora glomerata*)或环丝藻(*Ulothrix zonata*)。

(8)寡污带。有机物矿化已完成,BOD<3mg/L,具有下列群落之一;①绿藻群落优势种为簇生竹枝藻(*Drea parnaldia glomerata*);②纯的环状扇形藻群落环状 扇形藻(*Meridion circulare*)等;③红藻群落包括环绕鱼子菜(*Lemance annulata*).漫游串珠藻(*Batrachos permum-vagum*)。胭脂藻(*Hildenbrandia rivularis*);④无柄无隔藻群落无柄 无隔藻(*Vauchecria silis*)等;⑤洪水席藻群落洪水席菜(*Phormidium inundatum*)等。

(9)清水带。未污染前的水。①绿藻群落。优势种为羽枝竹枝藻(*Draparnaldia plumose*);②红藻群落。包括胭脂藻等;③蓝藻群落包括波兰管胞藻(*Chamaesi phon polonicus*)和眉藻属的多种种类。

用藻类群落来代替指示藻类种,显然是污水生物系统的一个发展。

3. 生物指数法

污水生物系统法只是根据指示生物对水质进行定性描述,以后许多学者逐渐引进了定量的概念。他们以群落中优势种为重点,对群落结构进行研究，并根据水生生物种类的数量设计出许多公式，即用生物指数来评价水质状况。常用的生物指数主要有以下几种。[①]

（1）硅藻生物指数。渡道仁治（1961年）根据硅藻对水体污染耐性的不同，提出了硅藻生物指数：

$$I=(2A+B-2C/A+B-C)\times 100$$

式中，I 为硅藻生物指数；A 为不耐污染的种类数；B 为耐有机污染的种类数；C 为在污染区独有的种类数。

指数值越高，表示污染越轻；指数值低，表示污染重。

（2）藻类种类商。Thunmark（1945）将绿藻类/鼓藻类的种类数商作为划分水体营养类型的标准。Nygard（1946年）也提出用各门藻类的种类数计算各种商。其公式分别为：

蓝藻商＝蓝藻种数/鼓藻种数

绿藻商＝绿藻种数/鼓藻种数

硅藻商＝中心硅藻目种数/羽纹硅藻目种数

裸藻商＝裸藻种数/（裸藻＋绿藻种数）

复合藻商＝（蓝藻＋绿藻＋中心硅藻＋裸藻种数）/鼓藻种数

按公式计算结果，绿藻商0～1为贫营养型，1～5为富营养型，5～15为重富营养型。复合藻商小于1为贫营养型，1～2.5为弱富营养型，3～5为中度富营养型，5～20为重度富营养型，20～43为严重富营养型。

4. 种类多样性指数法

种类多样性指数是反映生物群落组成特征的参数，它是由群落中生物的种类数和各个种的数量分布组成的。种类多样性指数越高，表明群落中生物的种类越多，群落结构越复杂，自动调节的能力越强，群落的稳定性越大。当环境受到污染等外界的不良影响时，敏感种迅速消失，抗性强的种类大量繁殖，种类多样性指数明显下降。人们根据这一现象，把种类多样性指数用来作为对环境质量进行生物学评价的一种手段。常用的多样性指数很多，主要有以下几种。

（1）Shannon-Wiener（1963年）多样性指数。其公式为：

$$D=-\sum_{I=1}^{s}(n_i/N)\log_2(n_i/N)$$

① 邓义祥，张爱军.藻类在水体污染监测中的运用[J].资源开发与市场，1998(5)：197.

式中,D 为多样性指数; N 为样品中藻类总个体数; s 为样品中藻类种数; n_i 为样品中 i 种的个体数。

该方程式具有反映种类和个数两个变量的特点,种类越多, D 值越大,水质越好; 反之,种类越少, D 值越小; 若所有个体同属一种, D 值最小,水体污染严重,水质恶化。香农指数与水质的关系为: 0 无生物的严重污染,0 ~ 1.0 重污染,1.0 ~ 2.0 中度污染,2.0 ~ 3.0 轻度污染, >3.0 清清水体。

(2)Margalef 指数。这一指数是由 Margalef (1958 年)提出的,其数学表达式为:

$$(\text{M.I.}) = (S-1)/\text{loge}N$$

式中,(M.I.)为 Margalef 指数; S 为样品中种类数; N 样品中个体总数。

这一计算简便,但由于只考虑了种类数和个体总数两个参数,未考虑个体在各种类间的分配情况,易掩盖不同群落的种类和个体的差异,并易受样品大小的影响。根据这一公式,指数值高,表示污染重; 指数值低,表示污染轻。

(3)连续比较指数。连续比较指数是 Carins 于 1968 年提出的,其数学表达式为:

$$\text{S.C.I.}=R/N$$

式中, S.C.I. 为连续比较指数; R 为组数; N 为被比较的生物总个体数。

所谓“组”并非生物学上的种或属,而是镜检时,从左至右或从上到下将相邻个体加以比较,只要相邻两个体形态相同者(非分类学上的同种、同属……均为一组。例如,外观上为圆形与圆形具一根鞭毛及圆形具双鞭毛或椭圆形等均可组成“组”。在循序比较时,如连续 3 个个体按规定标准要求均相同,即可列为一组: 连续出现的第 4、5 个个体与前 3 个个体不同,彼此却相同,则可列为第 2 组; 若第 6 个个体又与第一组个体相同,则又可列为第 3 组。如此一直比较 200 个个体,即可按上式进行计算,求出 S.C.I. 值。一般认为指数值越小,污染越重。

(二)水体污染植物监测举例

1. 海菜花花粉母细胞微核技术监测滇池水质污染状况

翟书华等(2011)以海菜花(Ottelia acuminata var.lnuanensis H Li)为材料,利用花粉母细胞微核技术监测评价滇池水质污染物致突变的情况。试验以海菜花生长环境水(路南长湖水)处理作阴性对照,以滇池 5 个样点的水样为处理水样,测定各水样的海菜花花粉母细胞微校千分率并分析污染指数,监测结果如下。

（1）该试验检测的5个采样点的微核千分率均明显高于对照组,经方差分析,为极显著差异,表明所取5个点的滇池水样污染程度仍然相当严重,皆属于重度污染水质,但污染程度仍有区别。

（2）试验结果反映了海菜花对水体污染的敏感性,证明了海菜花作为水生植物在水环境污染监测中优于陆生植物。建议用海菜花作为监测水体污染的手段,可避免因用陆生植物在监测水体时因改变生长环境而造成的误差,该方法可用于湖泊、河流及生活用水等淡水的污染检测。

（3）微核试验结果得出了污染使染色体断裂是导致滇池海菜花绝灭原因之一的结论,提示对湖泊的水质监测,除了物理和化学指标外,还需要对生物安全性加强监测,以利于从食物链至人类的健康保护角度进行水体环境的保护。

2. 硅藻生物监测法监测浙江金华江支流白沙溪水质

李钟群等（2012）以浙江金华江支流白沙溪为示范区,对白沙溪4个断面的硅藻生态类群组成进行了研究,并应用特定污染敏感指数（SPI）和硅藻生物指数（BDI）对白沙溪进行了水生态评估,监测结果如下：①硅藻生态类群组成显示前3个断而以耐低污染硅藻、自养硅藻和喜好很高氧饱和度硅藻为主,4号断面（除2010年11月）以耐中污染和强污染硅藻、异养硅藻、喜好低氧硅藻类群占优势；全年水体各断面均以喜中性和碱性的硅藻类群为主；②硅藻特定污染敏感指数和硅藻生物指数评价白沙溪水质为“优”到“差”均有出现,二者评价结果总体上相吻合,同时亦存在一定差异；③特定污染敏感指数和硅藻生物指数均与理化指标电导率、总磷、氨氮、氯化物之间呈显著负相关,此外硅藻生物指数还与高锰酸盐指数、总氮、亚硝酸盐氮和可溶性磷酸盐之间呈显著负相关。研究结果为我国开展河流水质生物监测提供了一定的借鉴。

3. 附着硅藻指数在龙江和柳江水质监测中的应用

易燃等（2015）以龙江和柳江中段18个代表性的采样点作为研究样点,采用相关分析法、主成分分析法、最优分割分类法等方法,从16项国际上广泛使用的硅藻指数中筛选适合广西龙江和柳江水质和生态质量评价的硅藻指数。结果表明,特定污染敏感指数和硅藻营养化指数（TDD）与环境因子、与其他大多数硅藻指数及两者间的相关性好。因此,认为特定污染敏感指数和硅藻营养化指数最适合进行龙江和柳江中段的水质生物监测评价。

三、植物对土壤污染的监测

（一）指示植物的选择

利用指示植物监测土壤污染目前主要用于监测重金属污染。指示法的首要问题是指示植物的选择问题。要求用于污染指示的植物既具有一定的吸收重金属的能力，又对重金属有一定的忍耐能力，同时指示植物吸收的重金属的量与环境中重金属的浓度之间还应有一定的可比性。指示植物对重金属的吸收随土壤/沉积物中重金属可利用性部分的增多而增加，一般要求对单一重金属离子的吸收，或吸收多种互不干扰吸收量的重金属离子，这样才能通过分析植物体内的重金属的浓度来衡量土壤被污染的程度。

（二）土壤污染程度的监测方法

土壤污染程度的监测方法很多，不同方法适用的对象和范围有一定差异。目前常用的监测方法主要有物理化学监测法和生物监测法两种。利用植物监测与评价土壤环境质量的方法主要有如下几种。

1. 根据植物形态异常变化判定土壤污染

主要是通过肉眼观察植物体受污染影响后发生的形态变化。生长在污染土壤中的敏感植物受污染物的影响，会引起根、茎、叶在色泽、形状等方面的症状。如锰过剩引起植株中毒，会使者叶边缘和叶尖出现许多焦枯褐色的小斑并逐渐扩大；铜、铅、锌复合污染使水稻的植株高度减小、分蘖数减少、茎叶及稻谷产量降低；锌使印度芥菜的根量随处理浓度的升高而显著减少；铜、铅、锌的单一及复合污染均使其叶片失绿；镉进入植物体内并积累到一定程度，会出现生长迟缓、植株矮小、退绿、产量下降等现象；大麦受镉污染后，种子的萌发率、根生长速率降低。

2. 根据植物生态习性判定土壤污染

有些植物具有超量积累重金属能力，通常分布于重金属过量土壤上，此生态习性可用来判断土壤重金属污染与否。如萱麻能在含汞丰富土壤上分布，早熟禾、裸柱菊、北美独行菜能在铜污染土壤上生存；北美车前、蚊母草、早熟禾、裸柱菊则能在镉污染土壤上存活。

3. 根据植物分子标志物判定土壤污染

分子生态毒理学研究表明，植物体内的重金属植物螯合肽（PC），有望成为重金属污染的标志物而用于土壤污染监测。实验发现，PC 的产生与重金属的胁迫剂量有关。

4. 根据植物体内污染物含量

生活在重金属污染土壤中的植物都能够不同程度地吸收一些重金属。通过分析这些植物体内重金属的含量，可以判断土壤受重金属污染的程度。目前最常用的分析方法是：分析植物种植前后土壤中重金属含量的变化与植物吸收重金属量的相关性，寻找相关性较好的植物作为指示植物。

5. 植物微核法

梁剑茹（1997）等报道应用紫露草微核技术检测土壤污染状况具有灵敏度高、快速和操作简便等待点。

第三节　植物的生态修复作用

世界上大多数地区的河流都受到严重的环境压力。农业、工业、人类生活都造成了淡水水域的环境污染，发展中国家 95% 以上的城市污水未加任何处理就排入地表水中，这些水体中携有过量的细菌、病毒，农药，化肥、重金属等，对人类和动植物造成重大威胁。目前世界各地对此都采取积极的方式进行修复和治理，其中利用水生植物对污染水体进行修复是非常有发展前景的。

一、植物对大气的修复作用

（一）绿色植物对二氧化碳污染的修过

20 世纪以来，随着大工业的发展，人口数量剧增、化石燃料的使用量不断增加，CO_2 浓度的不断增加，不仅对人体健康不利，更严重的是大气中的二氧化碳能够吸收地面辐射的热线。入射地球的太阳辐射热大都是波长 1.5 μm 以下的短波光（主要是 0.4 ～ 0.7 μm 的可见光），地球吸收以后，又以波长 4 ～ 20 μm 的长波光反射到大气中去。二氧化碳一般不吸收短波光,易吸收波长在 4 ~ 5 μm 之间和 14 μm 以上的长波光。因此,大气中二氧化碳依度的增加,不会阻挡太阳辐射热到达地球表面,却会吸收地球的反射热,这就必然会导致地球的增温,即所谓的“温室效应”。此外,气候变暖,各大洋也会随海水温度的升高而把它们溶解的二氧化碳更多地释放出来,加速地球的转暖进程。大气中二氧化碳的含量每增加 10%,地表温度就要升高 0.30L,而地球温度的升高,可引起大气环流气团向两极推移,将导致南北极冰川融化,海平面上升,改变地球的降雨格局,这对地球生物圈的影响很大,影响动植物的分布、生存,从而影响全球的生态系统,给人类造成无法估量的损失。①

在高产作物中,生物产量的 90% 取自空气中的二氧化碳; 5% ~ 10% 来自土壤。因此,二氧化碳对植物生长发育有着极其重要的作用。

绿色植物光合作用吸收二氧化碳放出氧气,又通过呼吸作用吸收氧气放出二氧化碳。但是,由于光合作用吸收的二氧化碳要比呼吸作用排出的二氧化碳多 20 倍,因此,总的计算是消耗了空气中的二氧化碳,增加了空气中的氧气。植物吸收二氧化碳的能力很大,植物叶子形成 1g 葡萄糖需要消耗 2500L 空气中所含的二氧化碳。而形成 1kg 葡萄糖,就必须吸收 250 万升空气所含的二氧化碳。世界上的森林是二氧化碳的主要消耗者。据测定,1 公顷常绿阔叶林,每年可释放 20 ~ 25t 氧气,1 公顷针叶林每年可释放 30t 氧气。而每年被地球上全部植被所吸收的二氧化碳为 93.6×10^{11}t。通常,1 公顷阔叶林在生长季节内,通过光合作用,一天可吸收 1t CO_2,释放出 0.73t O_2。以一个成年人每天呼吸需 0.75kg O_2,排出 0.9kg CO_2 计,则每人需有 $10m^2$ 的森林面积,就可消耗其呼吸排出的 CO_2,并供给所需的 O_2。约有 $150m^2$ 的植物叶面积,就可满足一个成年人对氧气的需要。

城市,特别是工业城市人呼吸吐出的二氧化碳只是工业燃料所产生的二氧化碳的 1/10,甚至只是几十分之一。因此,增加以树木为主的绿化面积,维持大气的平衡是城市建设中一项重要的任务。

（二）绿色植物对有害气体的吸收作用

1. 对二氧化硫的吸收作用

二氧化硫(SO_2)是我国大气环境中数量多、分布广、危害性较大的一种污染物。主要来源于原煤及化石燃料燃烧和化肥、硫酸等工业,此外,

① 卿东红 . 环境危机与植物对环境的保护作用 [J]. 内江师范学院学报, 2000, 015（004）: 49-53.

民用取暖炉、灶炉也产生一些二氧化硫。目前世界上仅各种燃料的燃烧，每年就产生约 1.5×10^8t 的 SO_2。

SO_2 为无色气体，有强烈辛辣的刺激性气味；对空气的相对密度为 2.26；1L 气体在标准状况下重 2.93g；0℃时 1L 水溶解 79.8g；20℃溶解 3914g。空气中二氧化硫的浓度高达百万分之十，就使人不能长时间继续工作：到百万分之四百，就可以使人迅速死亡。二氧化硫在大气中进一步氧化成三氧化硫（SO_3），再与水蒸气结合，生成硫酸的小滴，在一定条件下，能造成烟雾，即酸雨和酸雾，其毒性比 SO_2 大 10 倍，能烧伤植物，酸化土壤、水质，加速金属腐蚀过程，对人类、动植物、自然环境，尤其是农业生产危害较大。

抗性强的植物往往是吸收二氧化硫后可以将有毒的硫转化为无毒的硫贮藏起来或者将硫同化为可以利用的物质。由于 SO_2 是酸雨形成的重要原因，因此植物对 SO_2 的吸收，可减少酸雨的生成。各种树木叶片都含有一定数量的硫，植物体内硫的含量因植物种类不同而异，一般叶中硫的含量为 0.1% ~ 0.3%（干重）左右。在 SO_2 污染环境中生长的植物，其叶片中硫含量高于本底值数倍至数十倍。树木生长在 SO_2 污染地区中叶子的最高含硫量与生长在非污染地区中叶子的含硫量之差称为树木的吸硫能力，也就是它的净化力。

2. 对氟化物的吸收作用

磷肥厂是氟化物污染的最主要污染源。磷肥在生产过程中，约有 1/2 ~ 1/3 的含氟物质生成四氟化硅而排出，余者形成大量的氟化氢。氟元素是一种非常活泼的气体，几乎能与许多元素相结合而形成氟化物。在工业生产中排入大气中的氟，多以氟化氢的形式存在。而且氟在大气中与水气相反应，即迅速变成氟化氢。所以造成大气污染的氟化物，主要是氟化氢，大气中的氟化物可随降水造成对土壤的污染。

氟化氢（HF）对人体的危害比二氧化硫约强 20 倍，比 Cl_2 大 5 倍，空气中氟浓度超过 1μg/g 时，会对人的呼吸器官产生影响。

HF 对植物的毒性也比 SO_2 大，仅相当于 SO_2 有害浓度的 1% 时，就可使植物受害。HF 使植物受害的原因主要是 HF 通过气孔进入叶片组织间隙，然后叶肉细胞吸收溶解在叶组织内部溶液中的氟化物，并以扩散方式或由维管束将其转移到其他器官的细胞中去。①

植物体内的氟含量与植物种类有关，不同植物对氟的抗性有极大

① 曹裕松，李志安，邹碧．森林植物的一些特殊环境功能[J]．生态科学，2003，22（3）：284-287.

的差异,如生长在同样受到严重污染地区的樱桃、悬铃木的含氟量高达37.85mg/kg,而慈竹的含氟量仅为0.0375mg/kg。以下是一些常见树种每公顷树木的吸氟量:白皮松40kg、华山松20kg、银桦11.8kg、侧柏11kg、滇杨10kg、臭椿6.8kg、杨树4.2kg、垂树3.7kg、泡桐4kg、刺槐3.4kg等。在氟污染环境中生长的植物,其氟含量可大于本底值的数倍至数十倍,可见,植物吸收HP净化大气的作用是比较明显的。

3. 对重金属和其他有害气体的吸收

大气重金属污染是困扰世界城市环境与发展的严重环境污染之一。市区植物叶片中Pb富积量的高低与大气中Pb含量密切相关,并受土壤中Pb浓度的制约。对市区不同大气污染区域的绿化植物叶片中Pb的含量分析发现,不同植物的叶片对Pb的富积能力存在显著差异。[①] 吸铅量高的树种有桑树、黄金树、榆树、梓树。经测定,7种林木含Pb量(mg/g干重)为:悬铃木0.0337、榆树0.0361、石榴0.0345、构树0.0347、刺槐0.0356、女贞0.0362、大叶黄杨0.0426,这些树木均未表现受害症状。

氨(NH_3)相对分子质量为17.03,为无色气体,有刺激性气味,极易溶于水,当空气中含NH_3达16.5% ~ 26.8%(按体积)时形成爆炸性混合物。许多植物能吸收NH_3,如大豆、向日葵、玉米和棉花等。生长在含有NH3的空气中的林木,特别是蝶形花科树种,能直接吸收空气中的NH_3,以满足本身所需要的总氮量的10% ~ 20%。

汞(Hg)气体(汞蒸气)对人有明显的毒害,但有些植物不仅在汞蒸气的环境下生长良好,不受危害,并且能吸收一部分Hg蒸气。棕榈等有较强富集汞的能力,能有效降低空气中的汞燕气。将棕榈种植在求浓度平均为10.84μg/m^3的环境中,全暴露棕棚叶、茎、根均可吸收汞。其中以叶内汞含量增高最明显,其次为茎,根最低。并且随着时间的延长而不断蓄积。各部位对汞的吸收量呈现叶>基>根。由此表明空气中汞主要是由叶片吸入的。据报道,栓皮槭、桂香柳、加杨等树种能吸收空气中的醛、酮、醇、醚和安息香吡啉等毒气;有些树木能够吸收一定数量的铅、锌、铜、镉、铁等重金属气体。[②]

① 庄树宏,王克明.城市大气重金属(Pb,Cd,Cu,Zn)污染及其在植物[J].烟台大学学报:自然科学与工程版,2000,13(1):31-37.

② 邓双文.保护和发展阔叶林刻不容缓——兼谈阔叶林的地位和作用[J].湖南林业,1998.

二、大型水生植物对污染水体的修复

大型水生植物是一个广泛分布在江河湖泊等各种水体中的高等植物类群，其生长的水塘或湿地很早就被利用来消纳污水。它们在水体中的生态功能使其在水污染防治中具有很大的应用价值。

健康的水生植被由着生在湖盆上的湿生植物、挺水植物、浮叶植物和沉水植物所组成，各类水生植物对底质条件和湖水深度有各自的适应范围。大部分水生植物同样无法在砾石基质上生长，只有某些宿根性多年生挺水植物例外，它们的植丛能借助发达的根状基和根系向裸露的砾石基质上扩展，通过其促淤作用逐渐形成沉积物。

湖水有机污染比较严重时应以挺水植物为主。一定强度的风浪能够帮助沉水植物清洁其表面，保持水面开敞有利于沉水植物的生长。定期收割可以及时清除趋于衰老的植物茎叶，刺激新生茎叶的形成，保持沉水植物的旺盛生长。湖水透明度比较低时能限制沉水植物和浮叶植物的分布深度。

依据人类的需求的不同，选择不同的水生植被来净化水体。对于运动娱乐型湖泊，以水上运动、娱乐为主要功能，应选择观赏性湿生植物和挺水植物为主，辅以少量的浮叶植物。

各种类型湖泊对水质保护都有严格的要求。尤其在污染负荷比较高的情况下，水生植被的水质保护功能显得更为重要。

恢复水生植被是一个从无到有、从有到优、从优到稳定的逐步发展过程，其中包含了水生植被与环境的相互适应、相互改造和协同发展。在没有人为协助的条件下，要完成这一自然发展过程至少需要十几年甚至几十年的时间。人工恢复水生植被则利用不同生态型、不同种类水生植物在适应和改造环境能力上的显著差异，包括挺水植物、浮叶植物、沉水植物的恢复，设计出各种人为辅助的种类更替系列，并且在尽可能短的时间内完成这些演替过程。

采用水生植被修复富氧化水体时，必须及时收割水生植物。收割可以去除多余的或者不需要的水生植物，控制水生植物可能对环境产生的不利影响。一般包括收割、收集、加工储存、运输到岸边、处置或利用等。主要利用途径包括动物饲料、鱼饵料、能量来源如产沼气、堆肥作为土壤调节剂或者肥料添加剂等。

三、植物对土壤重金属及有机污染的修复

（一）植物对土壤重金属修复方式

（1）植物提取（Phytoxtraction）。植物提取是利用专性植物根系吸收一种或几种污染物特别是有毒金属，并将其转移、储存到植物茎叶，然后收割茎叶，离地处理。专性植物，通常指超积累植物，可以从土壤中吸取和积累超寻常水平的有毒金属，例如镍浓度可高达3.8%以上。

（2）植物挥发（Phytovolatilization）。植物挥发是与植物吸取相连的。它利用植物的吸取、积累、挥发而减少土壤污染物。目前在这方面研究最多的是类金属元素汞和非金属元素硒。许多植物可从污染土壤中吸收硒并将其转化成可挥发状态（二甲基硒和二甲基二硒），从而降低硒对土壤生态系统的毒性。

（3）植物稳定（Phytostabilization）。植物稳定是利用植物吸收和沉淀来固定土壤中的大量有毒金属，以降低其生物有效性和防止其进入地下水和食物链，从而减少其对环境和人类健康的污染风险。植物在植物稳定中有两种主要功能：保护污染土壤不受侵蚀，减少土壤渗漏来防止金属污染物的淋移；通过在根部累积和沉淀或通过根表吸收金属来加强对污染物的固定。

（4）根系过滤（Rhizofiltration）。根系过滤作用是利用植物庞大的根系过滤、吸收、富集水体中的重金属元素，将植物收获进行妥善处理，达到修复水体重金属污染的目的。此种方法更多的应用在水体污染修复之中。适用于根系过滤技术的植物，主要有水生植物、半水生植物，也有个别陆生植物，如各种耐盐野草、向日葵、宽叶香蒲等（表8-3）。

表8-3　重金属污染植物修复技术（书朝阳和陈同斌2002；徐礼生等2010）

类型	修复目标	污染物	所用植物	应用状态
植物提取	提取、收集污染物	Ag、As、Cd、Co、Cr、Cu、Hg、Mn、Ni、Mo、Pb、Zn、放射性元素	印度芥菜、通蓝菜、向日葵、杂交杨树、螟蚣草	实验室、中试及野外工程试验均开展
植物挥发	提取污染物挥发到空气中	As、Se、Hg	杨树、桦树、印度芥菜	实验室、野外工程应用
植物稳定	污染物稳定	As、Cd、Cr、Cu、Hg、Pb、Zn	印度芥菜、向日葵	工程应用

续表

类型	修复目标	污染物	所用植物	应用状态
根系过滤	提取、收集污染物	重金属、放射性元素	印度芥菜、向日葵、水葫芦	实验室及中试

（二）植物对有机污染物的降解机制

（1）对有机污染物的直接吸收和降解。植物对位于浅层土壤有机物有很高的去除率，有机物和植物根表面结合得十分紧密，致使它们在植物体内不能转移，水溶性物质不会充分吸着到根上，迅速通过植物膜转移。一旦有机物被吸收，植物可以通过木质化作用在新的植物结构中储藏它们及其残片，可以代谢或矿化它们为水和二氧化碳，还可使它们挥发。去毒作用可将原来的化学品转化为植物无毒的代谢物如木质素等，储藏于植物细胞的不同地点。

（2）植物中酶对有机污染物的作用。与植物酶有关的有机物降解速率非常快。致使化学污染物从土壤中的解吸和质量转移成为限速步骤。植物死亡后酶释放到环境中可以继续发挥分解作用。

（3）植物根际对有机污染物的生物降解。植物以多种方式帮助微生物转化，根际在生物降解中起着重要作用。根际可以加速许多农药以及三氯乙烯和石油烃的降解。植物叶的微生物区系和内生微生物也有降解能力。植物提供了微生物生长的环境，可向土壤释放大量糖类、醇类和酸类等分泌物，其数量约占年光合产量的10% ~ 20%，细根的迅速腐解也向土壤中补充了有机碳，这些都加强了微生物矿化有机污染物的速度。

（4）利用杂交杨修复有机废物。杨树有许多突出的优点，如速生、寿命长（25 ~ 50年）、抗逆性强、可耐受高有机浓度、栽种易成活。Schnoor等（1975）用2m长的杂交杨（Populus deltoids migra）枝条埋1.7m深，让其发根。干旱年份，根可形成很强的根系向下扎到地下水层吸收大量的水分，这样增加了土壤的吸水能力和减少了污染物的向下迁移。在土质条件良好、温度适宜的情况下，第一年可以生长2m，三年后可达5 ~ 8m高。栽种的密度为每公顷10000株，以后自然变得稀疏，为每公顷2000株。每年平均固定碳量2.5kg/m^2。在衣阿华州的Amana河边种植杂交杨树6个生长季，平均每年每公顷生产的干物质为12t。

（5）种苎麻修复汞污染。据熊建平等（1991）研究，水稻田改种苎麻后，总汞残留系数由0.94降为0.59。

①受汞污染的土壤恢复到背景值的水平（0.39mg/kg），所需时间极大

地缩短了，在土壤汞含量 82mg/kg 下，水田要 86 年，而旱地只要 10 年；在土壤汞含量 49mg/kg 下，水田要 78 年，而旱地只要 9.2 年；在土壤汞含量 24.6mg/kg 下，水田要 67 年，而旱地只要 8.0 年。

②切断了食物链对人体的危害。

③有可观的经济效益，苎麻价在正常的情况下比水稻高 50%。

四、植物对固体废物的修复

（一）矿山废石场的植物修复

针对废石场堆放的地点和具体条件需要选择不同的修复方式。如果在采矿过程中，将废石堆放于废弃的露天矿坑，尤其是深凹露天采矿坑，则可在废石填满矿坑时，予以平整并复土、种植，从而把露天开采破坏了的土地，恢复成农业用地或造林用地。

废石场的修复可归纳为异位修复和原位修复两种形式。对植物修复来说，修复程序一般可分为平整废石堆、覆盖表土以及种植植被。

（1）平整废石堆。按照当地修复条例的要求，合理的安排废石堆的结构。美国在整治废石堆时，一般把酸性废石铺在下面，中性废石放在上面，对植物生长不利的粗粒老石以及有害物质堆在下面，细粒岩石或易风化的岩石放在上面。经过这样整治以后，修复造田有利于植物生长。

（2）覆盖表土。对废石堆加以平整后，根据废石和废土再种植的可能性，需要在废石堆表面覆盖表土。表土的来源一般是露天开采时预先储存在临时堆放场的耕植土，也可以是采矿场刚剥离下来的表土，或者是从邻近的土地上挖掘出来的表土。不论从何处取来的表土，均应满足植物生长的要求。

（3）种植植被。在废石堆上覆以表土后，根据废石和覆土的种类，性质及当地情况，进行适宜植物的选择。一般可以选择适宜生长的农作物，如草本、灌木或其他树木，然后进行人工或机械栽种。

（二）矿山尾矿库的植物修复

矿区地表的尾矿库，不仅占用大量的土地和农田，而且尾矿库表面常年暴露于大气中，在干旱或炎热的夏天，由于气温高，水分蒸发快，使尾矿表面常常处于干涸状态。尤其地处山沟风流之中的尾矿库，遇到一定风速的山沟风流，会导致产生“沙尘暴”，严重污染矿区环境。当风速超过 5m/s 时，还能引起吹沙磨蚀现象，使尾矿库附近的植物遭到破坏，同时尾矿库流出来的废水,也会使周围地区受到污染。因此,修复尾矿库是矿山环境管理和保护的重要内容之一。

在尾矿床表面上进行植物修复,是防止废水和尾矿粉污染环境最理想的方法。但在修复过程中也存在不少问题,如尾矿粉的固结问题;尾矿粉中缺少植物生长所需要的营养成分问题;尾矿粉中含有过量的重金属,在种植农作物时是否会造成二次污染问题;不同成分与性质的尾矿粉对植物生长的影响等。诸如此类问题,在植物修复之前,都必须根据实际情况,通过实验加以解决,然后才能针对性地进行植物修复。加拿大的鹰桥镍矿针对酸性尾矿粉(高硫铁矿),进行了较长时间的植物修复研究。研究表明,在酸性尾矿库上进行植物修复,适宜性最强的植物是冬黑麦、豆类植物等,当有稻草或麦秆覆盖时,植物生长长势比无覆盖为好。在含锌尾矿库上覆盖 5cm 厚的表土后,植物生长状况比较茂盛。同时比较不同类型的表土(如砂土、砂黏土、黑肥土等)以及表土厚度(2.5 ~ 15cm)的修复效果,表明铺设 15cm 厚的黑黏土层上的植物生长情况最好。同时还发现,豆类植物生长盛过草本植物。因此,豆科是酸性尾矿库上植物修复的主要植物材料。

加拿大的石棉矿床,集中在一条 80km 长的矿带上,在开采过程中产生的强碱性尾矿粉已达六亿多吨,而且每年还以(1.5 ~ 2.0)$\times 10^6$t、的尾矿增加,针对上述的强碱性尾矿粉,该矿区在魁北克省石棉矿进行了种植试验研究。采用酸性尾矿粉或采用低品位金属矿山的硫化物与强碱性残余尾矿进行中和,使其碱性尾矿粉中的 pH 值降低到植物生长所需要的范围。同时在中和剂中添加有机元素,以利再种植后植物的生长。试验表明,不论是采用硫化物尾矿中和处理,或采用低品位金属矿山的硫矿粉处理之后,种植豆类植物或种植草本植物生长都比较好。

综上所述,无论是酸性尾矿粉或碱性尾矿粉,只要通过试验,了解其结构和特性,因地制宜地进行植物修复是完全可行的。我国不少矿山,在尾矿上植物修复方面都有成功的经验,但值得注意的是,尾矿床植物修复时,可能受到自然如风害、洪水等自然因素的影响,使尾矿库的人工栽植遭到破坏。因此,在植物修复中,必须加强管理,预留洪管或排洪沟,以保证人工栽植工作的顺利进行。

参考文献

[1] 廖文波 . 植物学 [M]. 北京：高等教育出版社，2020.

[2] 杨晓红 . 植物学 [M]. 北京：科学出版社，2019.

[3] 纪宝玉，高德民 . 药用植物学 [M]. 北京：中国协和医科大学出版社，2019.

[4] 邢顺林，丁燕，黄文娟 . 植物学核心理论及其保护与利用研究 [M]. 北京：中国水利水电出版社，2018.

[5] 黄安，曾祥划 . 植物学 [M]. 北京：中国农业大学出版社，2018.

[6] 姜在民，贺学礼 . 植物学 [M]. 咸阳：西北农林科技大学出版社，2016.

[7] 王现丽 . 生态学 [M]. 徐州：中国矿业大学出版社，2017.

[8] 董婵，黄英豪，闵凡路 . 湿地植物与生态环境 [M]. 天津：天津科学技术出版社，2014.

[9]（德）Bhupinder Dhir 著；赵良元，刘敏译 . 植物修复水生植物在环境净化中的作用 [M]. 武汉：长江出版社，2016.

[10] 韩阳，李雪梅，朱延姝 . 环境污染与植物功能 [M]. 北京：化学工业出版社，2017.

[11] 戴锡玲，曾建国，王全喜 . 植物学理论与实践学习指导 [M]. 北京：科学出版社，2016.

[12] 张彦文，周浓，马三梅 . 植物学 [M]. 武汉：华中科技大学出版社，2014.

[13] 李扬汉 . 植物学 . 第 3 版 [M]. 上海：上海科学技术出版社，2006.

[14] 杨静慧 . 植物学 [M]. 北京：中国农业大学出版社，2014.

[15] 邹德金 . 植物百科全书 [M]. 北京：中国戏剧出版社，2007.

[16] 周宝良 . 植物的生态系统 [M]. 长春：吉林出版集团有限责任公司，2013.

[17] 王德群 . 药用植物生态学 [M]. 北京：中国中医药出版社，2006.

[18] 姜汉侨，段昌群，杨树华 . 植物生态学 [M]. 北京：高等教育出版社，2010.

[19] 许玉凤，曲波．植物学 [M]. 北京：中国农业大学出版社，2008.

[20] 胡金良．植物学 [M]. 北京：中国农业大学出版社，2012.

[21] 郭安宁．不同土壤退化类型及其调控对土壤微生物的影响机制 [D]. 中国地质大学（北京），2020.

[22] 哈咸瑞．湖南省株洲市典型地区土壤重金属来源及生态风险研究 [D]. 中国地质大学（北京），2020.

[23] 陈梦．森林生物多样性理论与方法研究及应用 [D]. 南京林业大学，2005.

[24] 倪秀明．植物根际效应对植物—微生物联合修复多环烃污染土壤的影响 [D]. 东北大学，2015.

[25] 安鑫龙，李雪梅．凤眼莲对污染水环境的生态修复作用 [J]. 河北渔业，2008（10）：45–47.

[26] 李志银，张惠芳，孙玲，等．大型水生植物对污染水体的生态修复 [J]. 中国西部科技，2010，9（20）：49–50+52.

[27] 冯锴，梁晶，黄磊．植物对环境的净化研究综述 [J]. 广西轻工业，2011，27（09）：128–129+154.

[28] 陈梦．对生态系统及生物多样性等理论问题的探讨 [J]. 南京林业大学学报（自然科学版），2003（05）：30–34.

[29] 周莉萍．应用生态学理论推进山水园林城市建设 [J]. 学理论，2010（33）：111–112.

[30] 任金旺，陈茂玉．植物在防治环境污染中的作用及主要抗污染植物 [J]. 太原科技，2005（04）：24–25.

[31] 黄凯宁，尚昭琪，赵焱，等．水质安全视角下的生物监测技术研究与应用 [J]. 中国建设信息（水工业市场），2011（01）：54–57.

[32] 陈水松，袁琳，叶丹，等．长江流域水生生物监测现状与展望 [J]. 人民长江，2011，42（02）：79–82.

[33] 程曦，郝怀庆，彭励．植物细胞壁中纤维素合成的研究进展 [J]. 热带亚热带植物学报，2011，19（03）：283–290.

[34] 赵雪梅．园林植物与城市生态建设 [J]. 韶关学院学报，2009，30（12）：77–80.

[35] 段舒雅．生态文明背景下的野生动物保护——专访贵州省林业局野生动物和森林植物管理站站长冉景丞 [J]. 环境教育，2020（05）：70–73.